© Finanzbuch Verlag, München

Gwen Cooper wurde in Miami geboren und arbeitete dort fünf Jahre lang für eine gemeinnützige Organisation in den Bereichen Verwaltung, Marketing und Finanzierung. Sie koordinierte unter anderem ehrenamtliche Aktivitäten für *Pet Rescue*. Derzeit lebt Gwen mit ihrem Mann Laurence in Manhattan. Sie hat drei perfekte Katzen – Scarlett, Vashti und Homer –, die von alldem nicht beeindruckt sind.

Mehr zur Autorin unter: *www.gwencooper.com*

Homer & ich

Gwen Cooper

Homer & ich

Wie mir ein blindes Kätzchen die Freude am Leben zurückgab

Aus dem Amerikanischen von Martin Rometsch

Weltbild

Die amerikanische Originalausgabe erschien 2009
unter dem Titel *Homer's Odyssey* bei Delacorte Press,
einem Imprint von The Random House Publishing Group,
einem Teil von Random House, Inc.

Besuchen Sie uns im Internet:
www.weltbild.de

Genehmigte Lizenzausgabe für Verlagsgruppe Weltbild GmbH,
Steinerne Furt, 86167 Augsburg
Copyright der Originalausgabe © 2009 by Gwen Cooper
Copyright der deutschsprachigen Ausgabe © 2010 by mvg Verlag,
ein Imprint der FinanzBuch Verlag GmbH, München
Übersetzung: Martin Rometsch
Umschlaggestaltung: Atelier Seidel – Verlagsgrafik, Teising
Umschlagmotiv: Getty Images, München
Gesamtherstellung: CPI – Clausen & Bosse, Leck
Printed in the EU
ISBN 978-3-86800-653-7

2014 2013 2012 2011
Die letzte Jahreszahl gibt die aktuelle Lizenzausgabe an.

Für Laurence, auf ewig

Alle Fremden und Bettler kommen von Zeus. Und eine Gabe, so klein sie auch sein mag, ist kostbar.

Homer, *Odyssee*

INHALT

VORWORT

von Patricia Khuly, Tierärztin

Als ich das Katerchen zum ersten Mal sah, war es ein winziges Etwas aus schwarzem Flaum in der ausgestreckten Hand einer jungen Frau. Es schien sich nicht von anderen Kätzchen zu unterscheiden – bis es den Kopf hob und miaute, erstaunlich laut für ein Geschöpf, das von der Nase bis zum Schwanz nur 10 Zentimeter lang war.

So winzig es noch war, es drehte sich um, als es meine Stimme hörte. Jetzt sah ich seine Augen. Dieser zwei Wochen alte Findling litt eindeutig an einer schweren Infektion, die ihm ziemlich sicher das Sehvermögen rauben würde, vielleicht sogar das Leben.

Das wohlmeinende Paar, das ihn gefunden hatte, bat mich fast händeringend, ihn sofort einzuschläfern. Trotzdem untersuchte ich ihn sorgfältig. Der Winzling zappelte, strampelte mit den Beinen und miaute kräftig auf dem stählernen Untersuchungstisch. Schließlich erklärte ich, das Kätzchen sei offenbar völlig gesund – abgesehen vom Augenproblem. Würden sie es aufnehmen, wenn es mir gelingen sollte, die Infektion zu heilen?

Aus zahlreichen Gründen konnten die beiden einem so jungen Kater kein Heim bieten. Sie arbeiteten. Sie hatten einen Hund. Sie hatten kein Geld. Und überhaupt – wie groß war die Chance, dass er jemals wieder sehen konnte?

Oh … gleich null. Ich erklärte, dass ich seine Augen operativ entfernen wolle, um sein Leben zu retten. Ziemlich sicher gab ihnen das den Rest. Sie schüttelten ungläubig den Kopf und überließen ihn meiner Fürsorge. Seine kläglichen Schreie hatten sie in dieser Entscheidung sicher noch bestärkt. Sie waren davon überzeugt, dass er schreckliche Schmerzen haben musste.

Nachdem seine Besitzer ihn mir übereignet hatten, oblag es mir, ihn so gut wie möglich zu versorgen. Ich hatte auch meine Zweifel. Aber sie legten sich, als ich den Grund für sein akutes Unbehagen entdeckte: Hunger. Ein kleine Schale Katzenfutter mit Milchersatz beruhigte ihn. Minuten später war er friedlich eingeschlafen. Das bestärkte mich in meinem Entschluss, seine Augen zu behandeln, trotz der unabwendbaren Erblindung.

Immerhin, dachte ich, *hatte dieses Kätzchen nie sehen können.* Anders als menschliche Babys werden Katzen mit Augen geboren, die 10 bis 13 Tage lang verschlossen sind. Die relativ langwierige Infektion dieses zwei Wochen alten Katers hatte fast mit Sicherheit verhindert, dass sich das Sehvermögen allmählich hätte entwickeln können. Nach der Therapie würde er blind bleiben, ohne die Sehfähigkeit je zu vermissen. Wie viele andere Tiere können kleine Katzen sich gewissermaßen neurologisch umsortieren, um zu überleben. Diesen Vorgang nennt man individuelle Umweltanpassung – mein Lieblingsausdruck für: »Ich weigere mich, ihn einzuschläfern.« Durfte ich mich meiner Pflicht entziehen, Leiden zu lindern, wenn ich ein Leben erhalten konnte, das lebenswert war?

Fragen Sie junge, idealistische Tierärzte, und sie werden wahrscheinlich ähnliche Sünden beichten, wie ich sie beging, als mir dieses blinde Kätzchen begegnete. Wenn ein Tier krank ist, aber geheilt werden kann – und wenn die kleinste Chance besteht, dass es in gute Hände kommt –, *dann ist das seine Bestimmung*, argumentieren wir. Gerade diese Tiere rühren immer wieder unser Herz mit ihrer erstaunlichen Zähigkeit und dem unwiderstehlichen Charme des hässlichen Entleins.

Ich wusste, dass ich in meinem Haus, in dem es ein Kleinkind, eine Allergie und einen großen Hund gab, unmöglich ein blindes Kätzchen halten konnte. Andererseits konnte ich auf keinen Fall ein robustes Tier sterben lassen, nur weil es kein Heim hatte. *Jemand in meinem Freundeskreis oder in meiner Familie wird diesen Kater bestimmt ebenso reizend finden wie ich*, versicherte ich mir. Er würde ein Zuhause haben, wenn ich jemanden mit der notwendigen Mischung aus Exzentrik und Einfühlungsvermögen fand, der sich dieses »sonderpädagogischen« Falles annahm.

Es folgten einige Wochen, in denen ich eine Ablehnung nach der anderen einstecken musste. Ich schaltete meine Familie ein – einen tierlieben Clan –, und sie verbreitete pflichtschuldig die Nachricht, dass ein blindes Kätzchen ein sicheres Zuhause suchte. Ich gab Anzeigen auf und fragte ehemalige Studienkollegen, die eine mitleidige Ader hatten. Vergeblich.

Inzwischen hatte ich aufgehört, vernünftig zu argumentieren und mich selbst zu geißeln. Der kleine Kater war nach der Operation wieder quicklebendig, so sehr, dass meine Mitarbeiter und ich uns unsterblich in ihn verliebten. Manchmal konnte ich den Gedanken, mich von ihm zu trennen, fast nicht ertragen.

Ich musste einfach in diese zottelige kleine Schwärze vernarrt sein, mit seinen eingesunkenen Augenhöhlen, seinem unersättlichen Appetit auf Futter, Streicheleinheiten, Schmusen und Spielen. Ja, er tollte sogar herum wie ein normales Kätzchen, auch ohne Augen. Kurz gesagt, er war enorm liebenswert, in jeder Hinsicht … abgesehen von dem Aspekt, der den meisten Menschen am wichtigsten ist: das Aussehen.

Eines Tages versprach eine junge Frau, deren zwei Katzen ich behandelte, sich den Kater anzusehen. Doch als ich ihr meinen dunklen Fellball reichte, spürte ich einen Anflug von Beklommenheit. Würde sie ihn voller Abscheu betrachten, so wie viele andere vor ihr? Würde sie zögern, eine derart seltsame und behinderte Kreatur zu sich zu nehmen?

Nein, sie flüsterte leise mit ihm! Sie hob ihn auf und hielt ihn. Er schnurrte in ihren Armen. Zu meiner Überraschung und großen Erleichterung sagte sie: »Ich nehme ihn mit.« Dafür werde ich ihr ewig dankbar sein.

Homer war der erste »hoffnungslose« Fall, den ich in meiner damals noch kurzen beruflichen Laufbahn übernommen hatte. Seither hatte ich viele ähnliche Fälle, aber er war der Bahnbrecher, der für die vielen anderen den Weg bereitete.

Zweifellos hat Homers »Odyssee« für jeden Menschen eine andere Bedeutung. Mir wird Homer immer ein sehr persönlicher Mahner sein, der mich daran erinnert, was die Tiermedizin erreichen kann, wenn sie mit dem Idealismus der Jugend gepaart ist. Ihm verdanke ich die Erkenntnis, dass eine Partnerschaft zwischen einer Tierärztin, einer liebevollen Besitzerin und einem kämpferischen Patienten alles erreichen kann.

Homers Geschichte ist für uns alle ein Ansporn.

Dr. med. vet. Patricia Khuly, MBA

PROLOG: DIE KATZE, DIE LEBTE

Singe mir, o Muse, die Taten des klugen, weit gereisten Mannes …
Homer, *Odyssee*

Wenn ich am Ende eines Tages nach Hause komme, folgt immer die gleiche Routine.

Das *Kling!* des Aufzugs ist für empfindliche Ohren der erste Hinweis darauf, dass meine Ankunft bevorsteht, und wenn mein Schlüssel ins Schloss trifft, höre ich an der ersten Seite der Tür leise Pfoten. Ich habe mir angewöhnt, alle Türen – auch die im Haus anderer Leute – so vorsichtig zu öffnen, dass kein pelziger Tunichtgut hinauspurzeln kann. Aber ich brauche gar nicht erst den Boden abzusuchen, denn schon nach wenigen Sekunden haben die Pfoten den Weg von der Tür zu meinen Beinen zurückgelegt, und ein kleiner schwarzer Kater bemüht sich nach Kräften, an mir hinaufzukriechen, als wäre ich ein Baumstamm.

Damit weder meine Kleider noch die Haut darunter zu Schaden kommt – seine Krallen sind klein, aber sehr griffig –, gehe ich in die Hocke und rufe fröhlich: »Hallo, Homer-Bär!« (Diesen Spitznamen habe ich ihm gegeben, als er ein winziges Katzenkind war und einen glänzend-schwarzen Pelz hatte wie ein Grizzly.) Für Homer ist das die Aufforderung, auf meine Knie zu springen, die Vorderpfoten auf meine Schultern zu legen, die Nase an meiner Nase zu reiben, dabei laut zu schnurren, und eine Reihe kurzer, abgehackter *Miaus* von sich zu geben, die dem Jaulen eines Hündchens verblüffend ähnlich sind. »He, Kleiner«, sage ich und kraule ihn hinter den Ohren. Das löst bei Homer wahre Wogen des Entzückens aus, und da er jetzt mit bloßem Nasenkontakt nicht mehr zufrieden ist, presst er sein Gesicht an meine Stirn und lässt es hinunter zu meiner Wange und zurück gleiten.

Eine Hocke in den Stöckelschuhen, die ich trage (ich bin nur 155 Zentimeter groß, aber nicht bereit, als kleine Person durchs Leben zu laufen) ist schmerzhafter, als es klingt. Also hebe ich Homer hoch und setze ihn wieder auf den Boden. Dann stehe ich auf und betrete endlich das Apartment, das ich mit meinem Mann Laurence teile. Schlüssel, Mantel und Einkäufe sind schnell verstaut. Wenn man mit drei Katzen lebt, lernt man, Fellknäuel an den öffentlich getragenen Kleidern zu vermeiden, indem man gleich nach der Ankunft saloppe Sachen anzieht. Darum gehe ich ins Schlafzimmer und ziehe mich rasch um.

Ein pelziger Schatten folgt mir durch die Wohnung und hüpft unterwegs auf sämtliche Möbel. Homer springt mühelos vom Boden aus auf einen Stuhl, vom Stuhl auf den Esstisch und zurück auf den Boden, wie ein rasender Q*bert. Wenn ich aus dem Wohn-/Essbereich in den Flur gehe, sitzt Homer auf einem Beistelltisch. Dann hüpft er wagemutig quer durch den Gang auf das dritte Brett des Bücherregals, wo er sich einen prekären Augenblick lang zusammenkauert, bis ich vorbei bin. Dann ist er wieder auf dem Boden und saust vor mir her, wobei er gelegentlich vor Begeisterung mit einer der beiden anderen Katzen zusammenprallt, ehe er die Tür zum Schlafzimmer erreicht. Dort hält er jedes Mal an genau der gleichen Stelle inne, legt eine fast nicht bemerkbare, kurze Pause ein und rennt dann mit einer scharfen Linkskurve ins Zimmer, als wolle er ein großes *L* zeichnen. Er springt aufs Bett, denn er weiß, dass ich mich darauf niederlasse, um die Schuhe auszuziehen. Er krabbelt auf meinen Schoß, um noch einmal zu schnurren und sein Gesicht an meinem zu reiben.

Diese Routine ist jeden Tag die gleiche. Was sich ändert, ist die Art der genauen Inspektion der Wohnung nach dem Umziehen. Homer hat viele verschiedene Hobbys, und man weiß nie, mit welchen neuen Projekten er sich von Woche zu Woche beschäftigt. Eine Zeit lang wollte er anscheinend einen Weltrekord aufstellen und an einem einzigen Tag möglichst viele Sachen vom Kaffeetisch werfen. Laurence und ich sind beide schreibend tätig, darum liegen die üblichen Utensilien – Kulis, Notizblöcke und Notizzettel – zwischen Zeitschriften, Taschenbüchern, Papiertaschentüchern, Ticketabschnitten, Sonnenbrillen, Zündholzheftchen, Fernbedienungen, Pfefferminzdrops und Speisekarten auf dem Tisch. Eines Tages kamen wir nach Hause und fanden unseren Kaffeetisch total leergefegt vor – alles lag verstreut auf dem Fußboden, der aussah wie eine Leinwand von Jackson Pollock. Wir legten die Sachen an ihren rechtmäßigen Platz zurück (nicht ohne etwas verschämt ein wenig aufzuräumen). So ging es mehrere Wochen lang weiter. Wir wussten nicht, welche Katze das dafür verantwortliche Phantom war, bis ich eines Abends nach Hause kam und Homer auf frischer Tat ertappte, bebend vor Stolz auf seine Leistung und ohne schlechtes Gewissen.

»Vielleicht mag er keine Unordnung«, sagte ich zu Laurence. »Es stört ihn wohl, dass alles an einem anderen Platz liegt, wann immer er auf den Tisch springt.«

Laurence neigt weniger als ich dazu, die verborgenen Motive unserer Haustiere zu erforschen. »Ich glaube, der Katze gefällt es einfach, Sachen vom Tisch zu schubsen«, erwiderte er.

Wir haben auch gelernt, die Gleittüre an den Schränken abzuschließen. Für einen kleinen Kater ist es anscheinend leichter, als man meinen möchte, sich mit seinem ganzen Körpergewicht an eine Jeans zu hängen (der Stoff ist schön robust und eignet sich gut zum Klettern), dann in ein Fach zu hüpfen, in dem Schachteln mit alten Fotos oder eingepackten Geburtstags- und Festtagsgeschenken stehen (die angenehm knistern, wenn man sie mit den Krallen aufreißt) und weiche Kleider gestapelt sind. In Abfalleimer – egal, wie hoch sie sind – kann man hineinspringen, oder man kann sie umkippen. Mit Seilen umwickelte Kratzbäume lassen sich vollständig schälen, wenn man hartnäckig ist. Bücherregale kann man erklimmen und dann Bücher von den höchsten Brettern hinunterwerfen. Das Gleiche gilt für gestapelte Platten, CDs und DVDs. Wenn eine junge Katze genügend Fantasie hat, sind ihren Possen und kleinen Missetaten an einem durchschnittlichen Werktag keine Grenzen gesetzt. Ich habe von Homer die wertvolle Lektion gelernt, wie wichtig es ist, seine Zeit mit sinnvollen Projekten auszufüllen.

Neulich hat Homer gelernt, die Toilette zu benutzen. Warum er im Alter von zwölf Jahren plötzlich beschlossen hat, seinem Repertoire diesen Trick hinzuzufügen, weiß ich nicht. Ich habe von Katzen gehört, die von ihren Besitzern dressiert wurden, die Toilette anstelle des Katzenklos zu benutzen, aber ich habe noch nie von einer Katze gehört, die diese Fertigkeit von selbst erlernt hat.

Es war Zufall, dass ich diese neueste Heldentat bemerkte. Ich wachte früh am Morgen auf und taumelte ins Badezimmer. Als ich das Licht anknipste, sah ich, dass das Bad … schon besetzt war. Homer balancierte an der Kante der Toilettenschüssel.

»Oh, tut mir leid«, sagte ich automatisch, noch im Halbschlaf. Erst als ich hinausging und die Tür sorgfältig hinter mir schloss, dachte ich: *Moment mal …*

»Unsere Katze ist ein Genie!«, schwärmte ich später.

»Erst ist ein Genie, wenn er selbst spülen lernt«, erwiderte Laurence.

Es stimmt: Die Kunst des Spülens beherrscht Homer noch nicht. Darum habe ich die Kontrolle der Toilette der mentalen Checkliste hinzugefügt, die ich abhake, wenn ich abends nach Hause komme und die Wohnung nach umgeworfenen Bilderrahmen, neugierig geöffneten Schränken und auf dem Boden herumliegenden Nippsachen absuche.

Da ich nie genau weiß, was mich erwartet, wenn ich durch die Tür gehe – und weil Homer für Uneingeweihte ein verblüffender Anblick ist –, versuche ich, Gäste vorzubereiten, wenn sie zum ersten Mal kommen. Seit ich Laurence geheiratet habe und nicht mehr mit anderen Männern ausgehe, muss ich das nicht mehr so oft tun, zumal ich allmählich ein Alter erreiche, in dem neue Freundschaften seltener werden.

Dennoch erinnere ich mich daran, dass ich es einmal versäumte, einen neuen Freund vor seinem ersten Besuch aufzuklären. Ich hatte nicht damit gerechnet, dass ich ihn am Ende des Abends in meine Wohnung einladen würde. Und als die Entscheidung fiel, fürchtete ich, ein Gespräch über Katzen würde die romantische Stimmung trüben.

Damals liebte Homer es sehr, mit Tampons zu spielen. Nachdem er zufällig welche gefunden hatte, war er davon fasziniert, sie herumzurollen, und auch der Faden am Ende gefiel ihm. Er mochte sie so sehr, dass er herausfand, wo ich sie im Schrank unter dem Waschbecken aufbewahrte. Mit unermüdlicher Geduld und Präzision gelang es ihm, die Schranktür zu öffnen und die Tamponschachtel zu plündern.

Als ich mit meinem Freund hereinkam, lief Homer zur Tür,

um mich zu begrüßen – und an seinem Mund hing ein Tampon. Der weiße Zellstoff hob sich auffallend von seinem schwarzen Pelz ab. Es war ein lebendiges, demütigendes Relief. Eine Weile tollte er vergnügt und triumphierend herum, dann rannte er prompt zu mir und hockte sich erwartungsvoll vor mich hin. Dem Tampon hielt er zwischen den Kiefern wie ein Hund einen Knochen.

Meine Verabredung sah verdutzt aus, um es vorsichtig zu formulieren. »Was zum … ist das ein …« Er stotterte einen Augenblick, dann brachte er endlich den Satz heraus: »Ist deiner Katze etwas passiert?«

Ich kauerte mich hin, Homer kletterte glücklich auf meinen Schoß und ließ den stibitzten Tampon vor meine Füße fallen. »Es geht ihm gut«, antwortete ich. »Er hat keine Augen, das ist alles.«

Das schien meinem Freund den Atem zu verschlagen. »*Keine Augen?*«, fragte er.

»Na ja, er wurde mit Augen geboren«, erklärte ich. »Aber man musste sie entfernen, als er ein kleines Kätzchen war.«

Man schätzt, dass es in rund 38 Millionen amerikanischen Haushalten etwa 90 Millionen Katzen gibt. Insofern ist Homer in gewisser Hinsicht typisch. Er frisst, schläft, schubst Papierknäuel herum und ist so unternehmungslustig, dass ich höchstens jedes zweite Missgeschick verhindern kann. Wie jede Katze weiß er genau, was er mag und was er nicht mag. Glück bedeutet für Homer, Thunfisch frisch aus der Dose zu vertilgen, auf alles zu klettern, was sein Gewicht trägt, mit gespieltem Grimm seine beiden arglosen (und viel, *viel* größeren) Schwestern zu boxen und im Sonnenlicht zu schlummern, das kurz vor Son-

nenuntergang ins Wohnzimmer fällt. Unglücklich ist er, wenn
er als Letzter einen Logenplatz neben Mama auf dem Sofa er-
gattert, wenn sein Katzenklo nicht tadellos sauber ist und wenn
er wieder einmal nicht auf unseren Balkon darf (blinde Katze,
große Höhe – es ist eine einfache Rechnung). Außerdem hasst
er das Wort *Nein*.

In meiner Fantasie ist Homer überlebensgroß, und ich stelle
mir seine Geschichte oft als Epos vor. Er ist die Katze, die lebte –
ein verwaister, halb verhungerter Streuner, der eine Krankheit
überstand, die so ernst war, dass sie ihm im Alter von zwei Wochen das Augenlicht raubte, und das niemand haben wollte, als
feststand, dass er durchkommen würde. Er ist Daredevil, der
berühmte Held der Marvel-Comics, der sein Sehvermögen bei
einem Unfall verlor, als er einen Blinden rettete, wonach seine anderen Sinne eine übermenschliche Schärfe entwickelten.
Wie bei Daredevil grenzt Homers Gehör ans Übernatürliche,
ebenso sein Geruchssinn und seine Fähigkeit, alle Hindernisse in
einem unbekannten Raum, den er nur einmal durchquert hat,
zu erinnern und zu überwinden. Er ist ein Kater, der ein winziges Stück Thunfisch aus drei Zimmern Entfernung riechen,
gut anderthalb Meter aus dem Stand hochspringen und eine
summende Fliege in der Luft fangen kann. Jeder Sprung von
einer Stuhllehne oder von einem Tisch ist Vertrauenssache und
gleicht einem Sprung in den Abgrund. Jede Jagd nach einem
Ball im Flur setzt großen Mut voraus. Jeder Vorhang, auf den
er klettert, jede freundliche Begrüßung einer unbekannten Person, jeder Schritt nach vorn ohne Führung, hinein in die dunkle Leere seiner Umwelt, ist ein Wunder an Tapferkeit. Er hat
keinen Blindenhund, keinen Stock, keine Sprache, in der man
ihn aufmuntern oder ihm Form und Natur der vor ihm liegen-

den Hürden erklären könnte. Meine anderen Katzen können aus dem Fenster schauen, darum kennen sie die Grenzen ihrer Welt. Aber Homers Welt ist grenzenlos und letztlich unerkennbar. Jeder Raum, in dem er sich befindet, enthält alles, was ist, und ist daher unendlich. Obwohl er mit Zeit und Raum nur eine äußerst flüchtige Beziehung hat, transzendiert er beide.

Anfangs kam Homer zu mir, weil ihn niemand sonst haben wollte. Darum bin ich immer wieder erstaunt darüber, wie fasziniert die Leute sind – sogar jene, die sich nicht sonderlich für Katzen interessieren –, wenn sie ihm begegnen oder auch nur von ihm hören. Niemand bringt ein Gespräch so schnell in Gang wie er. Das hatte ich nicht erwartet, als ich ihn aufnahm. 90 Millionen Katzen im Land – das sind mindestens 90 Millionen Katzengeschichten. Aber – auf die Gefahr hin, unerträglich voreingenommen zu klingen – mir ist noch keine Katze begegnet, die so einzigartig ist wie Homer. Mindestens einmal in der Woche, in jeder Woche der vergangenen zwölf Jahre, tut er etwas, was mich amüsiert, wütend macht oder einfach verblüfft – und am erstaunlichsten ist er, wenn ich ihn wieder einmal mit den Augen eines anderen betrachte, als wäre er neu für mich.

Ach, wie traurig!, ist oft das Erste, was die Leute sagen, wenn sie hören, dass Homers Augen entfernt wurden, als er zwei Wochen alt war. Meist erwidere ich dann: »Zeig mir einen Kater auf der Welt, der glücklicher und ausgelassener ist – ich gebe dir 100 Dollar, wenn ich ihn nur einmal kurz anschauen kann.« *Wie bewegt er sich?*, fragen dann viele. »Mit den Beinen«, sage ich, »wie jede andere Katze auch.«

Manchmal, wenn er besonders ausgelassen spielt, höre ich einen dumpfen Ton, weil er mit dem Köpfchen an eine Wand gestoßen ist oder an ein Tischbein, das er vergessen hat. Das bringt mich immer zum Lachen, und gleichzeitig spüre ich den vertrauten Schmerz in meinem Herzen. Ich lache, weil jeder, der eine Katze beim fröhlichen Spiel, beim Runterfallen vom Sofa oder beim Zusammenstoß mit einer geschlossenen Glastür beobachtet hat, einfach kichern muss. Und mein Herz bricht, weil, wenn man Homer in der besten aller möglichen Welten eine Woche früher gefunden hätte, seine Infektion dann vielleicht schwer gewesen wäre, ihn aber nicht die Augen gekostet hätte.

Doch natürlich wäre Homer in dieser perfekten Welt mit großer Wahrscheinlichkeit nie in mein Leben getreten.

Mein Lieblingsmoment während der Feierlichkeiten zum Passahfest – es erinnert daran, dass Gott die Israeliten und Moses aus der ägyptischen Knechtschaft befreite und ins Gelobte Land führte – ist immer das Dajenu, ein fröhliches Lied, das laut gesungen wird, begleitet von Händeklatschen und Stampfen. Dajenu bedeutet auf Hebräisch »es hätte genügt«. Das Lied berichtet von den Wundern, die Gott für die Israeliten bewirkte, und von denen jedes Einzelne »genügt hätte«: Wenn er uns aus Ägypten geführt und den Ägyptern keine Plagen auferlegt hätte, *dajenu!* Wenn er ihnen Plagen gesandt, aber das Rote Meer nicht vor uns geteilt hätte, *dajenu!* Wenn er für uns das Meer geteilt, uns aber 40 Jahre lang in der Wüste versorgt hätte, *dajenu!*

Und so weiter.

Nach zwölf gemeinsamen Jahren mit Homer habe ich mein eigenes Dajenu gedichtet. Hätte Homer es nur geschafft, länger als zwei Wochen zu leben, es hätte genügt. Hätte er nur gelernt, seinen Futternapf und sein Katzenklo allein zu finden, es hätte genügt. Wenn er nur gelernt hätte, in unserer Wohnung ohne Führung von einem Zimmer ins andere zu gehen, es hätte genügt. Wenn er nur gelernt hätte, zu laufen, zu hüpfen, zu spielen und furchtlos all das zu tun, was er ersten Prophezeiungen nach nie hätte tun können, es wäre genug gewesen. Hätte er mich nur dazu gebracht, mehr als ein Jahrzehnt lang jeden Tag laut zu lachen, es hätte genügt.

Und wenn er nichts weiter getan hätte, als eine der treuesten, liebevollsten und tapfersten Quellen der Freude und Inspiration zu werden, die ich je gekannt habe … nun ja, das wäre mehr als genug gewesen.

Wenn kein vernünftiger Mensch in einer scheinbar hoffnungslosen Situation *irgendetwas* Gutes erwarten kann und dann trotzdem *alles* Gute geschieht, sprechen wir von Wundern. Nur wenige von uns haben das Glück, solche Wunder im Alltag zu erleben.

Darum ist dieses Buch für Menschen bestimmt, die so sind wie ich, aber auch für jene, die nicht mehr an alltägliche Wunder und Helden glauben können. Ich habe es für Menschen geschrieben, die Katzen lieben, und für solche, die sich für überzeugte Katzenfeinde halten, für jene, die glauben, *normal* und *ideal* seien dasselbe, und für alle, die wissen, dass wir unser ganzes Leben bereichern können, wenn wir bisweilen einen kleinen Schritt von der Mitte weg tun, aus der Normalität heraus.

Ihnen allen stelle ich hiermit Homer, die Wunderkatze, vor.

Dajenu!

1   EIN NAMENLOSER HELD

Gestern war der zwanzigste Tag, an dem ich auf dem Meer hin
und her geworfen wurde. Der Wind und die Wellen haben mich
von der Insel Ogygia abgetrieben, und nun hat das Schicksal
mich an dieser Küste stranden lassen.

Homer, *Odyssee*

Vor Jahren, als ich noch zwei Katzen hatte, sagte ich gern: »Wenn ich mir je eine dritte anschaffen sollte, werde ich sie ›Miau Tsetung‹ oder kurz ›der Vorsitzende‹ nennen.«

»Schaut mich nicht so an, das wäre doch *süß*«, beharrte ich, wenn meine Freunde mich für bekloppt hielten. »Der kleine Vorsitzende Miau.«

Es war ein doppelter Scherz: der Name selbst und die Idee, eine dritte Katze aufzunehmen. Vielleicht (so dachte ich mit 24) hätte ich nicht einmal den denkwürdigen Schritt gewagt, zwei Katzen zu mir ins Haus zu holen, wenn ich nicht drei Jahre lang mit Jorge gelebt hätte, dem Mann, den ich bestimmt heiraten würde. Nun hatten wir uns getrennt, und ich hatte das Sorgerecht für unsere Katzen bekommen: eine gutmütige, flaumig-weiße Schönheit namens Vashti und eine majestätische, launische, graue Tigerkatze namens Scarlett. Ich war jeden Tag für meine beiden Mädchen dankbar und hätte gern noch mehr Katzen um mich gehabt, aber die möglichen Komplikationen in meinem neuen Leben als Single waren mir ebenfalls schmerzlich bewusst. An solche Probleme hätte ich nie gedacht, als ich glaubte, Jorge und ich würden für immer zusammen sein.

Ich wohnte im Gästezimmer einer Freundin, während ich versuchte, Geld für eine preisgünstige Wohnung zusammenzubekommen. Aber ich wäre nie in ein billiges Mietshaus gezogen, in dem Haustiere verboten waren. Und es war sinnlos, über eine Beziehung mit einem Mann, der allergisch gegen Katzen war, auch nur nachzudenken. Ich leistete gemeinnützige Arbeit für United Way fo Miami-Dade und hatte am Ende eines Monats nie mehr als 50 Dollar auf der Bank. Dennoch musste ich natürlich selbst für Routineimpfungen, Verletzungen und Krankheiten aufkommen, unabhängig von den Folgen für meine Finanzen.

»Ganz zu schweigen von den sozialen Folgen«, pflegte meine Freundin Andrea zu sagen. »Ich meine, du kannst nur eine begrenzte Menge Katzen halten, wenn du 24 und Single bist. Die Kinder im Viertel werden dich ›die alte Witwe Cooper‹ nennen, Steine nach dir schmeißen und dir Beleidigungen an den Kopf werfen: ›Dort wohnt die alte Witwe Cooper, die Katzenfrau. Sie ist verrüüüüückt …‹«

Ich wusste, dass sie recht hatte. Ich hatte den Kontakt zur Realität nicht total verloren, unter den damaligen Bedingungen war es absurd, von einer dritten Katze zu reden. Ebenso gut konnte ich davon träumen, mir nach einem Lottogewinn dieses und jenes zu kaufen.

Doch dann, eines Nachmittags, einige Monate nachdem Jorge und ich uns getrennt hatten, rief mich Patty an, eine junge Tierärztin, nur drei Jahre älter als ich. Sie war das neueste Mitglied in der Praxis, die Scarlett und Vashti behandelte. Patty erzählte mir eine lange, traurige Geschichte, die ideal für einen Fernsehfilm gewesen wäre, wenn es einen Sender namens *Ein Leben für Katzen* gegeben hätte. Ein verwaistes, wenige Wochen altes streunendes Kätzchen sei in ihrer Praxis abgegeben worden, sagte sie, und sie habe ihm wegen einer schweren Augenentzündung beide Augen entfernen müssen. Das Paar, das den Kater gebracht habe, wolle ihn ebenso wenig haben wie die Leute auf ihrer Warteliste. Selbst jene, die ausdrücklich Interesse an einer behinderten Katze bekundet hätten, seien abgesprungen. Anscheinend schreckten alle vor *dieser* Behinderung zurück. Ich sei ihre letzte Rettung, bevor …

Sie beendete den Satz nicht, und das brauchte sie auch nicht. Ich wusste, dass ein augenloser Kater in einem Tierasyl kaum eine Chance hatte, von jemandem aufgenommen zu werden, ehe seine Zeit ablief.

Tu's nicht, warnte der griechische Chor in meinem Kopf. *Ja, es ist traurig, aber du bist wirklich nicht in der Lage, daran etwas zu ändern.*

Ich war immer eine Leseratte, ein leidenschaftlicher Bücherwurm, und ich wusste, welche Macht Worte über mich hatten. Der Versuch, mich gegen Worte, wie *blind, unerwünscht* oder *Waise* zu immunisieren, war etwa so sinnlos wie ein Soldat mit einer Spielzeugpistole im Schützengraben.

Dennoch erkannte ich die Weisheit der Worte meines inneren griechischen Chores, obwohl ich nicht so nüchtern analytisch sein konnte wie er. Also sagte ich: »Ich komme vorbei und schau ihn mir an.« Und nach einer Pause: »Aber versprechen kann ich nichts.«

Ich sollte erwähnen, dass ich nie zuvor »Ich komme vorbei und schau ihn mir an« gesagt hatte, wenn mir ein Kater angeboten worden war. Für mich kam es nicht infrage, ein Tier erst einmal zu inspizieren, um herauszufinden, ob es »etwas Besonderes« war oder ob es zwischen uns »funkte«. Was Tiere und

Kinder anbelangt, ist meine Philosophie ziemlich gleich: Sie sind, wie sie sind, und man liebt sie bedingungslos, egal, wie ihre Persönlichkeit oder ihre Schwächen sich entwickeln. Als ich ein Kind war, zog meine Familie viele Hunde auf oder pflegte sie, und fast alle waren Streuner oder von ihren früheren Besitzern misshandelt worden. Wir hatten Hunde, die nicht stubenrein wurden. Hunde, die Teppiche und Tapeten zerkauten, Hunde, die zwanghaft unter Zäunen buddelten oder manchmal sogar zuschnappten, wenn man sie erschreckte. Meine Katzen Scarlett und Vashti hatte ich vor einem Jahr von Bekannten bekommen. Die sechs Wochen alten Kätzchen waren durch die Straßen von Miami gewandert, von Räude befallen, halb verhungert und mit Flöhen und Wunden bedeckt. Ich hatte spontan zugesagt, sie aufzunehmen, ohne sie gesehen zu haben. Der erste Tag, an dem ich ihnen begegnete, war auch ihr erster Tag bei mir.

Darum kam ich mir ziemlich unehrlich vor, als ich am folgenden Nachmittag zur Praxis meiner Tierärztin fuhr. Patty wusste es vielleicht nicht, aber ich kannte mich gut genug, um zu kapieren, was es bedeutete, wenn ich sagte: »Ich komme vorbei und schau ihn mir an.« Das hieß in Wirklichkeit: *Ich will jetzt auf keinen Fall eine dritte Katze haben, aber ich würde mich mies fühlen, wenn ich sofort Nein sagen würde, nachdem ich diese Geschichte gehört habe. Darum verschaffe ich mir ein wenig Zeit, um mich vom Haken zu befreien.*

»Wir müssen ihn nehmen. Wir müssen ihn hier leben lassen«, war die spontane Reaktion meiner Freundin Melissa gewesen, als ich ihr am Abend zuvor von dem blinden Kätzchen erzählt hatte. »Hier« war Melissas einstöckiges Haus mit zwei Schlafzimmern am Strand von South Beach. Dort teilte ich mit ihr die Kosten für Wasser, Strom, Lebensmittel und andere Dinge, während ich versuchte, Geld für meine eigene Wohnung zu sparen. Aber Melissa war schön und Erbin, die alltäglichen Hindernisse, die mir unüberwindbar vorkamen, waren für sie nicht einmal Punkte auf dem Radarschirm. Sie brauchte sich keine Sorgen über höhere Tierarztrechnungen zu machen, und sie musste nicht fürchten, keine Wohnung für sich und drei *(drei!)* Katzen zu finden oder von Männern ignoriert zu werden. (Ich hörte bereits imaginäre Gespräche zwischen diesen mythischen Männern, die ich noch nicht einmal getroffen und mit denen ich mich erst recht noch nicht verabredet hatte: *»Mann, Alter, sie ist hübsch, sie ist nett, man hat 'ne Menge Spaß mit ihr – aber sie hat drei Katzen! Das ist einfach zu viel.«*)

Ich war mir nicht einmal sicher, ob ich die richtige Person für ein Kätzchen wie dieses war, für ein Tier, das zweifellos besondere Pflege brauchte, von der ich keine Ahnung hatte. Vielleicht würde der Kater nie lernen, allein zurechtzukommen. Vielleicht würden meine zwei Katzen ihn auf den ersten Blick hassen und mir das Leben zur Hölle machen. Vielleicht war ich der Aufgabe einfach nicht gewachsen. Ich konnte mich ja kaum um mich selbst kümmern.

Was heißt »kaum«? Da ich momentan in einer fremden Wohnung lebte, konnte ich mich offensichtlich *nicht* um mich selbst kümmern.

Dass Melissa »wir« gesagt hatte, ermutigte mich kurz. Ich würde nicht allein sein. In einem kleinen, listigen Winkel meines Gehirn plante ich, das Kätzchen mit in ihr Haus zu nehmen – und wenn ich nicht mit ihm zurechtkam, konnte ja Melissa …

»Natürlich ist es deine Entscheidung«, hatte Melissa einen

Augenblick später hinzugefügt. »Du nimmst ihn ja mit, wenn du ausziehst.«

Was also trieb mich ebenso sicher wie die Räder und der Motor meines Autos der Tierarztpraxis entgegen? Was hatte mich zu dem Versprechen bewogen, mir diesen kleinen Kater anzusehen? Ein schlechtes Gewissen. Wenn ich ihn nicht nahm, würde niemand ihn nehmen. Ich hatte schon immer eine Schwäche für Tiere gehabt, und alle wussten es. Ich arbeitete seit Jahren ehrenamtlich in mehreren Tierasylen von Miami, und als Jorge und ich noch zusammen waren, war ich immer mit Tränen in den Augen nach Hause gekommen und hatte ihn wider jene Vernunft bestürmt, einen der Hunde oder Katzen aufzunehmen, die man sonst einschläfern würde. Im College war ich gar einmal mit dem Gesetz in Konflikt geraten: Man hatte mich auf einer Protestversammlung vor dem Primatenforschungszentrum der Universität festgenommen. Ich war das Kind, dem streunende Hunde und Katzen zur Schule folgten, weil ich ihnen alles gab, was mein Vesperbeutel enthielt, ohne daran zu denken, was ich in der Mittagspause essen sollte.

Und genau diese unreife, diffuse Denkweise, redete ich mir etwas boshaft ein, als ich auf den Parkplatz der Praxis fuhr, eben diese leichtsinnige Missachtung der Folgen, hatte mich in die aktuelle unangenehme Lage gebracht: Ich war pleite und allein, nachdem ich Jahre damit verbracht hatte, mir sorgsam die Zukunft aufzubauen, die ich für felsenfest gehalten hatte.

Heute ist mir klar, dass ich versuchte, wütend zu werden. Es war viel leichter, mir weiszumachen, dass ich wütend war und mich gestresst fühlte, als zuzugeben, dass ich schreckliche Angst hatte.

Nun also stand ich vor der Praxis. Es war ein furchtbar schwüler Tag Ende August. Silbern schimmernde Hitzewellen stiegen wie böse Geister vom Gehweg der Einkaufsmeile nach oben. Die Frau am Empfang begrüßte mich freundlich und rief Patty, die den Kopf durch eine Tür hinter dem Empfangstisch streckte und fröhlich »Komm mit!« rief.

Ich ging mit ihr an Reihen von Käfigen vorbei, in denen Katzen und Hunde saßen, die ich schon früher bemerkt, aber kaum beachtet hatte. Ich hatte immer angenommen, die Besitzer hätten die Tiere der zeitweiligen Fürsorge meiner Tierärztin überlassen und würden sie bald wieder abholen. Nun fragte ich mich zum ersten Mal, wie viele von ihnen heimatlos waren und darauf warteten, von Menschen wie mir bemerkt und vielleicht mitgenommen zu werden.

Wir erreichten das letzte Untersuchungszimmer am Ende des schmalen, mit Holz vertäfelten Ganges, und Patty hielt mir die Tür auf. Auf dem Untersuchungstisch stand eine Plastikbox ohne Deckel. »Damit du dich mit ihm anfreunden kannst«, erklärte sie. Ich ging zum Tisch und schaute in die Box.

Er ist so winzig, war mein erster Gedanke. Meine beiden Katzen waren fast ebenso jung gewesen, als ich sie aufgenommen hatte, aber ich hatte vergessen, wie unglaublich klein ein vier Wochen altes Kätzchen ist. Er wog bestimmt nicht mal hundert Gramm und hatte sich zu einer Miniaturkugel in einer Ecke der Kiste zusammengerollt. Ein flaumiger Softball, der leicht in meinen Handteller gepasst hätte. Sein Fell war ganz schwarz und hatte die statisch-elektrische Flaumigkeit, die sehr kleine Kätzchen nun einmal haben, als lehne ihr Pelz sich gegen die Vorstellung auf, flach zu liegen. Wo seine Augen gewesen waren, befanden sich zwei kleine Nähte, und um den Hals trug er einen dieser Plastikkegel, mit denen man Tiere daran hindert, an Nähten oder Wunden herumzukratzen.

»Ich habe die Lider zugenäht«, sagte Patty. »Damit es so aussieht, als hätte er keine leeren Augenhöhlen, sondern als würde er die Augen immer geschlossen halten.« Sie hatte recht. Als ich die X-förmigen Nähte betrachtete, dort, wo seine Augen gewesen waren, erinnerte ich mich an die Comics meiner Kindheit. Bei ihnen deutete ein über die Augen gezeichnetes X an, dass eine Figur betrunken oder bewusstlos war.

»Hallo, du«, sagte ich leise. Ich bückte mich ein wenig, damit sich mein Mund auf gleicher Höhe wie das Kätzchen befand und meine Stimme nicht zu dröhnend oder furchterregend klang. »He, kleiner Kerl.«

Der schwarze Flaumball in der Ecke der Box entkräuselte sich und stand zögernd auf. Zaghaft streckte ich eine Hand – die mir plötzlich monströs vorkam – in die Kiste und kratzte leicht am Boden. Das Kätzchen ging langsam auf das Geräusch ein. Sein Kopf wackelte unsicher unter dem Gewicht des Plastikkegels, und seine Nase stupste einen meiner Finger an. Er schnupperte neugierig.

Ich warf Patty einen Blick zu. Sie sagte: »Du darfst ihn hochnehmen, wenn du willst.«

Ich hob ihn vorsichtig auf und hielt ihn knapp oberhalb meiner Brust. Mit einer Hand stützte ich sein Hinterteil, die andere lag an seiner Brust und an seinen Vorderbeinen. »Hallo, Kleiner«, flüsterte ich.

Beim Klang meiner Stimme drehte er sich um und griff mit seinen Vorderpfoten in Richtung meiner linken Schulter. Sie waren so klein, dass sie zwischen den Fäden meines hellen Baumwollpullis versanken. Er zappelte ein wenig, und ich merkte, dass er auf meine Schulter krabbeln wollte. Aber seine Krallen waren zu winzig, um richtig zu greifen. Also gab er auf, drehte sich erneut um und näherte sich meinem Hals so weit, wie der Plastikkegel es ihm erlaubte. Er versuchte, sein Gesicht an meinem zu reiben, aber ich fühlte nur Plastik an der Wange. Dann begann er zur schnurren. Der Kegel verstärkte das Geräusch, bis es so laut war, dass es sich wie ein unglaublich kleiner Motor anhörte.

Ich hatte erwartet, dass ein blindes Kätzchen kaum mit mir würde kommunizieren können – und mir fiel ein, dass dies vielleicht die geheime Angst der Leute gewesen war, die ihn nicht haben wollten. Ein Tier, das keine Liebe wahrnehmen und keine Gefühle ausdrücken konnte, fühlte sich womöglich immer fremd in einem Haus.

Doch als ich ihn hielt, merkte ich, dass es nicht die Augen sind, die einem sagen, was jemand fühlt oder denkt – es sind die ringförmigen Augenmuskeln. Sie ziehen die Augenwinkel nach oben oder unten und kräuseln die Lider an den Rändern, um Freude auszudrücken, oder verengen sie zu Schlitzen, um Zorn anzudeuten.

Dieser kleine Kater hatte zwar keine Augen mehr, aber die Muskeln waren unverletzt. Und die Form, die sie annahmen, verriet mir, dass seine Augen, hätte er welche gehabt, jetzt halb geschlossen wären. Dieser Ausdruck war mir so vertraut, weil ich ihn von meinen beiden Katzen kannte. Es war ein Ausdruck völliger Zufriedenheit, der ihm offenbar leichtfiel. Das ließ mich vermuten, dass er – trotz all der Qualen, die er schon erlitten hatte, und obwohl er allen Grund hatte, das Gegenteil zu erwarten – in den Tiefen seiner kleinen Katzenseele immer gewusst hatte, dass es einen Platz gab, an dem er sich völlig warm und sicher fühlen durfte.

Jetzt hatte er ihn endlich gefunden.

»O mein Gott.« Ich setzte ihn behutsam in seine Kiste zurück und wühlte ich meiner Handtasche nach einem Papiertaschentuch. »Pack ihn ein. Ich nehme ihn mit.«

Aber Patty bestand darauf, dass das Kätzchen noch eine Weile bei ihr blieb. Sie wollte seine Nähte kontrollieren, weil sie mit Infektionen rechnete. Und sie hoffte, er werde ein wenig Gewicht zulegen, bevor man ihn mit festem Futter und zwei ausgewachsenen Katzen konfrontierte. »Du kannst ihn in ein paar Tagen abholen«, versprach sie.

Endlich würde ich meinen Vorsitzenden Miau bekommen. Aber irgendwie gefiel mir der lange vorbereitete Namen nicht mehr.

»Nenn ihn doch Socket«, schlug Melissa vor.

»Auf keinen Fall!«, rief ich. »Er heißt nicht Socket.«

Sie zuckte gutmütig mit den Schultern. »Für mich wird er immer Socket sein, wegen seiner Augenhöhlen.«

Es war mir nicht sehr schwergefallen, Namen für meine zwei anderen Katzen zu finden, zumal Scarlett bereits getauft worden war. Sie hatte zu einem Wurf herrenloser Katzen gehört, den mein Mechaniker gefunden hatte. Er hatte sie Scarlett getauft, wohl weil sie in den ersten Tagen so ausgetrocknet gewesen war, dass sie immer wieder in Ohnmacht fiel. Vashti hingegen war der Name der biblischen persischen Königin, die sich geweigert hatte, auf einem Fest für ihren Gatten, den König, und eine Horde betrunkener Männer nackt zu tanzen. Sie wurde aus dem Königreich verbannt und war deshalb für mich eine der ersten feministischen Märtyrerinnen. Das *meine* Vashti sich von einem traurigen, halb kahlen Beutel voller Katzenknochen zu einer exotischen, langhaarigen Schönheit entwickelt hatte, die ein wenig wie eine Perserkatze aussah, war ein glücklicher Zufall gewesen.

Ich wollte diesem neuen Kätzchen keinen kitschigen oder auf der Hand liegenden Namen verpassen (wohlmeinende Freunde hatten bereits »Ray« und »Stevie« als passende Namen für eine blinde schwarze Katze vorgeschlagen), aber der Name sollte auch nicht zu feierlich oder ominös klingen. Der Kater würde blind bleiben, das war eine unausweichliche Tatsache in seinem Leben, doch ich wollte von Anfang an verhindern, dass er immer nur »der blinde Kater« blieb.

In den nächsten Tagen besuchte ich das Kätzchen oft in der Praxis. Sein kurzes Leben war schon verwirrender gewesen, als man sich vorstellen konnte. Ich wollte, dass er mit mir vertraut war und sich bei mir sicher fühlte, wenn ich ihn endlich mit nach Hause nehmen durfte, selbst wenn es nur an meinem Geruch und am Klang meiner Stimme lag.

Dennoch war ich nervöser, als ich zugeben wollte. Er gehörte jetzt mir – es gab kein Zurück mehr –, aber ich wollte selbst sehen, wie er zurechtkam, wie er seiner Umwelt begegnete und lernte, sich in ihr zu bewegen. Darum hielt ich jeden Nachmittag nach der Arbeit vor Pattys Praxis. Sie holte das Kätzchen aus seinem Käfig und führte uns in ein Untersuchungszimmer, wo es frei herumlaufen konnte, während ich meist still in einer Ecke saß und ihm zuschaute.

Ich merkte bald, dass er ein unermüdlicher Entdecker war. Das Gewicht des Plastikkegels, der wie der Schild eines fahrenden Ritters in feindlichem Gelände an seinem Hals nach vorn ragte, erschwerte es ihm, den Kopf ganz aufrecht zu halten. Aber seine Nase beschnupperte ohnehin fast immer den Boden. Das

Untersuchungszimmer war sehr klein, dennoch blieb kein Zentimeter von ihm unbeschnüffelt. Wenn er an eine Wand oder an einen Tisch stieß, schoben sich seine winzigen Pfoten vorsichtig an den Seiten nach oben. Er war ein Ingenieur, der Abmessungen überprüfte. Das Einzige, was er zu erklimmen versuchte, war der Stuhl, der in einer Ecke stand. Allerdings war auch eine große Topfpflanze in der gegenüberliegenden Ecke faszinierend. Als er sich an sie heranmachte, sagte ich zum ersten Mal *Nein* zu ihm. Ich wollte nicht, dass er sich das Fell schmutzig machte oder unabsichtlich die Pflanze zerfetzte.

Am Tag, bevor er mit mir nach Hause kommen sollte, war er immer noch namenlos. Anscheinend bestand die Gefahr, dass der Name Socket doch noch an ihm hängen blieb.

Er brauchte einen Namen, und es musste der Richtige sein. Also versuchte ich, mir den Kater als Figur in einer Geschichte vorzustellen. Sein Leben hatte bereits wie viele der besten Geschichten begonnen: mit Prüfungen und Leiden, wundersamen Wendungen und zahllosen Hindernissen, die noch zu überwinden waren. Aber mir war klar, dass er nicht nur das Thema einer Geschichte war, sondern auch der Schöpfer vieler Geschichten. Da er nicht einmal wusste, was Sehen war, deutete er seine Umwelt bestimmt auf seine ganz eigene Weise. Wie sonst hätte er sich einen Stuhl erklären können, der wie durch ein Wunder an einer Stelle auftauchte, wo gestern noch kein Stuhl gestanden hatte. Was *war* ein Stuhl? Warum und wie entstanden Stühle? Und wie war die Allwissenheit einer Adoptivmutter zu erklären, die es sofort merkte, wenn er an etwas Verbotenes dachte, einerlei, wie leise er kroch? Als er zum vierten Mal versuchte, in den großen, mit Erde gefüllten Topf in der Ecke zu klettern, stieß ich mein viertes klares und unerwartetes *Nein* aus. Verdutzt legte das Kätzchen sein Gesicht in Falten. Der Kleine konnte natürlich nicht zwischen »geräuschlos« und »unsichtbar« unterscheiden. *Ich bin doch so leise gegangen! Warum ertappt sie mich immer?*

Wenn Sie ein Tier zu sich nehmen, erwarten Sie, dass es Ihr Leben bereichern wird. Doch allmählich kam ich mir wie eine Figur in der Geschichte dieses Kätzchens vor. Aus einem einsamen Mädchen, das sich abstrampeln musste, an Selbstzweifeln litt und drei Katzen zu versorgen hatte, war eine allwissende, unerbittliche Göttin geworden, ein im Grunde wohlwollendes und vor allem rätselhaftes Wesen.

Ich schaute zu, wie er zögernd dieses Untersuchungszimmer durchquerte – eine Landschaft, die für mich klein und inzwischen sehr vertraut war, für ihn hingegen riesig und unbekannt. Er navigierte zwischen Scylla (einem Tischbein) und Charybdis (einer kleinen Wasserschale, die für ihn bereitstand). Einmal stolperte er mit dem Gesicht voran in diese Schale. Ich schnappte ihn mir und murmelte: *Braves Kätzchen, braver Junge.* Er schnurrte, erfreut darüber, dass der Himmel ihm abermals hold war. Einerlei, wie oft er den Grimm der Wasserschale zu spüren bekam oder die Höhe des Stuhls vor einem Sprung falsch einschätzte oder an ein Tischbein stieß, das er vergessen hatte – er machte weiter.

Da ist etwas Interessantes auf der anderen Seite, schien er sich zu denken, *ich habe dort etwas zu tun.*

Er war ein Held auf einer Mission und mehr als das: Er erschuf auch Helden und Mythen über die Götter – aus dem gleichen Grund, warum Mythen schon immer geschaffen wurden: um das Unerklärliche zu erklären. Er war Odysseus und zugleich der blinde Geschichtenerzähler, der Odysseus ersonnen hatte und für den das Leben ein Epos gewesen war, obwohl er nichts sehen konnte.

Auf einmal wusste ich, wie mein Kätzchen hieß.

»Homer«, sagte ich laut.

Er antwortete mit einem fröhlichen *Miau.*

»Also, abgemacht.« Es freute mich, dass wir uns einig waren. »Du heißt Homer.«

2 WAS FINDEST DU AN EINER KATZE OHNE AUGEN?

Es ziemt sich nicht für dich, kindisch zu sein,
denn du bist diesem Alter entwachsen.
Homer, *Odyssee*

In der Woche, in der Homer und ich uns in Pattys Heiligtum kennenlernten, verbreitete Melissa in unserem Freundeskreis eifrig die Nachricht von Homers bevorstehender Ankunft. Die unverblümte Frage: »Hast du schon gehört, dass wir ein Kätzchen ohne Augen bekommen?«, gehört zu jenen Bemerkungen, die den Gang eines Gesprächs mit Sicherheit drastisch ändern und eine Flut von weiteren Fragen auslösen. »Ohne Augen? *Ohne Augen?* Du meinst, es hat *keine* Augen?« So kam es, dass Homers Geschichte, noch bevor er bei mir lebte, so oft und so gleichförmig wiederholt wurde, dass sie mir wie ein offizieller Teil der Familienlegende und der prägenden Anekdoten vorkam, aus denen meine Lebensgeschichte bestand. Meine Eltern erzählen beispielsweise seit über 35 Jahren in genau denselben Worten, wie meine Mutter mich zwei Wochen zu früh während eines Rockkonzerts zur Welt brachte, »weil Gwen diese Musik unbedingt hören wollte.« (Wäre ich übrigens Rockstar statt Schriftstellerin geworden, stieße diese Story heute auf eine viel dramatischere Resonanz.)

Es ist wahr, dass ich heute noch genau die gleichen Worte im gleichen Tonfall spreche wie damals, wenn ich Homers Geschichte erzähle – aber nur, weil die Fragen, die man mir stellt, sich überhaupt nicht geändert haben. Im Laufe der Jahre wollten Hunderte von Menschen mehr über Homer wissen, und immer – *immer* – zeigte sich das in Variationen derselben drei Fragen: *Wie hat er seine Augen verloren? Wie kommt er damit zurecht? Findet er sein Katzenklo/Futter/Wasser?*

Dennoch werde ich nie müde zu antworten. Nicht, weil ich so gern über meine Katzen rede, sondern weil ich seine Art für mich – obwohl ich mich längst an Homers Blindheit gewöhnt habe – nie selbstverständlich war und weil ich nie aufgehört habe, enorm stolz darauf zu sein, wie tapfer, schlau und glücklich mein kleiner Junge geworden ist.

Neulich nun aß ich mit einer neuen Kollegin zu Mittag, und wir kamen auf Homer zu sprechen. Sie hatte mir von ihrem Kätzchen erzählt, das sie vor knapp einem Monat bekommen hatte, und ich unterhielt sie mit Anekdoten über Homers Kindheitsabenteuer und -streiche. Ich hatte nie zuvor mit ihr über Homer gesprochen, aber sie fand ihn ebenso interessant wie die meisten anderen Leute, die zum ersten Mal von ihm hören. Dann platzte sie mit einer Frage heraus, die mich kalt erwischte:

»Warum hast du ihn zu dir genommen?«

Hätte jemand anders diese Frage gestellt, wäre sie vielleicht aggressiv oder feindselig gewesen, als ob damit gemeint wäre: *Was findest du nur an einer Katze ohne Augen?* Aber das Gesicht dieser Frau war freundlich, als sie die Frage stellte, und ihr Ton war sanft und mitfühlend. Es war eine direkte Frage, mein Gegenüber war offenbar aufrichtig an meiner Antwort interessiert.

Und ich wollte ihr diese Antwort geben – so einfach und geradeheraus, wie sie gefragt hatte. Aber diese Frage war mir noch nie gestellt worden, und ich hatte zum ersten Mal seit zwölf Jahren keine einfache, automatische Entgegnung parat.

Da ich diese Frage noch nie gehört hatte, war es mir nie in den Sinn gekommen, mich darüber zu wundern, warum Homer bei mir war. Als ich nun zum ersten Mal darüber nachdachte, fand ich es völlig normal, dass niemand fragte, warum ich diesen Kater zu mir genommen hatte, denn die Antwort schien ja klar zu sein. Entweder hatte mich seine Leidensgeschichte so berührt, dass ich mich elend und schuldig gefühlt hätte, wenn ich ihn nicht vor dem fast sicheren Tod im Tierheim gerettet hätte, oder wir hatten uns so schnell angefreundet, so schnell ineinander verliebt, gleich nachdem ich ihn zum ersten Mal in die Hand genommen hatte, dass ich es nicht ertragen hätte, ihn zurückzulassen. Plötzlich wurde mir etwas klar: Wahrscheinlich glaubten alle Leute, sogar jene, die mich am besten kannten – meine Angehörigen und die Menschen, mit denen ich seit vielen Jahren befreundet war –, dies seien die Gründe dafür, dass ich Homer aufgenommen hatte.

Und sie alle irrten sich.

Was diese ersten paar Monate nach meiner Trennung von Jorge betrifft, so ist mir das überwältigende Gefühl, die erste wichtige Prüfung meines Erwachsenenlebens vermasselt zu haben, am deutlichsten im Gedächtnis geblieben. Alle, auch ich, hatten angenommen, dass Jorge und ich heiraten würden. Welchen Sinn hätte es gehabt, drei Jahre mit jemandem zu verbringen, wenn nicht die Heirat das Ziel war? Doch eines sonnigen Sonntagmorgens hatte Jorge mir ganz respektvoll und nüchtern mitgeteilt, er sei nicht mehr in mich verliebt.

Wenn ich ehrlich zu mir selbst gewesen wäre, hätte ich zugegeben, dass ich ebenfalls nicht mehr in ihn verliebt war. Ich war

21 gewesen, als wir uns getroffen hatten, und mit 24 kannte ich das Mädchen, das sich in ihn verliebt hatte, kaum noch. Sie war ein Sammelalbum mit alten Fotos von einer jungen Frau, die mir glich – mit meiner Nase und meinen Augen –, deren Kleider und Frisur aber eher aussahen wie die der Mädchen, mit denen ich ins College gegangen war. Mir wurde langsam klar – auf einer noch nicht ganz bewussten Ebene –, dass ich mich allmählich veränderte, dass die Dinge, die ich vor drei Jahren hatte haben wollen, möglicherweise mein neues Ich nicht mehr widerspiegelten, egal wer dieses Ich war. Dennoch empfand ich die Worte *Ich bin nicht mehr in dich verliebt* wie ein Schlag ins Gesicht. War ich etwa nicht mehr liebenswert? Diese Frage musste ich mir einfach stellen.

Außerdem begann ich an meiner Karriere zu zweifeln. Als Jorge und ich zusammen gewesen waren, war das üblicherweise geringe Gehalt, das mein gemeinnütziger Arbeitgeber mir zahlte, für mich fast ein Luxus gewesen, den ich genossen hatte – schließlich legte ich es mit Jorges viel höherem Gehalt zusammen. Aber mit der Zeit wurde mir immer klarer, dass dieses Gehalt mich nicht sicher in meine neue Lebensphase tragen würde. Andererseits wusste ich nicht, was ich sonst hätte tun können.

Es wäre übertrieben zu behaupten, dass ich meinen Glauben an mich ganz verloren hätte. Aber ich war viel weniger selbstsicher und optimistisch als nur ein Jahr zuvor.

Ich konnte unmöglich Nein Sagen, als Patty mich anrief und ich Homers Geschichte zum ersten Mal hörte. Das soll jedoch nicht heißen, dass ich später gezwungen war, Ja zu sagen. Ich hatte mir sogar bewusst die Möglichkeit offengelassen, ihn abzuweisen, und ich rechnete sogar damit, es zu tun. So herzergreifend

Homers Geschichte auch sein mochte, selbst ich wusste, dass ich nicht jedes Tier retten konnte, das Rettung verdiente. Immerhin hatte ich bereits zwei Katzen zu mir genommen und tat für sie, was ich konnte. Vielleicht wäre mir die Absage schwergefallen und vielleicht hätte ich tagelang geweint – das tat ich oft, wenn ich von meiner freiwilligen Arbeit in Tierasylen nach Hause kam. Doch letzten Endes hätte ich damit leben können.

Es stimmte auch, dass Homer, als ich ihn traf, in meine Arme kroch und offenbar sofort bereit war, mich zu lieben und von mir geliebt zu werden. Doch selbst als ich ihn in diesem Moment hielt, wusste ich, dass es ihm nicht wirklich um *mich* ging. Wäre jemand anders in der Praxis aufgetaucht und hätte ihm leise Worte zugeflüstert und ihn sanft aufgehoben, wäre Homer bereit gewesen, diesen Menschen genauso zu lieben.

Das Gefühl, dass er andere so mühelos wie mich hätte lieben können, war sogar der erste Gedanke, der mich berührte. Einerlei, wie dieses Kätzchen sich entwickeln würde, es war ein enorm liebesfähiges Geschöpf. Der Gedanke, dass jemand nichts weiter als Liebe geben konnte, aber niemanden fand, der diese Liebe haben wollte, war für mich unerträglich tragisch.

Noch etwas wurde mir klar: Er schien liebevoll zu sein, aber er suchte nicht verzweifelt nach Liebe, so wie man es von einem winzigen Kater – oder selbst von einem Menschen – erwartet hätte, der nichts als Schmerz, Hunger und Furcht erlebt hatte. Er war auch nicht feindselig und zurückhaltend. Sein hartes Leben hatte seine Liebe nicht ausgelöscht. Er war nur neugierig und anschmiegsam. Es war, als sprudle in ihm eine natürliche Quelle des Mutes, als sei er von Natur aus bereit, der Welt offen und fröhlich entgegenzutreten, trotz des Elends, das er durchgemacht hatte.

Damals waren das atemberaubende Gedanken für mich. Ich war verlassen worden, hatte mein Zuhause verloren und steckte in finanziellen Schwierigkeiten. Infolgedessen neigte ich dazu, das Leben als eine Folge von harten Kämpfen zu betrachten, und ließ mich von Selbstmitleid überwältigen, wann immer ich einen dieser Kämpfe verlor.

Aber da war diese Katze, die so gelitten hatte, dass meine schlimmsten Tage damit verglichen wie eine Woche in Disney World waren. Als Homer mich traf, schien er sagen zu wollen: *Hallo! Ich glaube, du hast ein gutes Herz und Humor. Findest du nicht auch, dass die meisten Menschen so sind?*

Das alles hört sich wahrscheinlich an, als wolle ich dem widersprechen, was ich zuerst geschrieben habe – dass ich Homer zu mir nahm, weil ich ihn für etwas Besonderes hielt oder Mitleid hatte. Nun ja, das stimmt tatsächlich nicht ganz.

Was also geschah damals? Ich erhaschte einen kurzen Blick auf etwas, was ich zu dieser Zeit unbedingt glauben wollte. Ich wollte glauben, dass es etwas in mir gab, was so wichtig und mutig war, dass nichts – kein Freund, kein Chef, kein Trauma – es antasten oder mir wegnehmen konnte. Wenn ich diesen unzerbrechlichen Kern gefunden hätte, würde er nicht nur immer mir gehören, sondern andere würden ihn selbst in meinen düstersten Tagen in mir wahrnehmen und mir helfen, bevor die Dämmerung zur totalen Finsternis wurde. Meine Großmutter hatte das Gleiche viel einfacher ausgedrückt: »Hilf dir selbst, dann hilft dir Gott.«

Wenn ich das alles jetzt in diesem Kätzchen sah und es deshalb mit nach Hause nahm – so dachte etwas in mir –, würde ich doch beweisen, dass meine Theorie richtig war. Ich habe Homer also nicht aufgenommen, weil er süß und klein war oder weil er hilflos war und mich brauchte. Wenn man in einem Wesen etwas so Kostbares zu sehen glaubt, sucht man einfach nicht nach Gründen – ungünstige Zeit, Geldmangel und so weiter –, es sich selbst zu überlassen. Man nimmt sich vor, stark genug zu sein, um mit diesem Geschöpf zu leben, egal was passiert.

Wenn man das tut, wird man allmählich zu dem, was man bewundert.

Damit will ich sagen, dass ich meine erste wirklich reife Entscheidung hinsichtlich einer Beziehung traf, als ich beschloss, dieses augenlose Kätzchen mit nach Hause zu nehmen. Und ohne es zu wissen, legte ich dadurch die Anforderungen fest, denen alle meine Beziehungen in den folgenden Jahren genügen mussten.

3 DER ERSTE TAG VOM REST SEINES LEBENS

Eine gute Frau, Eurykleia, die Tochter des Ops,
führte ihn in sein Gemach,
und sie liebte ihn mehr als jede andere Frau im Haus,
weil sie ihn gestillt hatte, als er ein Kind war.
Homer, *Odyssee*

Scarlett hat schon immer gern auf weichen Dingen aus Stoff geschlafen, zum Beispiel auf Kissen, Handtüchern oder aufgestapelten Laken. Vashti döst lieber auf einer harten Unterlage. Als ich am Morgen des Tages, an dem ich Homer nach Hause bringen wollte, zur Arbeit ging, schlummerte Scarlett auf einem Wäschehaufen hinten im Schrank, während Vashti (bequem?) auf einem hölzernen Schreibtisch ruhte und die Wangen an die scharfe Kante eines großen Wörterbuchs presste.

Sie sahen so friedlich aus, als sie mich mit ihren halb schlafenden Augen durch schwere Lider ansahen, dass ich einen Augenblick lang Gewissensbisse hatte. Was für ein Chaos würde ich in ihrem Leben anrichten? »Bis später«, sagte ich leise auf dem Weg zur Tür. »Mit einer großen Überraschung …«

An diesem Nachmittag verließ ich meinen Arbeitsplatz genau um halb sechs und fuhr sofort zu Pattys Praxis. Homer befand sich bereits in einem kleinen, purpurroten Katzenkorb, auf dem Kreppband mit den gekritzelten Worten »Homer Cooper« klebte. Ich guckte hinein, Homer war nach wie vor ganz schwarz und ohne Augen, und das Einzige, was ich deutlich sehen konnte, war der weiße Plastikkegel an seinem Hals. Alle in der Praxis, einschließlich Patty, mussten Tränen unterdrücken, als sie uns zum Abschied winkten.

Auf der Fahrt nach Hause war Homer ganz still. Ich war besorgt. In den folgenden zehn Jahren würde ich mir noch oft unvernünftige Sorgen machen. Ich hatte mit heranwachsenden Katzen noch nicht viel Zeit verbracht, und was ich über sie wusste, verdankte ich hauptsächlich Patty und meiner praktischen Erfahrung mit Scarlett und Vashti. Und diese beiden *hassten* ihre Katzenboxen. Sobald ich sie hineinsteckte, kreischten sie wie Brüllaffen, vor allem Vashti, die normalerweise so pflegeleicht war, dass ihre stimme nie lauter wurde als ein Quieken.

Es kam mir unnatürlich vor, dass Homer so ruhig war. War er einfach schläfrig oder war er daran gewöhnt, dass man ihn aus unerfindlichen Gründen von einem Ort zum anderen beförderte? Vielleicht genoss er sogar die Abgeschiedenheit des Korbes (Vashti und Scarlett gruben in Kissen und Einkaufstaschen gern kleine Höhlen) und fand die Bewegungen des Autos beruhigend. Oder, so sinnierte ein dunkler Winkel meines Geistes, hatte er so große Angst wegen dieser verwirrenden Ereignisse, dass er sich fürchtete, einen Ton von sich zu geben? Ich versuchte, ihn beim Fahren aufzumuntern. *Wir sind fast da, Homer: Wir sind bald zu Hause, mein Kleiner.*

Ich hatte lange darüber nachgedacht, wie ich Homer am besten in sein neues Heim einführen sollte. Zunächst wollte ich ihm für etwa einen Tag nur einen relativ kleinen Bereich erkunden lassen. Ich dachte, so werde er sich schneller an seine Umgebung gewöhnen. Ein zu großer Raum würde ihn womöglich einschüchtern. Das gilt zwar für jede andere Katze auch –

Scarlett und Vashti hatten im Laufe mehrerer Tage einen Raum nach dem anderen kennengelernt –, aber ich nahm an, dass ein blindes Kätzchen anfangs von einer ganzen Wohnung erst recht überwältigt sein würde. Außerdem, davon war ich überzeugt, war die Gefahr viel zu groß, dass er sich im Apartment verirrte oder über etwas stolperte, denn er konnte ja kein visuelles Gedächtnis entwickeln. Um die Wahrheit zu sagen, ich war mir nicht sicher, ob er jemals imstande sein würde, frei in der Wohnung herumzulaufen, und ich machte mir darüber mehr Sorgen, als ich zugab. Andererseits hatte ich ein gewisses Vertrauen gewonnen, nachdem ich zugeschaut hatte, wie Homer nach einem oder zwei Rundgängen mühelos das Untersuchungszimmer in Pattys Praxis durchstreift hatte. Also nahm ich mir vor, mir über diese Probleme dann den Kopf zu zerbrechen, wenn sie auftauchen sollten.

Außerdem plante ich, ihn von Scarlett und Vashti vollständig zu trennen, solange er seinen Plastikkegel trug. Vashti war sehr gesellig und überaus geduldig, aber sie war keiner neuen Katze begegnet, seit ich sie aufgenommen und Scarlett vorgestellt hatte. Und obwohl sie so gutmütig war, fürchtete ich, dass sie sich daran gewöhnt hatte, das »Baby« zu sein und all die Zuwendung zu erhalten, die Scarlett offenbar gar nicht mehr haben wollte.

Scarlett war nicht gerade erfreut gewesen, als ich Vashti mitgebracht hatte. Allerdings muss ich der Fairness halber hinzufügen, dass Vashti, die an einer schlimmen Räude litt (Haarausfall und Juckreiz, verursacht von winzigen Milben auf der Haut), kurz vor ihrer Ankunft beim Tierarzt ein Schwefelbad genommen hatte. Deshalb hatte der Rest ihres langen weißen Pelzes einen erstaunlich unnatürlichen Farbton angenommen, und sie roch nach faulen Eiern.

Vashti war außer sich vor Freude gewesen, als sie gemerkt hatte, dass sie zum ersten Mal in ihrem sechswöchigen Leben nicht nur genug zu Fressen bekam und nicht mehr an Juckreiz litt, sondern auch noch mit einer anderen Katze spielen durfte. Scarlett hatte die nächsten paar Tage entweder gefaucht oder sie war vor diesem winzigen, stinkenden, hellgelben Flaumball geflohen, der ihr überallhin folgte und sie fröhlich umkreiste, wann immer sie auch nur eine Pfote unter dem Bett hervorstreckte, und sie resolut zu ihrem zeitweiligen Wohnsitz auserkoren hatte.

Dennoch hatte sich Scarlett grollend an Vashti gewöhnt und freute sich mit der Zeit sogar darüber, dass sie mit einer anderen Katze herumtollen konnte. Darum hoffte ich, dass Homer sich nach und nach ebenso nahtlos in unsere Familie einfügen würde.

Als ich mit Homer in seinem purpurnen Katzenkorb Melissas Haus betrat, zottelten Scarlett und Vashti herbei und beschnupperten ihn neugierig. Homer gab immer noch keinen Mucks von sich, aber ich spürte, wie er sich in einer Ecke der Box bewegte. Vashti beäugte den Inhalt des Korbes interessiert, aber Scarlett schnupperte nur ein einziges Mal und wich dann mit zutiefst angewidertem Gesichtsausdruck einen Meter zurück. *O Gott ... nicht* noch *eine!*

»Ihr dürft euren neuen Bruder später kennenlernen«, verkündete ich, ging mit Homer in mein Schlafzimmer und schloss die Tür hinter mir. *Wenn es nach mir geht,* schienen Scarletts zurückweichendes Hinterteil und das hochmütige Zucken ihres Schwanzes anzudeuten, *kann »später« ebenso gut »nie« heißen.* Aber Vashti war nicht daran gewöhnt, dass ihr der Zugang zu einem Zimmer verwehrt wurde, in dem ich mich aufhielt, und sie gab auf der anderen Seite der Tür einige halb unterdrückte Protestlaute von sich *(Ngiau! Ngiau!)*.

Das zweite Schlafzimmer, das ich in Melissas Haus als »mein Zimmer« benutzte, war mit einem kleinen Bad verbunden, in das ich Homers Katzenklo gestellt hatte. Ich platzierte die Katzenbox daneben, holte Homer heraus und setzte ihn auf die Streu. Drei Dinge musste er unbedingt finden: seine Streu, seinen Futternapf und seine Wasserschale. Ich wusste, dass blinde Menschen sich zu Hause zurechtfinden, indem sie ihre Schritte zählen, beispielsweise vom Küchenherd bis zur Tür des Esszimmers. Von Homer erwartete ich das zwar nicht, aber ich dachte, er könnte diese drei Dinge leichter von allein finden, wenn er von ihnen aus den Rest unserer Wohnung erkunden würde.

Ich gebe zu, dass ich ängstlich war. Vielleicht würde Homer seine Toilette nicht finden oder nicht kapieren, wofür sie da war. Scarlett und Vashti hatten sofort begriffen, was eine Kiste mit Streu bedeutet, und hatten kein zusätzliches Training gebraucht. Darum wusste ich nicht, wie man ein Kätzchen stubenrein machte, und ich hoffte, dass dafür auch keine Sondermaßnahmen notwendig werden würden.

Als ich ihn in den Streu setzte, kauerte Homer sich sofort hin und pinkelte. Dann scharrte er heftig, um die kleine Pfütze zu bedecken. »*Guter* Junge«, sagte ich zu ihm. »*Guter* Junge!«

Danach ging ich langsam und mit absichtlich lauten Schritten durch die Tür ins Schlafzimmer, wo ich genau in der Mitte Futter und Wasser für ihn bereitgestellt hatte. Ich nahm an, dass Homer auf diese Weise größere Chancen hatte, die Gefäße zu finden, selbst wenn er nie lernen oder im Gedächtnis behalten würde, wo sie standen. Ich kauerte mich neben die winzigen Schalen mit trockenem und feuchtem Futter (ich war mir nicht sicher, ob Homer Trockenfutter riechen konnte, darum hielt ich beides bereit) klopfte mit einem Fingernagel auf eine Fliese daneben und machte ein *Pss-Pss-Pss*-Geräusch, mit dem ich Scarlett und Vashti immer herbeilocken konnte.

Als Homer mit dem Putzen fertig war, hüpfte er gehorsam aus der Klokiste und trottete zu mir. Sein Kopf wackelte unter dem Plastikkegel, den er immer noch trug. Er ging krummbeinig wie alle junge Kätzchen und etwas unsicher, als wäre er ein wenig betrunken. Obwohl ich Kleider und Schuhe meist unordentlich verstaute, hatte ich alle entbehrlichen Dinge vom Boden entfernt, damit Homer sich so wenig wie möglich stieß. Sogar die Schuhe, die ich an diesem Tag getragen und nach meiner Ankunft zu Hause ausgezogen hatte, standen nun auf meinem Schreibtisch. Nichts konnte ihn also daran hindern, die drei Meter von der Tür des Badezimmers zu mir und zu seinem Futter zurückzulegen.

Trotzdem schien Homer anfangs vom leeren Raum verwirrt zu sein, der ihn umgab. Das Schlafzimmer war ziemlich klein, weniger als 14 Quadratmeter groß, aber für Homer war es mit Sicherheit riesig. Er zögerte einige Sekunde mit erhobenem Kopf. Seine Nase, klein wie ein Komma, legte sich in Falten, als wollte er einen sicheren Weg erschnüffeln. Doch das wiederholte Pochen meines Fingers auf dem Boden schien ihm Mut zu machen. Sobald er erkannte, dass das Geräusch einen Sinn hatte und dass es von mir kam, tippelte er rasch und schnurstracks zur Futterschale. Seine Nase stieß an den kleinen Hügel aus feuchtem Futter, und er verschlang begierig ein paar Happen.

Ich hatte keine Ahnung, ob Wasser einen Geruch hat, den ein Kätzchen wahrnehmen kann, und ich wollte mich nicht darauf verlassen, dass er es von selbst entdeckte. Ich hatte die Wasserschale neben den Teller mit dem Trockenfutter gestellt und wühlte nun mit den Fingern im Wasser. »Bist du durstig, Kleiner?«

Als er das leise, plätschernde Geräusch hörte, das meine Finger im Wasser verursachten, hob er den Kopf aus dem feuchten Futter und legte ihn auf die Seite. Dann, als hätte er das längst vorgehabt und nur auf ein Zeichen gewartet, tauchte er eine winzige Pfote in die Schale mit dem Trockenfutter und wischte es sofort in die Wasserschale. Das Geräusch, das es im Wasser hervorrief, war fast identisch mit dem Geräusch, das meine Finger erzeugt hatten. Homer wandte mir ein stolzes, erwartungsvolles Gesicht zu.

Ich lachte laut. »Das war eigentlich nicht Sinn der Sache«, sagte ich. »Probieren wir es noch einmal.«

Ich ging zurück zum Katzenklo und rief Homer zu mir. Wie zuvor lief er genau auf den Klang meiner Stimme zu. Als er mich erreichte, hob ich ihn erneut auf und setzte ihn in die Streu. Diesmal schien er verwirrt zu sein. *Haben wir das nicht schon einmal gemacht?* Dann wiederholte ich den Gang hinüber zur Futterschale, und wieder fraß Homer begierig vom feuchten Futter. Ich wackelte mit den Fingern im Wasser, und erneut wischte Homer das Trockenfutter hinein.

Mir was nicht klar, ob er das amüsant fand oder ob er es nur tat, weil ich es seiner Meinung nach erwartete. *Wie dem auch sei,* dachte ich und schob die Wasserschale ein Stück vom Trockenfutter weg. Als ich diesmal mit den Fingern darin wühlte, ging Homer hinüber und trank.

Wenn Scarlett und Vashti aus ihrer Wasserschale tranken, hielten sie den Kopf über die Mitte. Ich bemerkte, dass Homer die Zunge vorsichtig an den Innenrand der Keramikschale presste und dann immer ein paar Tropfen in den Mund nahm. Das erinnerte mich daran, dass er beim Tierarzt einmal mit dem Gesicht nach vorn ins Wasser gefallen war. Vielleicht fürchtete er, das könnte noch einmal passieren.

Inzwischen war der Sonnenschein im Schlafzimmer einem purpurroten Dämmerlicht gewichen. Ich hörte Melissas Auto vorfahren. Die Haustür öffnete und schloss sich, dann klopfte es sanft an meiner Schlafzimmertür. »Ist er da?«, fragte Melissa leise durch die Tür. »Darf ich ihn sehen?«

»Komm rein«, antwortete ich ebenso vorsichtig.

Melissa öffnete die Tür einen Spalt, streckte den Kopf hinein und schaute sich um, ehe sie die Tür rasch so weit aufmachte, dass sie ihren schlanken Körper ins Zimmer schieben konnte. Dann schloss sie die Tür geräuschlos hinter sich.

Homer beschnupperte gerade die Bettkante, erstarrte aber, als er das Türgeräusch hörte. Er drehte den Kopf in Melissas Richtung. Die Schwärze inmitten des Plastikkegels, die von keiner anderen Farbe durchbrochen war, glich dem samtenen Herzen einer Sonnenblume.

»Ohhhhh«, flüsterte Melissa und legte die Hände an den Mund. »Er ist so winzig!« Sie ging einen Schritt auf ihn zu, und Homer zog sich unsicher zurück. Melissa sah mich an. »Darf ich ihn streicheln?«

Ich tätschelte den Platz neben mir auf dem Bett. »Schauen wir mal, was er macht«, sagte ich zu ihr.

Ich war neugierig. Viele Katzen scheuen vor Unbekannten zurück. Das ist eine ihrer typischen Eigenheiten, und Homer hatte mehr Gründe als die meisten anderen Katzen, gegenüber Menschen misstrauisch zu sein. Aber ich hatte auch gemerkt, dass er freundlicher war als eine durchschnittliche Katze.

Nun, wir würden ja sehen.

Melissa ließ sich neben mir auf dem Bett nieder, und wir hielten beide den Atem an. Homer kam langsam auf uns zu. »Alles in Ordnung, Homer«, sagte ich. Er schien zu überlegen, wie er vom Boden auf das Bett gelangen konnte, wo der Klang meiner Stimme herkam. Zögernd streckte er eine Pfote aus und senkte die Krallen in die Daunendecke, die bis zum Boden hinabhing. Er zupfte ein wenig daran, als wolle er prüfen, wie sicher sie war. Als er feststellte, dass sie stark genug zum Klettern war, zog er sich aufs Fußende des Bettes hinauf.

»Hallo, Homer«, sagte Melissa und klopfte leicht aufs Bett.

Homer trottete in seinem breitbeinigen Gang und mit wackelndem Kopf quer über das Bett. Sein Pelz war nach seiner Klettertour noch flauschiger. Laut schnurrend legte er seine beiden Vorderpfoten an Melissas Bein, hob wieder den Kopf und schnüffelte herum. Melissa kraulte ihn sanft hinter den Ohren und unter dem Kinn, und er drückte sein ganzes Gesicht fest an ihre Hand. Es war, als könne ihn nichts davon abhalten, einen möglichst großen Teil seines Kopfes an jemand anderen zu pressen, zumal er keine Augen hatte, die dadurch hätten verletzt werden können.

Es ist keineswegs übertrieben, wenn ich sage, dass Melissa mich immer ein wenig einschüchterte. Sie war eine gute Freundin – immerhin hatte sie mich und meine zwei Katzen aufgenommen, nachdem Jorge und ich uns getrennt hatten. Aber ich hatte immer den Eindruck, dass sie ein wenig unnachgiebig war. Ich wusste, dass sie mitfühlend sein konnte, denn sie arbeitete sogar mehr als ich für gemeinnützige Organisationen. Doch auf der persönlichen Ebene konnte sie hart sein. Sie hatte wenig Geduld mit meinen alltäglichen Ängsten und Schwächen, und das war verständlich – denn was konnte eine schöne und reiche Frau wie Melissa von den Fehlern gewöhnlicher Menschen wissen? Doch als sie Homer streichelte, schien sich etwas in ihr zu entspannen. Ihr Gesicht hellte sich auf, wie ich es nie zuvor bei ihr gesehen hatte.

Wir schalteten den Fernseher ein, um einen Teil eines alten Films anzuschauen, und plauderten eine Weile über Belanglosigkeiten – ihre Tagesarbeit, eine Party, die wir in dieser Woche besuchen sollten –, aber sie behielt Homer fast immer im Auge. Er hatte es sich in ihrem Schoß bequem gemacht und schnurrte glücklich.

Schließlich kletterte Homer von Melissa herunter und ging vorsichtig an die Bettkante. Als er den Rand erreichte und seine ausgestreckte Pfote leeren Raum spürte, hielt er inne, offenbar verdutzt. Ich wollte ihn spontan aufheben und auf den Boden setzen. *Es wäre so einfach für mich, ihm zu helfen,* dachte ich.

Aber Homer schien keine Hilfe zu erwarten, weder von mir noch von sonst jemanden. Er duckte sich ein wenig, dann machte er einen wilden Satz und landete mit solcher Wucht, dass seine Vorderbeine sich ein wenig abspreizten und die Unterseite seines Kegels auf den Boden schlug und zurückprallte. »Oh!«, rief ich und führte unwillkürlich eine Hand ans Gesicht. Doch Homer ging es gut. Er sammelte sich einen Augenblick und legte die Strecke bis zu seinem Futterteller auf wackeligen Beinen halb rennend zurück. Ich war etwas überrascht, aber auch hocherfreut, denn er schien sich genau daran zu erinnern, wo der Teller stand – oder der Geruch des feuchten Futters wies ihm die Richtung.

»Machst du dir Sorgen, weil er so unsicher geht?«, fragte Melissa.

Ja, ich *hatte* mir Sorgen gemacht und sogar überlegt, ob ich am nächsten Morgen Patty anrufen sollte. Aber dann hörte ich mich sagen: »Nein, ich glaube … ich glaube, das liegt nur an diesem Kegel.«

Ich wollte meine Besorgnis einfach nicht wahrhaben, obwohl das irrational war. Aber ich wusste, dass meine Worte wahrscheinlich richtig waren. Zunächst hatte ich gedacht, der Kegel sei für Homer einfach zu schwer, und war versucht, ihn zu entfernen, obwohl das seine Nähte gefährdet hätte. Doch dann erkannte ich, dass Homer wegen dieses Kegels seine Schnurrhaare nicht effektiv nutzen konnte.

Katzen haben zwei »Augenpaare«: die echten und die Schnurrhaare. Die sind dreimal so dick wie die Haare des Fells und ihre Wurzeln reichen tiefer, bis hin zu den Nerven. Sie liefern einer Katze ständig Sinneseindrücke. Sie nimmt damit Luftströmungen und somit auch Bewegungen in ihrer Nähe wahr, und sie spürt das Vorhandensein von Möbeln, Wänden und anderen Gegenständen. Schnurrhaare sind also eine Art erweitertes peripheres Sehvermögen, das einer Katze hilft, das Gleichgewicht zu bewahren und sich räumlich zu orientieren. Darum sind Katzen auch dafür berühmt, sich bestens im Dunkeln zurechtzufinden.

Aber Homers Schnurrhaare befanden sich innerhalb des Kegels und nutzten ihm daher wenig. Ihm fehlten somit nicht nur die Bilder, die die Augen liefern müssten, sondern auch die Sinneseindrücke, die ihm die Schnurrhaare vermittelt hätten – er war buchstäblich und vollständig blind. Deshalb taumelte er im Zimmer herum wie jemand, den man mit verbundenen Augen im Kreis gedreht hat. Jede Katze verliert ohne ihre Schnurrhaare die Balance. Homer war doppelt benachteiligt. Aber wenn ich ihm den Kegel abnahm, würde er womöglich seine frischen Nähte aufkratzen. Darum musste er das Ding vorläufig behalten, so sehr es mich schmerzte.

Melissa und ich schauten uns den Film zu Ende an, und als sie ging, beschloss ich, früh zu Bett zu gehen. Homer folgte mir – entweder orientierte er sich am Geruch oder am Geräusch oder an beidem – ins Bad und setzte sich neben das Waschbecken, während ich mir die Zähne putzte und das Gesicht wusch. Er benutzte noch einmal seine Streu, die er mühelos fand, und trottete dann hinter mir her zurück ins Schlafzimmer. Ich schaltete das Licht aus und legte mich ins Bett. Eigentlich wollte ich ihn hochheben, aber er kletterte mir bereits nach. Auf der Straße war es ruhig und die Stille im Zimmer wurde nur von Melissa durchbrochen, die nebenan leise telefonierte. Einmal quiekte Vashti auf der anderen Seite der Schlafzimmertür leicht verärgert, weil sie bisher immer bei mir geschlafen hatte.

Homer kroch über meinen Körper auf meine Brust, drehte sich ein paar Mal im Kreis und legte sich dann genau über mein Herz. Ich döste gerade ein, als ich einen seltsamen, schmatzenden Laut hörte und spürte, dass etwas mein Ohr kitzelte. Ich öffnete die Augen, sah aber in der Dunkelheit nicht viel. Dann merkte ich, dass Homer an meinem Ohrläppchen knabberte. Der kühle äußere Rand seines Kegels lag an meiner Wange. Seine Vorderpfoten kneteten das Kissen unmittelbar hinter meinem Ohr, und er schnurrte wie vorhin, als Melissa ihn gestreichelt hatte, jedoch gleichmäßiger und gedämpfter.

Ich hielt den Atem an, denn ich spürte, dass Homer aufhören würde, sobald ich mich bewegte – obwohl er eigentlich hätte aufhören *sollen*, oder nicht? Ich kam mir ein bisschen dumm vor. Wäre jemand unerwartet in mein Zimmer geplatzt, hätte ich Homer von meinem Ohr weggeschubst und versichert: »Es ist nicht das, wonach es aussieht!«

Es war für mich eine völlig neue Erfahrung, da weder Scarlett noch Vashti das je getan hatten. Offensichtlich vermisste Homer seine Mutter. Tief im Unterbewusstsein erinnerte er sich daran, dass ihm etwas vorenthalten worden war, was er hätte haben sollen, obwohl Patty und ich einander einreden wollten, er werde alles vergessen, ja, er hätte vielleicht schon vergessen, welch schlimme Zeit seine ersten Wochen waren. Er wusste, dass er ebenso wie Zuneigung, Futter und Trost in der Dunkelheit der Nacht eine fürsorgliche Mutter brauchte.

Meine Hand hob sich und streichelte seinen Rücken. Er schnurrte lauter.

Noch etwas wurde mir klar: Diese Katze vertraute mir. Es war ein Unterschied, ob Katzen oder Tiere im Allgemeinen mir vertrauten oder ob dieses Kätzchen mir vertraute. Ich war zu schläfrig, um den Gedankengang weiterzuverfolgen oder logisch zu artikulieren, aber in diesem Augenblick verstand ich, dass ich genau das empfand, seit ich Homer beim Tierarzt zum ersten Mal in die Hand genommen hatte. Ich hatte es nur nicht gemerkt.

Mein letzter Gedanke war, dass Melissa es ebenfalls gewusst hatte und dass sie deshalb so viel sanfter gewesen war, als sie ihn gestreichelt hatte.

4 DAS KOMITEE FÜR KLITZEKLEINE KÄTZCHEN

»Ach«, sagte er zu sich selbst,
»unter welche Leute bin ich nur geraten?
Sind sie grausam, wild und ohne Kultur
oder gastfreundlich und menschlich?«
Homer, *Odyssee*

Homer hatte einen guten ersten Tag. Trotzdem war ich immer noch besorgt. Er hatte auch ein bisschen ängstlich ausgesehen, obwohl er nur vom Bad ins Schlafzimmer gegangen war. Das Geräusch meiner Hand und meine Stimme hatten ihn angelockt – brauchte er das jetzt immer, um sich in seinem neuen Leben wohlzufühlen? Würde sein Leben ein ständiger Kampf gegen jene Ängste und Einschränkungen sein, die anscheinend jeder für wahrscheinlich hielt? Die meisten Leute, die von Homer hörten, hielten es offenbar für selbstverständlich, dass Furcht und körperliche Behinderungen sein Leben bestimmen würden.

Aber am folgenden Morgen erlebte ich eine Überraschung, Homer wachte auf – und schon das verzückte ihn. Es überraschte mich, dass er die ganze Nacht auf meiner Brust durchgeschlafen und sich kaum bewegt hatte. Bald stellte ich fest, dass Homer seinen Tagesablauf mit meinem synchronisieren wollte. Er wollte schlafen, wenn ich schlief, essen, wenn ich aß, und spielen, wenn ich umherging. Homer war ein guter Imitator, entweder von Natur aus oder gezwungenermaßen.

Außerdem merkte ich bald, dass Homer ein sehr glückliches Kätzchen war. Fast alles trug zu seiner überschwänglichen Freude bei, die er in seiner neuen Welt fand – selbst Dinge, die ich eigentlich für »katzenfeindlich« gehalten hatte. Das Surren des Abfallzerkleinerers in der Küche und das apokalyptisch laute Heulen des Staubsaugers (Geräusche, die nicht nur Scarlett und Vashti erschreckten, sondern alle Hunde und Katzen, die ich je gesehen hatte) zogen ihn magisch an, und er kam sofort mit gespitzten Ohren angewackelt. Wenn er rannte, bewegten sich sein Kopf und der Kegel von einer Seite zur anderen. *He! Ein neues Geräusch! Was ist das? Kann ich damit spielen oder an ihm hinaufklettern?*

Aber nichts faszinierte ihn so wie das Aufwachen am Anfang eines Tages. Kaum richtete ich mich an jenem Morgen auf, setzte sein typisches Schnurren ein. Es hatte einen melodischen Unterton, wie Vogelgesang. Er rieb sein Gesicht so heftig an meinen Händen, dass er das Gleichgewicht verlor und auf den Rücken rollte. Während er mit der Last seines Kegels kämpfte, sah er aus wie ein behinderter Käfer. Aber er rappelte sich unverzagt mit einem mächtigen Ruck auf und kletterte auf mich, um die Vorderpfoten auf meine Brust zu legen und sein ganzes Gesicht energisch an meinem zu reiben. Ich spürte seinen weichen Pelz, und seine Nähte kitzelten meine Haut.

Das ist großartig! Ich bin immer noch da, und du auch! Er war so winzig, dass meine Hand mit einer einzigen kleinen Bewegung über seinen ganzen Körper streichen konnte. Wenn ich ihn berührte, vergrub er klitzekleine Krallen in meiner Schulter und versuchte, sich hochzuziehen, nach meinem Ohrläppchen zu schnappen und wieder daran zu saugen.

»Das soll wohl heißen, dass du hungrig bist«, sagte ich. »Mal sehen, ob du noch weißt, wo deine Futterschale steht.«

Ich richtete mich auf und setzte ihn auf den Boden neben das Bett. Darauf war er anscheinend nicht vorbereitet, denn er stolperte beim ersten Schritt und sein umrahmtes Kinn stupste erneut auf den Fußboden. Aber er erhob sich sofort und trottete schnurstracks auf sein Futter zu, anschließend huschte er auf seine Toilette.

Die Entdeckung, dass Futter und Streu genau dort waren, wo er sie am Abend zuvor zurückgelassen hatte, war ein weiterer glückseliger Moment. Er setzte sein melodisches Schnurren ohne Pause fort, ich konnte es sogar auf der anderen Seite des Zimmers hören.

Offenbar war Homer glücklich, weil, nicht obwohl, seine Welt viel größer geworden war. Da er nichts sah, war sein Universum immer nur so groß wie der Raum, in dem er sich befand. Natürlich war es viel größer gewesen, als er auf der Straße gelebt hatte. Damals hatten ganz Miami und die Welt jenseits der Stadt dazugehört. Aber dieses Universum war einsam, schmerzhaft und unbegreifbar gefährlich gewesen. Die Befreiung von Schmerzen und Gefahren hatte ihren Preis gehabt: Seine Welt war auf die Größe seines Zwingers in der Tierarztpraxis geschrumpft. Aber Melissas Haus barg zahllose Möglichkeiten in sich, eine Unendlichkeit voller Räume, Gerüche und Geräusche.

Homer war gar nicht gern allein und so abenteuerlustig, dass wir ihm am ersten Nachmittag in Melissas Haus erlaubten, mein Schlafzimmer zu verlassen. Aber ich achtete darauf, dass Scarlett und Vashti nie gleichzeitig mit ihm im selben Zimmer waren.

Es war ein Wunder, dass Homer in dieser geräumigen Umwelt und trotz der vielen Möglichkeiten nie in Gefahr war. Hier konnte er sich auf vieles verlassen, einerlei, wie groß alles war.

Futter und Wasser gab es in Hülle und Fülle, und zwar jeden Tag an derselben Stelle. In dieser neuen Welt bedeutete ein ungewöhnlich lautes Geräusch keine Gefahr, sondern eine Chance. Er konnte nachts in der Gewissheit einschlafen, dass kein Raubtier ihn bedrohen würde, und er konnte jeden Morgen in den Armen eines Menschen aufwachen, der ihn liebte.

Kann man wirklich sagen, dass das alles ein Wunder für ihn war? Nun, ich möchte den Geist einer Katze nicht mit dem eines Menschen gleichsetzen. Aber mir kam es wie ein Wunder vor, wenn ich darüber nachdachte, wie sein Leben gewesen war und wie es immer noch wäre, wenn das Schicksal uns nicht zusammengeführt hätte. Und Homer war glücklich, das konnte niemand bestreiten. Für mich war das immer wieder ein Grund zu unbändiger Freude. Doch gleichzeitig fühlte ich mich dafür verantwortlich, ihm die Sicherheit zu geben, die seine Freude erst möglich machte.

»Ich werde immer auf dich aufpassen, Kleiner«, murmelte ich oft und strich ihm übers Fell, während er schlief.

Als Melissas Vater von Homer erfuhr, fragte er, ob wir uns einen Blindenhund für unsere blinde Katze anschaffen wollten. Das war natürlich ein Scherz, aber die Frage blieb, wie ich Homer beibringen sollte, sich in der Wohnung frei zu bewegen. Ich wollte ihn in seiner neuen, größeren Welt möglichst wenig einschränken und ihn zugleich vor den Gefahren schützen, die diese Welt möglicherweise für ihn bereithielt.

Bevor Homer bei uns eingezogen war, hatte ich überlegt, wie ich die Wohnung für ein blindes Kätzchen sicher machen konnte. Ich kaufte einige weiche Kappen für die Ecken der Tische und des Bettrahmens sowie kindersichere Schlösser für Schränke, in denen wir Reinigungsmittel und andere gefährliche Substanzen aufbewahrten. Außerdem besorgte ich kindersichere Schnappriegel für die Toilette (ein blindes Kätzchen, das zufällig hineinfiel und keinen Ausweg sah, würde womöglich ertrinken, dachte ich) und verstopfte Öffnungen von elektrischen Geräten, damit Homer sich nicht in Drähten und Kabeln verwickelte.

Es war unmöglich, an alles zu denken, doch am Ende war ich froh, dass ich im Voraus so gründlich nachgedacht hatte – denn Homer wollte unbedingt jeden Winkel erforschen. Er löste das Blindenhundproblem, indem er mich als Blindenführerin benutzte und meinen Schritten so eifrig überallhin folgte, dass seine kleine Nase an meine Knöchel stieß, wann immer ich plötzlich stehen blieb.

»Ich komme mir vor wie Maria«, sagte ich zu Melissa. Als sie mich verdutzt ansah, fügte ich hinzu: »Du weißt schon … *Und überall, wohin Maria ging, folgte ihr das Lamm gewiss.*«

Anfangs dachte ich, dass Homer mir so entschlossen folgte, weil er Angst hatte, die Wohnung allein zu erkunden. Patty hatte mich vorgewarnt: Homer werde wahrscheinlich ängstlicher und weniger unabhängig sein als andere Katzen. »Aber er weiß nicht, dass er blind ist«, fügte sie hinzu. »Und die anderen Katzen können ihm nicht sagen: *He, du bist blind!*«

Aber mir wurde bald klar, dass Homer mir nicht aus Furcht so hartnäckig folgte. Für ihn war das die einfachste Möglichkeit herauszufinden, wo Tischbeine oder Schirmständer auf ihn lauerten. Früher hatte ich Schuhe oder einen nassen Schirm mitten auf dem Boden liegen lassen, nun grenzte diese Nachlässigkeit an Tierquälerei. Für mich waren kleine Dinge, die Tag für Tag den Platz wechselten, kein Problem, aber Homer, der schnurgerade hinter mir herlief, blieb verwirrt stehen, wenn er auf ein unbekanntes Hindernis stieß. *An dieses Ding kann ich mich gar nicht erinnern! War das gestern schon da?* Ich gebe zu, dass ich immer ein wenig nachlässig gewesen war. Aber ein Leben mit Homer setzte Ordnung voraus, und ich gewöhnte mich bald daran, ordentlicher zu sein, und mit der Zeit bestimmte diese erwachsene Tugend mein Leben.

Homer war nicht nur unwissend, was seine Blindheit betraf, er wusste auch nicht, dass er »behindert« war. Er mischte sich in absolut alles ein. Egal, was ich tat, er musste dabei sein. Wenn ich einen Schrank ausräumte, stand Homer neben mir und wühlte in den alten Kleidern oder Schachteln. Wenn ich mir ein belegtes Brot machte, kletterte er an meinen Jeans hinauf und sprang auf den Tisch (bis zum heutigen Tag klettert er am liebsten an Jeans hoch). Wenn ich auf dem Sofa saß, kletterte er an meiner Seite nach oben bis auf meinen Kopf. Dort blieb er, solange ich den Kopf gerade halten konnte. Eines Abends sah ich unser Spiegelbild in einer Fensterscheibe, als Homer mit seinem Kegel auf meinem Kopf kauerte – wir sahen aus wie ein futuristischer Cyborg, halb Mensch, halb Satellit. Wie andere Kätzchen schlief Homer oft ganz plötzlich ein, egal was er gerade tat. Vielleicht hielt er dabei ein stibitztes Papier in der Pfote oder er schmiegte sich an seine Futterschale. Er erinnerte mich dann an die Nebenfiguren von Dornröschen, die mit der Prinzessin verzaubert worden waren, als sie einen Faden in die Nadel einfädelten oder eine Suppe umrührten.

Doch gerade weil Homer mir so unermüdlich folgte, lernte er unser Heim erstaunlich schnell kennen. Melissa und ich wunderten uns darüber, dass er schon nach wenigen Tagen im ganzen Haus herumlief und nur in ganz speziellen Fällen irgendwo anstieß, nämlich wenn er »den Derwisch spielte«, wie wir es nannten: Er drehte sich übermütig wie ein Beutelteufel, bis er nicht mehr wusste, wo er war. In solchen Fällen hörten wir die Vorderseite seines Kegels an eine Wand oder an ein Tischbein knallen.

In diesen ersten Tagen wurden Homers Freiheit und Glück nur durch seine Fressgewohnheiten eingeschränkt. Als Melissa und ich zum ersten Mal in seiner Gegenwart unser Essen zubereiteten, merkten wir, dass eine gewisse Disziplin angebracht war. Wir hatten uns mit gefüllten Tellern an beiden Enden des Sofas niedergelassen, als Homer auf das Sofa sprang, sofort auf meinen Teller kletterte und hungrig nach allem schnappte, was sich in der Nähe seines Mundes befand.

Das erinnerte mich an eine Szene im Film *Wunder geschehen*. Vor Annie Sullivans Ankunft pflegte Helen Keller um den Esstisch herumzugehen, in jeden Teller zu greifen und sich zu holen, was ihr schmeckte. Homers Verhalten war natürlich inakzeptabel, und ich beschloss, diese Unsitte im Keim zu ersticken.

Ich hob den kleinen Kerl hoch und setzte ihn auf den Boden. »Nein, Homer«, sagte ich in einem Ton, der an Klarheit nichts zu wünschen übrig ließ.

Homer nickte mit dem Kopf. Ich lernte bald, was diese Geste zu bedeuten hatte. Er versuchte, meinem Tonfall zu entnehmen, was ich von ihm wollte. Das tat er einige Male, bevor er mit dem klagenden, piepsenden *Iiiiau* antwortete, das typisch für kleine Katzen ist. Sie brauchen offenbar die Kraft ihres ganzen Körpers, um es hervorzubringen. Dann legte er die Vorderpfoten an die Seite des Sofas und wiederholte, diesmal empört: *Iiiiau!*

Melissa und ich mussten lachen, aber wir gaben nicht nach. »Ich hab Nein gesagt!«, erklärte ich.

Homer blieb eine Weile sitzen und wandte uns das Gesicht zu, als warte er auf ein Zeichen des Einlenkens. Dann trottete er mit einem leisen Seufzer zu seiner Futterschale im anderen Zimmer. Sein Gang war ein klein wenig trotzig, als beschränke er sein kätzchenhaftes Watscheln auf ein Minimum. *Na schön, ich hab ja mein eigenes schmackhaftes Futter ganz in der Nähe …*

Es war Homers erste Lektion in Sachen Disziplin. Die Regel durchzusetzen war allerdings nicht einfach, weil unser engster Freundeskreis so nachsichtig war. Wer uns besuchte, wollte unbedingt Homer kennenlernen, und dieser schloss gern neue Bekanntschaften. Den Leuten aber gefiel es, ihm alles zu erlauben, was er wollte. Auf einmal war Homer Teil einer großen Familie oder des »Komitees für klitzekleine Kätzchen«, wie Melissa und ich es nannten. Es schloss zahllose gutmütige Paten ein, die ihn nur zu gern Thunfisch- und Truthahnstückchen von ihrem Teller reichten. Zudem überhäuften sie ihn mit Spielsachen aus ihrer Kindheit oder aus Tierhandlungen: Dinge, die summten, brummten, klingelten oder andere aufregende Geräusche von sich gaben. Alle, auch ich, nahmen an, dass es für ein blindes Kätzchen am reizvollsten war, mit Glöckchen und Pfeifen zu spielen, nicht mit Federn und anderen visuellen Reizen.

Wir mussten herausfinden, wie wir Homer am besten mit neuen Menschen vertraut machten, damit er nicht scheu wurde. Da seine Schnurrhaare in dem Kegel steckten, war es ihm fast unmöglich, in seiner unmittelbaren Umgebung Bewegungen wahrzunehmen. Darum war er immer überrascht, wenn jemand anders als ich ihm eine Hand auf den Kopf oder Rücken legte, die scheinbar aus dem Nichts kam. Also dachten wir uns ein Vorstellungsritual aus. Ich nahm die Hand der fremden Person in meine Hand und führte sie an Homers Nase, sodass er meinen vertrauten Duft gleichzeitig mit dem neuen roch. Wenn man ihn auf diese Weise mit jemandem bekannt machte und wenn er wusste, dass ich den Unbekannten akzeptierte, schloss er umso lieber Freundschaft. Jeder körperliche Kontakt war für ihn eine Freude, denn sein Tastsinn war empfindlicher als bei sehenden Katzen. Darum wollte er kuscheln, schnuppern, schmusen, reiben und seinen kleinen Körper so intensiv wie möglich mit anderen zusammenbringen.

Homer konnte Menschen unterscheiden, die er kannte, und er merkte es auch, wenn er jemanden nie zuvor getroffen hatte. Das erstaunte die Besucher am meisten. »Ich war erst einmal mit ihm zusammen, und nur fünf Minuten lang«, bemerkte ein Freund, dem Homer bei seinem zweiten Besuch sofort auf den Schoß gesprungen war. »Wie erkennt er mich, ohne mich zu sehen?«

»Nun, er kann dich riechen«, erklärte ich. Katzen erkennen sich untereinander ohnehin eher am Geruch als am Aussehen, und diese Fähigkeit war bei Homer noch stärker entwickelt.

Ebenso faszinierend wie Homers superscharfer Geruchssinn war seine Fähigkeit, Geräusche zu hören, die niemand sonst – anscheinend nicht einmal andere Katzen – wahrnehmen konnte. Eine unserer Freundinnen wollte herausfinden, ob es stimmte, dass der Verlust eines Sinnesorgans die anderen außergewöhnlich schärfte. Sie wedelte mit der Hand, während Homer dreieinhalb Meter entfernt in meinem Schoß lag und schlief. Kaum hatte sie damit begonnen, hob er den Kopf. Seine Ohren, seine Nase und sein Hals drehten sich und zuckten. Das allein war nicht ungewöhnlich, wenn er wach war, sodass er nie ganz untätig aussah. Jetzt hatte das Geräusch der Luftströmungen, verursacht von einer Hand, seine Ohren erreicht und ihn geweckt. Sofort sprang er von meinem Schoß, blieb auf dem Boden stehen und bewegte den Kopf im gleichen Rhythmus, wie die Hand meiner Freundin wackelte. Er trottete quer durchs Wohnzimmer zu ihr hin und streckte die Vorderpfoten flehend an ihren Beinen nach oben, während er den Kopf zurücklegte. *Was macht dieses Geräusch? Bring es mir!* Lachend senkte sie die Hand, sodass Homer an ihr schnuppern konnte. Dann kraulte sie ihn liebevoll unter dem Kinn, und er schnurrte laut und zufrieden.

Die Menschen behandelten Homer instinktiv gut. Was ich in jener ersten Nacht empfunden hatte – dass es etwas Besonderes war, sein Vertrauen zu gewinnen –, spürten offenbar auch andere.

South Beach war damals von Menschen bevölkert, die meist aus anderen Städten zugezogen und daran gewöhnt waren, in ihrer Heimat als »Außenseiter« oder »Sonderlinge« zu gelten. Es waren Künstler und Autoren, kostümierte Partygänger und Transvestiten, die in einschlägigen Bars auftraten. Es hatte seinen Grund, dass wir South Beach in unseren sarkastischen Momenten »Insel der ausgeflippten Spielsachen« nannten. Melissa sammelte Sonderlinge und Streuner und hatte aus ihrem Haus eine Art Salon gemacht. Und Homer war ja auch ein »Sonderling«, den viele andere rücksichtslos abgewiesen hatten. Vielleicht lag es daran, dass sich alle so schnell mit ihm anfreundeten.

Nein, ich glaube nicht.

Eine Freundin fragte mich einmal, warum Geschichten über heldenhafte Tiere – eine Katze, die ihre Jungen aus einem brennenden Haus rettet, oder ein Hund, der 80 Kilometer durch die irakische Wüste läuft, um bei seinem Herrchen zu sein – so faszinierend seien.

Ich hatte zunächst keine Erklärung dafür, aber ich gab zu, dass ich solche Geschichten ebenfalls mochte. Einige Tage später kam mir der Gedanke, dass wir sie deshalb lieben, weil sie einem materiellen Indiz für eine objektive Moral – oder, anders ausgedrückt, für die Existenz Gottes – am nächsten kommen. Sie scheinen zu beweisen, dass die Dinge, die uns am meisten bedeuten und uns am stärksten berühren – Liebe, Mut, Treue, Altruismus –, nicht nur Ideen sind, die wir uns ausgedacht haben. Wenn wir sie bei Tieren beobachten, können wir glauben, dass es sich um echte Werte handelt, die unabhängig davon sind, was Menschen erfinden und einander in Form von Mythen oder Legenden erzählen.

Homers Blindheit verlieh ihm keine mystischen Eigenschaften. Sie machte ihn nicht scharfsinniger oder zu einem besseren Charakterdeuter als andere Tiere. Aber sie brachte in den Menschen, die ihn kannten, das Beste zum Vorschein. Unsere Freunde wussten, dass das Paar, das Homer zu meiner Tierärztin gebracht hatte, ihn hatte einschläfern wollen und dass viele andere es kurzerhand abgelehnt hatten, ihn aufzunehmen. Dadurch entstanden zwei eindeutige Lager: »wir« und »sie«. Um einer von »uns« zu sein, um zu verstehen, dass Homer etwas Besonderes war, um ihm Zuneigung entgegenzubringen und ihn trotz seiner Andersartigkeit zu akzeptieren, musste man ein besserer Mensch sein als »die«, die ihn zurückgewiesen hatten. Homer seinerseits war dankbar für jede Zuwendung, die er von den Menschen in seiner Umgebung erhielt.

Und ein bisschen »anders« war er natürlich. Katzen sind Einzeljäger. Damit drücken Zoologen aus, was den meisten Menschen schon aufgefallen ist: dass Katzen unabhängiger sind als Hunde, sich selbst durchschlagen können und mehr »Zeit für sich« brauchen als Hunde. Hunde bilden in der Wildnis Rudel, Katzen jagen allein oder bilden lose soziale Gruppen, bei denen es mehr darum geht, das Revier der anderen zu respektieren als gemeinsam Nahrung zu beschaffen. Homer allerdings war immer ein Rudeltier. Er erkannte instinktiv, mehr als jede andere Katze, dass seine Sicherheit von der Zahl abhing. Die Menschen wurden sein Rudel. Ich war die Rudelführerin und er akzeptierte jeden, den ich ihm vorstellte, ohne Bedenken. Niemand hätte sich gewundert, wenn dieses Kätzchen misstrauischer und zurückhaltender gewesen wäre als andere, doch Homer war von Natur aus aufgeschlossen. Er kletterte den Leuten auf den Schoß, schnurrte und rieb sich liebevoll an ihnen, kaum dass er sich mit ihnen bekannt gemacht hatte.

Einmal zog ich einen erschrockenen Homer unter einem Teppich hervor, wo er sich verfangen hatte, und ein Gast wunderte sich darüber, wie geduldig ich mit ihm umging. Das verblüffte mich, denn es war das erste Mal, dass mich jemand »geduldig« nannte. Ich hielt mir diese Eigenschaft auch nicht unbedingt zugute. Ja, ich konnte geduldig sein, aber nur dann, wenn ich es mir bewusst vornahm (Also los … sei jetzt geduldig). Zu Verhaltensweisen, die nicht unserem Naturell entsprechen, müssen wir uns eben zwingen. Aber bei Homer war es ganz natürlich. Ich brauchte gar nicht darüber nachzudenken.

Homer war kein großer Philosoph. Er wusste, dass er glücklich war und geliebt wurde, und das genügte ihm. Und im Laufe der Jahre beeindruckte und verblüffte er mich immer wieder. Am erstaunlichsten aber war das Verhalten anderer: In seiner Umgebung geschah vieles allein deshalb, weil er da war.

5   DAS NEUE KIND

Wer ein Mindestmaß an Gerechtigkeitsgefühl besitzt,
weiß, dass man einen Bittsteller behandeln muss,
als wäre er der eigene Bruder.
Homer, *Odyssee*

Solange Homer seine Nähte und seinen Kegel trug, musste ich ihn von Scarlett und Vashti fernhalten. Deshalb hatte er reichlich Zeit und Raum, sich mit seinem neuen Zuhause vertraut zu machen. Natürlich gewährte ich den beiden »Großen« in angemessenem Umfang ihre Freiheit und versicherte ihnen, dass ich sie nicht weniger liebte, seit ein neues Kätzchen im Haus war. Allerdings war das in der Praxis noch schwieriger als in der Theorie. Wenn Melissa zu Hause war, ließ ich Scarlett und Vashti manchmal frei herumlaufen, während Homer im geschlossenen Schlafzimmer bei Melissa blieb. Und wenn er oder Melissa oder beide keine Lust mehr hatten, eingesperrt zu sein, brachte ich Scarlett und Vashti eilig in mein Zimmer und erlaubte Homer, im Haus herumzurennen. Falls Scarlett und Vashti noch in meinem Zimmer waren, wenn ich schlafen ging, brachte ich sie wieder hinaus, damit Homer bei mir schlafen konnte.

Die Tage vergingen und ich kam mir vor wie ein schäkernder Ehemann in einem romantischen französischen Schwank, der andauernd Schlafzimmertüren öffnet und schließt und tut, was er kann, damit seine Frau und seine Geliebte einander nie begegnen. Es kam so weit, dass Scarlett und Vashti mir traurige

Blicke zuwarfen, sobald sie die Schlafzimmertür knarren hörten. *Wir wissen schon – das andere Zimmer …*

Für Vashti war das viel schwerer, weil sie kaum älter als ein Jahr war. Sie war eine kontaktfreudige Katze, die gern mit Menschen zusammen war, besonders mit mir. Sie war mir nie so eifrig nachgelaufen wie Homer, doch vor dessen Ankunft war sie mir immer von Zimmer zu Zimmer gefolgt und hatte jede Nacht, an meinen Kopf geschmiegt, auf meinem Kissen geschlafen. Nun war sie schon länger als eine Woche lang so oft von mir getrennt gewesen und wurde auffallend griesgrämig.

Scarlett war eher eine Einzelgängerin. Sie war zwei Jahre alt, und Leute, die Katzen nicht mochten, hielten sie für unnahbar und unabhängig in einem Ausmaß, das an antisoziales Verhalten grenzte. Sie war abweisend, wenn jemand anderes als ich versuchte, sie zu berühren oder zu streicheln. Daher hatte die arme Scarlett ein ernstes Imageproblem. Selbst Andrea, meine beste Freundin aus dem College, die jetzt mit zwei Katzen in Kalifornien lebte, nannte Scarlett oft »diese elende Katze«.

Ich kam mir wie ein Mädchen mit einem gewalttätigen Freund vor, wenn ich unsere Beziehung verteidigte: *Du weißt nicht, wie sie wirklich ist, wie süß sie ist, wenn wir allein sind!* Das stimmte. Scarlett konnte durchaus schmusen und schnurren, und sie liebte muntere Spiele wie »Jag die Papierkugel« oder Verstecken – sofern wir allein waren. Und es stimmte auch, dass Scarlett nach einiger Zeit gern mit Vashti spielte – aber sie war wählerisch und suchte sich den richtigen Zeitpunkt dafür selbst aus. Meist jedoch war sie zufrieden, wenn man sie in Ruhe ließ. Dass ich sie immer einsperrte, wenn Homer in der Nähe war, berührte sie nicht sonderlich, aber sie fühlte sich in ihrer Würde verletzt. Für sie war es, als wollte ich mich *unter den Pöbel da draußen mischen.*

Am schwersten fiel es mir, Homer in mein Badezimmer einzuschließen, wenn ich morgens zur Arbeit ging. Ich wollte ihn nicht unbeaufsichtigt mit den zwei anderen Katzen allein lassen, weil ich um seine Nähte fürchtete. Er jammerte, wenn ich ihn dort zurückließ. Es war nicht das laute, klagende Miauen einer Katze, die gegen ihren Willen eingesperrt wird, sondern das markerschütternde Kreischen eines Tieres, das panische Angst hat. Gewiss, er war tapfer, aber Einsamkeit ertrug er nicht. Das war kein Wunder, denn obwohl er nicht wusste, dass er blind war, sagte ihm sein Instinkt, dass er verwundbar war. Jemand oder etwas konnte sich an ihn heranschleichen und ihn überrumpeln. Der gleiche Instinkt wusste zweifellos auch, dass es viel schwieriger war, sich an ein Kätzchen heranzuschleichen, das von Menschen oder anderen Katzen umgeben war. Für Homer war es daher unnatürlich, allein zu sein. Selbst wenn ich aus meinen alten Kleidern ein Nest für ihn baute, damit er etwas hatte, was nach mir roch, und ein kleines Radio ins Bad stellte, das auf NPR eingestellt war (ich finde *National Public Radio* hat unter den Sendern, in denen überwiegend gesprochen wird und man somit beinahe ununterbrochen eine menschliche Stimme hört, die am ehesten beruhigende Wirkung), ließ seine Angst nicht nach.

Wenn ich seine Schreie im Bad hörte, brauchte ich meine ganze Willenskraft, um ihn nicht herauszuholen. Mein erster Impuls war, die Tür zu öffnen, ins Zimmer zu fliegen, ihn in die Arme zu nehmen und ihm zu versichern, dass ihm nie, nie etwas Böses zustoßen würde, solange ich da war. Oft dachte ich darüber nach, was diese Angst bei ihm ursprünglich ausgelöst, was er blind und schutzlos auf der Straße durchgemacht hatte, bevor ihn jemand gefunden und meiner Tierärztin gebracht hatte. Dieser Gedanke hielt mich manche Nacht wach, während ich ihn fester an meine Brust drückte und das Gesicht in seinem warmen Fell vergrub.

Nach einer Woche in seinem neuen Zuhause kam endlich der große Tag, an dem Homer die Fäden gezogen werden konnten. Das hieß, dass auch der Kegel ein Ding der Vergangenheit war. Jetzt konnte er sich putzen, und ich musste ihm nicht mehr den Hintern abwischen, wenn er seine Streu benutzt hatte. Und er brauchte nie mehr allein zu sein.

»Aber vielleicht wäre es dir ja sogar lieber«, sagte ich zu ihm, als wir aus der Tierarztpraxis fuhren und ich mir vorstellte, wie Scarlett ihn wahrscheinlich empfangen würde.

Iiiau!, antwortete Homer in seinem Korb auf dem Rücksitz meines Autos.

Die Befreiung von diesem Plastikkegel war pure Ekstase. Kaum hatte ich Homer zu Hause aus seiner Box geholt, ging er schnurstracks zum Wohnzimmertepppich, legte sich auf den Rücken und wälzte sich hin und her, entzückt darüber, dass seine Bewegungsfreiheit nicht mehr eingeschränkt war.

Scarlett und Vashti betraten vorsichtig das Zimmer. Sie rechneten vielleicht damit, erneut eingesperrt zu werden, oder sie waren einfach misstrauisch gegenüber dem Neuankömmling. Homer rollte immer noch auf dem Teppich herum, aber er sprang sofort auf und nahm eine Habachtstellung ein, als Scarlett und Vashti sich ihm näherten.

Ich wusste, dass er winzig war – er war ja keine sechs Wochen alt –, aber er sah eindeutig zwergenhaft aus, als Scarlett und Vashti ihn umkreisten. Ich hielt den Atem an, als sie abwechselnd prüfend an ihm schnupperten und mit zusammengekniffenen Augen zurückwichen, wenn er freundlich darauf reagierte. Als Homer ihnen schelmisch eine Pfote entgegenstreckte, erschraken sie. Scarlett hob sofort ihrerseits eine Pfote und klopfte Homer auf den Kopf. Das hieß eindeutig: *Halt still, bis wir mit unserer Inspektion fertig sind.* Homer senkte die Pfote und auch ein wenig den Kopf. Dann kauerte er sich zusammen, so fest er konnte, saß aber immer noch aufrecht.

Vashti schnüffelte noch ein paarmal an Homers Ohren und begann dann, seinen Kopf sanft abzulecken. Das ermutigte mich und anscheinend auch Homer. Er hob erneut den Kopf, um Vashtis Nase und Schnurrhaare zu beschnuppern, und versuchte, ihr Gesicht und ihr Fell zu berühren. Die überraschte Vashti sprang zurück und betrachtete Homer aus sicherer Entfernung.

Inzwischen hatte Scarlett genug und ging langsam zu Vashti hinüber. Homer zögerte einen Moment, dann trottete er ihnen nach. Als Scarlett das sah, lief sie schneller und steuerte auf die Schlafzimmertür zu. Sie dachte nicht daran, sich von diesem Winzling einholen zu lassen.

»Keine Sorge, ihr werdet euch aneinander gewöhnen«, sagte ich zuversichtlicher, als ich war.

Das bezweifle ich, deutete Scarletts Gesichtsausdruck an, und sie begann zu rennen.

Ich werde immer wieder gefragt, ob Scarlett und Vashti wissen, dass Homer blind ist. Ich glaube, Blindheit ist für eine Katze eine zu abstrakte Vorstellung, darum antworte ich meist: »Scarlett und Vashti haben verstanden, dass Homer anders ist, nach ihrer Einschätzung ist er unbeholfen, etwas grob und keine sonderlich tolle Katze. Aber inzwischen nehmen sie ihn so, wie er ist.« Sie waren beispielsweise verwirrt, als dieses tollpatschige Kätzchen begeistert auf das Sofa sprang, versehentlich auf einem ihrer schlafenden Köpfe landete und sich hastig zurückzog, als es merkte, dass der Platz schon besetzt war. *Sieht er denn nicht, dass bereits jemand dort schläft?* Wenn Vashti und Scarlett auf diese Weise aufgeweckt wurden, verzogen sie ärgerlich das Gesicht und warfen mir einen fragenden Blick zu: *Was ist los mit dem Neuen?*

Außerdem spielte Homer oft viel wilder, als Scarlett und Vashti es gewöhnt waren. Die beiden hatten ein Lieblingsspiel, mit dem meist Scarlett begann, und Vashti folgte gern ihrer Führung. Es ging so: Wenn Vashti ihrer Gefährtin den Rücken zuwandte oder abgelenkt war, sprang Scarlett sie an und haute ihr ein paarmal ins Gesicht. Dabei zog Scarlett immer die Krallen ein (das war eine wesentliche Abmachung für dieses Spiel). Vashti reagierte gutmütig, und die Folge war eine Art Kampf. Sie schlugen einander ins Gesicht und auf die Pfoten, bis Vashti – Scarletts Meinung nach – einmal zu oft zugeschlagen hatte. Daraufhin legte Scarlett die Ohren an und machte einen leichten Buckel. Das war für Vashti das Zeichen dafür, dass es Zeit war aufzuhören. Sobald Scarlett das Ende des Spiels verfügt hatte, trennten sich die beiden völlig gelassen.

Homer aber war ein Junge und hatte wenig Interesse an dezenten Mädchenspielen. Er bevorzugte große Kämpfe, bei denen es um Leben und Tod ging, leidenschaftliche Dramen über Tapferkeit und Triumph in aussichtslosen Situationen. Seine Vorstellung vom perfekten Spiel hatte nichts mit »schlagen und zurückweichen« zu tun. Sein Lieblingsspiel wurde mit der Zeit Folgendes: Er sprang Scarlett oder Vashti auf den Rücken und drückte sie nach unten, während sie heftig strampelten. Gleichzeitig versenkte er seine Zähne und Krallen in alles, was er erreichen konnte.

Er wollte sie nicht verletzen und zog sich verwirrt und erschrocken zurück, wann immer eine von ihnen vor Schmerz oder Wut kreischte. Doch was ihn betraf, verschwand alles, was sich seinem Griff entzog, in der schwarzen Leere. Homer konnte nicht davon ausgehen, dass ein Spielzeug, sei es ein quietschendes Ding oder der Körper einer anderen Katze, wieder auffindbar sein würde, wenn er es losgelassen hatte. Wenn ich vor ihm einen Faden baumeln ließ, den er fangen sollte – ein Spiel, das Scarlett und Vashti liebten –, spürte er den Faden, griff jedoch immer nach meiner Hand und senkte die Krallen in meine Haut, um zu verhindern, dass Faden und Hand verschwanden. Deshalb war er auch so besitzergreifend, wenn es darum ging, Spielsachen mit den anderen Katzen zu teilen. Wenn Scarlett und Vashti sich um ein Papierknäuel balgten, sprang Homer herbei, packte das Knäuel und hielt es zwischen den Pfoten fest, sodass es nicht verschwinden konnte. Scarlett und Vashti verdrückten sich dann unweigerlich und hielten Homer für rücksichtslos, während er verdutzt das Papier umklammerte. *Wollt ihr denn nicht mehr spielen?*

Genauso krallte er sich gern an Dingen fest, auch an den anderen Katzen, ohne ihnen wehtun zu wollen. Ich verbrachte viele Stunden damit, ihm beizubringen, dass er die Krallen beim Spielen zurückziehen musste. Ich ermunterte ihn, mit mir zu spielen, und rief ihm ein scharfes »Nein!«, zu, wenn seine Krallen zum Vorschein kamen. Dann beendete ich das Spiel abrupt. Doch in der Zwischenzeit, bis seine Lehrzeit Früchte trug, konnte er Scarlett und Vashti nicht für sich gewinnen. Sie wogen zehn und acht Pfund, und ich glaube, sie waren vor allem überrascht, dass Homer nie müde wurde, sich an sie heranzupirschen oder es wenigstens zu versuchen. Hätte er sehen können, wie viel größer sie waren, wäre ihm das gewiss nicht in den Sinn gekommen. Aber Homer sah nicht, um wie viel sie ihn überragten. Es kann sogar sein, dass er keine Vorstellung von relativer Größe hatte. Er war ein sechs Wochen altes Kätzchen, das immer noch wackelig ging, doch vor seinem geistigen Auge war er sicher eine Großkatze – ein Panther vielleicht oder ein Puma.

Seine Bemühungen, den mächtigen Jäger zu spielen, waren jedoch selten von Erfolg gekrönt. Er konnte auf Vashti springen, wann immer er wollte, aber nur, weil Vashti – die daran gewöhnt war, sich Scarletts Wünschen zu fügen – passiven Nichtwiderstand leistete. Homer sprang auf ihren Rücken – ein winziger schwarzer Hügel auf einem viel größeren weißen – und zwickte sie in den Hals. Er wollte, dass sie sich wehrte oder irgendetwas tat. Aber Vashti lag nur geduldig da, während Homer herumturnte, mir ein resigniertes Gesicht zuwandte und zu rufen schien: *Was für eine Langweilerin!*

Scarlett hingegen ließ sich von niemandem herumschubsen und stellte sich immer zum Kampf. Sie war Homers weißer Wal, seine sterbliche Nemesis. Ein klarer Sieg über Scarlett war für Homer der Topf voller Gold am Ende aller Regenbögen und der Traum seines Lebens. Der Wille war sicherlich da, aber seine Taktik war völlig unzulänglich. Homer verfügte über alle Instinkte einer Katze. Er konnte sich geräuschlos anschleichen, und er duckte sich vor einem Sprung. Leider verstand er nie, dass er sich nicht tarnte und sein potenzielles Opfer ihn mühelos entdeckte. Es war, als würde ihn eine Blaskapelle begleiten, von der er selbst nichts merkte.

Ein Drama entfaltete sich, wenn Homer sich wieder einmal in den Kopf setzte, Scarlett zu attackieren. Man sah genau, in welchem Moment er mit geneigtem Kopf die leisen Geräusche wahrnahm, die sie verursachte, während sie durchs Zimmer ging. Er nahm seine Anschleichstellung ein und machte ein paar atemlos langsame, unhörbare Schritte in ihre Richtung. Dann blieb er stehen. Immer noch zusammengekauert, rannte er vier oder fünf weitere Schritte und blieb erneut stehen. Diesen Vorgang wiederholte er – langsam, dann schnell … langsam, dann schnell – und »schlich« sich direkt von vorn an Scarlett heran.

Man konnte Scarlett fast seufzen hören, und wahrscheinlich verdrehte sie die Augen himmelwärts. *Schon wieder?* Ihr Gesicht verriet unweigerlich amüsierte Geringschätzung, als beobachte sie einen Idioten neuer Art. Sie wartete, bis er sich auf Sprungweite genähert hatte und frohlockend den Rücken krümmte – denn nun würde der Moment des Sieges kommen. Doch Scarlett schlug ihm ein paarmal mit einer Vorderpfote auf den Kopf – mit lässiger Verachtung, die an Langeweile grenzte – und machte ihm schmerzhaft klar, dass sie die ganze Zeit gewusst hatte, wo er sich befand. Dann saß Homer verblüfft da *(Warum hat es diesmal nicht geklappt?),* während Scarlett sich umdrehte und mit kühler Würde ins andere Zimmer ging. Dabei schlug sie mit dem Schwanz, als wolle sie sagen: *Ich hab genug davon.*

Vielleicht erkannte Homer, dass es sinnlos war, eine arglose Scarlett anzugreifen, die saß. Deshalb versuchte er manchmal, sie zu jagen. Eines Nachmittags sah ich etwas Weißes im halsbrecherischem Tempo an mir vorbeihuschen, dicht gefolgt von Homer, der rannte, so schnell seine kleinen Beine ihn trugen. Ich lachte lange und laut über dieses Halbpfund-Kätzchen, das eine zehnpfündige ausgewachsene Katze jagte. Scarlett brachte sich mit einem Sprung auf die Küchentheke in Sicherheit und starrte auf Homer hinab, der erfolglos versuchte, zu ihr hinaufzuklettern.

Homer fing sie nie, aber er war oft nahe daran. Immer wieder begegnete ich seiner mürrischen Scarlett, die sich verärgert auf einem Sofaarm oder Kaffeetisch niederließ, während Homer einen Meter entfernt Männchen machte – mit einem Büschel grauer Haare im Maul.

»Homer, hast du Scarlett gejagt?«, fragte ich dann in strengem Ton.

Er schaute mich mit unschuldigem Gesichtsausdruck an, nicht ahnend, dass ich den verräterischen grauen Pelz an seiner Schnauze sehen konnte. *Wen, Scarlett? Nein, die war gar nicht hier …*

Der arme Homer hatte keine bösen Absichten. Er wollte niemanden verletzen. Er war ein Kätzchen und wollte spielen. Er war blind und versuchte zu verhindern, dass jemand, mit dem er spielte, sich wieder ins dunkle Nichts zurückzog. Warum verstanden Scarlett und Vashti das nicht? Oft beobachtete ich, wie Homer, nachdem die beiden ihn allein gelassen hatten, den Kopf und die Ohren von einer Seite zur anderen drehte und verzweifelt versuchte, das leiseste Geräusch zu erhaschen, das ihm verraten würde, wo sie waren. Dabei gab er ein trauriges kleines *Miau* von sich, als spiele er allein Blindekuh und warte auf eine Reaktion, die nicht kam. *He, Leute! Wo seid ihr?*

»Weißt du, sie würden bestimmt öfter mit dir spielen, wenn du nicht so grob zu ihnen wärst«, erklärte ich ihm. Das Mitleid in meiner Stimme lockte ihn immer zu mir, und dann folgte eine Runde Schmusen und Nasereiben. *Warum mögen sie mich nicht, Mama?* Aber meinen Rat beherzigte er leider nie.

Dennoch war Scarlett, wie es sich für eine große Schwester gehörte, Homers beste Lehrmeisterin. Sie ermutigte ihn, seine Kletter- und Sprungkünste zu schulen, während er hartnäckig versuchte, mit ihr Schritt zu halten. Wenn Scarlett den 1,80 Meter hohen Katzenbaum erklettern konnte, um Homer loszuwerden, dann musste er das eben auch lernen. Und wenn sie es schaffte, auf einen Schreibtisch oder eine Kommode zu springen, konnte Homer doch wohl an der Seite hinaufklettern, selbst wenn es ihm nicht gelang, sein Ziel wie sie mit einem einzigen Satz zu erreichen.

Homer war in mancher Hinsicht ein typischer kleiner Bruder. Er wollte immer mit den Großen spielen, die viel lieber miteinander zu tun hatten und ihn bestenfalls als leicht nerviges Baby betrachteten. Doch wie alle jüngeren Geschwister lernte er durch Nachahmung. Er probierte vieles aus, was er allein vielleicht nie versucht hätte, und er lernte schneller, als es ihm allein gelungen wäre.

Meist hielt Homer sich in Scarletts Nähe auf, wenn ich nicht da war. Wenn er nicht mit mir ein Nickerchen machen konnte, fühlte er sich bei Scarlett immer am sichersten. Ich glaube, sie war für ihn nach mir die Stärkste im Haus, obwohl – oder weil – sie auch die »Gemeinste« war. Wenn Homer nicht gerade hyperaktiv war und unbedingt auf Scarletts Rücken springen wollte, behandelte er sie überraschend respektvoll.

Zu zweit sind wir sicherer, nicht?, hörte man Homer fast denken, wenn er sich dort zusammenrollte (das tat er immer, er schlief nie ausgestreckt auf der Seite oder auf dem Rücken), wo Scarlett döste – nah genug, um geschützt zu sein, aber doch in einem Abstand, der Höflichkeit ausdrückte.

Dann öffnete Scarlett ein Auge und betrachtete ihn einen Moment lang nachsichtig – *Treib es nicht zu weit, Kleiner –,* ehe sie weiterschlief.

6   SEI NICHT GLÜCKLICH – MACH DIR SORGEN

Er hätte wissen sollen, dass er bei ihr keinen Erfolg haben würde,
denn wenn die Götter einen Entschluss gefasst haben,
ändern sie ihn nicht leichtfertig.
Homer, *Odyssee*

Vielleicht fingen sie mit dem Plastikbeutel an. Ich meine die übermäßigen Sorgen.

Wie vielen jungen Müttern wuchsen mir Augen am Hinterkopf und ein zusätzliches Paar Ohren, wenn es um Homer ging. Außerdem spürte ich mit fast übernatürlicher Sicherheit, wo er war, was er tat und was er brauchte.

Das galt erst recht, seitdem Homers Fäden gezogen worden waren und er hinter Scarlett und Vashti im Haus herumstrolchte. Bald war er nicht mehr damit zufrieden, hinter ihnen herzurennen – er begann, ganz allein Unfug zu treiben. Manchmal verlor ich seine Spur für ein paar Minuten und fand ihn an den unglaublichsten Orten – mal baumelte er am mittleren Brett eines Bücherregals und hielt sich mit den Vorderpfoten fest (Wie war er dort hinaufgekommen?), mal kauerte er in der hinteren Ecke des vollgestopften Schränkchens unter dem Waschbecken, nachdem er es geschafft hatte, die Tür aufzustemmen.

Sein neuestes Hobby bestand darin, die bodenlangen Vorhänge im Esszimmer zu erklimmen, ähnlich wie die Spiderman-

Typen, die an einem Bürogebäude hochklettern. »*Homer!*«, kreischte ich, wenn ich ihn dabei ertappte, wie er mit einer Pfote an den Vorhängen hing, einen Meter achtzig hoch. Er schwenkte seinen schmächtigen Leib hin und her, bis alle vier Pfoten wieder am Stoff hafteten, dann kletterte er weiter, so schnell er konnte, damit ich ihn nicht erreichte.

Schau, Mama!, dachte er in meiner Vorstellung. *Und das ohne Augen!*

In nachdenklichen Momenten fand ich es inspirierend, wie Homer alle möglichen Gegenstände erklomm, ohne zu wissen, wie hoch sie waren und wie er wieder sicher den Boden erreichen konnte. Diese Furchtlosigkeit war schon bewundernswert.

Aber sie war auch erschreckend.

Alle Eltern kennen diese Augenblicke. Plötzlich fällt einem auf, dass man sein Kind seit mindestens 15 Minuten nicht mehr gesehen hat. Man tadelt sich selbst, weil man so sehr mit anderen Dingen beschäftigt war. *Wo ist er? Ist ihm womöglich etwas zugestoßen? Warum habe ich nicht aufgepasst?*

Ich beharrte bereits voller Stolz darauf, dass Homer ein ganz normales Kätzchen war. Sogar besser als normal. Ich hätte jedem den Kopf abgerissen, der behauptet hätte, Homer brauche »besondere« Fürsorge, weil er »behindert« sei. Verärgert hätte ich erklärt, Homer könne genauso gut auf sich achten wie meine beiden anderen Katzen und jede »normale« Katze dort draußen. Wenn mich jemand fragte, ob und wie ein blindes Kätzchen seine Toilette finden konnte, antwortete ich, Homer finde nicht nur seine Streu, sondern auch den Weg zur Küchentheke und in den Schrank, wo ich Thunfisch in Dosen aufbewahrte, und er könne inzwischen einer solchen Dose (er liebte Thunfisch) und einer Dose mit Tomatensuppe (die ihm nichts bedeutete) unterscheiden, selbst wenn die Dosen verschlossen waren. Er wühlte im Schrank herum und schob alle anderen Dosen weg, bis er die Dose mit dem Thunfisch fand. Dann schubste er sie mit den Pfoten und der Nase aus dem Schrank und auf die Theke. *Gib mir das Fressen!*

Trotz meiner berechtigten Entrüstung und obwohl ich darauf beharrte, dass ich mir um Homer keine größeren Sorgen machen müsse als um Scarlett und Vashti, musste ich einräumen: Homer war *nicht* wie andere Katzen, und ich machte mir um ihn mehr Sorgen als um die beiden anderen.

Es war allein meine Furcht, denn Homer teilte sie nicht. Eigentlich hätte er wegen seiner Blindheit vorsichtiger und weniger unabhängig als andere Katzen sein sollen. Aber es war eher umgekehrt. Da Homer die Gefahren in seiner Umwelt nicht sehen konnte, lebte er in glücklicher Unwissenheit. Er kletterte ebenso unbekümmert auf ein niedriges Sofa wie auch lange Vorhänge, denn er sah nicht, in welcher Höhe er sich befand. Und er sprang aus beiden Höhen in die Tiefe, weil für ihn jeder Sprung ein Sprung ins Ungewisse war. Er musste seinen unsichtbaren Landepunkten immer blind vertrauen.

In den Comics bekommt Daredevil manchmal sein Sehvermögen wieder. Obwohl er seine Superkräfte behält, fühlt er sich dann plötzlich behindert und fürchtet sich vor den kühnen Kunststücken, die er als Blinder vorführt. *Bist du verrückt?*, scheint er den Leser zu fragen. *Von diesem Haus springe ich nicht runter! Sieh mal, wie hoch es ist!*

Doch es gab keinen allmächtigen Zeichner, der Homer mit einem Federstrich von seiner Blindheit und allem, was damit zusammenhing, heilen konnte. Große Angst hatte Homer aber nur vor dem Alleinsein. Solange jemand bei ihm war – ich oder eine seiner Schwestern –, dachte er nicht daran, dass es noch andere Dinge auf der Welt gab, die ihm schaden konnten.

Das bringt mich zum Plastikbeutel zurück.

Es war ein Nachmittag im Spätherbst, und Homer war etwa vier Monate alt. Er hatte seinen krummbeinigen Kätzchengang aufgegeben. Sein Gang und sein Fell waren sichtlich geschmeidiger als zehn Wochen zuvor. Jedes Haar an seinem Körper, auch die üppigen Schnurrhaare, die jetzt an beiden Seiten acht Zentimeter breiter waren als sein Körper, war immer noch onyxschwarz. Er wuchs, wenn auch nicht so schnell wie damals meine anderen beiden Katzen – und auch das machte mir Sorgen. Aber Patty versicherte mir, dass Kätzchen wie Kinder unterschiedlich schnell wachsen. Zudem war mir klar, dass Homer eine zierliche, feingliedrige Katze bleiben würde, zweifellos kleiner als andere.

Es war Sonntag, und ich hatte beschlossen, mich an meinem freien Tag in einen Roman zu vertiefen. Irgendwann merkte ich, noch halb unbewusst, dass ich Homer seit einiger Zeit nicht mehr gesehen hatte. Er kuschelte sich gern in meinen Schoß, wenn ich las. Dass er es diesmal nicht getan hatte, war noch kein Grund zur Besorgnis. Es war nicht ungewöhnlich für ihn, auf Streifzug zu gehen und Unfug zu treiben, während ich mit etwas anderem beschäftigt war.

Dann hörte ich das Geräusch eines Plastikbeutels in der Küche. Ich hatte an diesem Morgen eingekauft und einen Beutel auf der Küchentheke liegen lassen, um darin kleine Abfälle unterzubringen, die wir nicht in die Mülltonne stecken wollten, die einmal in der Woche geleert wurde. Homer – der oft genug an meinem Bein hochgeklettert und dann auf die Theke gehüpft war, um ihre Höhe abschätzen zu können – spielte offenbar dort mit dem Beutel. Zufrieden wandte ich mich wieder meinem Buch zu, jetzt wusste ich ja, wo Homer war und was er trieb. Doch einige Minuten später hörte ich ein panisches *Miau! Miau! Miau!* So hatte Homer früher geschrien, wenn ich ihn allein im Bad eingeschlossen hatte.

Ich warf das Buch weg und rannte in die Küche, wo ich Homer im Plastikbeutel verwickelt vorfand. Er hatte den Kopf durch einen Griff gesteckt und diesen irgendwie so verdreht, dass er ihm langsam den Hals zuschnürte. Sein Kopf befand sich im Beutel, seine Hinterpfoten strampelten hilflos und versuchten, den Kopf und den Rumpf zu befreien. Anscheinend war er in den Beutel gekrochen und hatte dann den Griff für den Ausgang gehalten, den er ja nicht sehen konnte, und sich hoffnungslos verheddert.

»Keine Angst, Homer«, sagte ich und versuchte, beruhigend zu klingen, ihm und mir zuliebe. Es war schwer zu sagen, wie eng die Schlinge um seinen Hals lag, aber ich war ebenso entsetzt wie er und fürchtete, er werde ersticken, bevor ich ihn retten konnte.

Ich hob ihn und den Beutel hoch, schob einen Finger zwischen den Griff und Homers Hals – damit die Schlinge sich nicht weiter zuziehen konnte – und murmelte: »Hab keine Angst, mein Kleiner, alles wird gut.« Homer kämpfte immer noch wild, aber es gelang mir, ihn so weit zu beruhigen, dass ich seinen Kopf aus dem Beutel befreien konnte.

Was für eine Idiotin, lässt einen Plastikbeutel herumliegen, wenn ein blindes Kätzchen im Haus ist, schalt ich mich selbst. *Was wäre passiert, wenn ich nicht zu Hause gewesen wäre? Homer wäre gestorben, und ALLES WÄRE MEINE SCHULD GEWESEN!*

Ich hatte Ängste ausgestanden, weil Homer so waghalsig geklettert, gesprungen und herumgerannt war, weil er kopfüber und unbekümmert aus einer Höhe von 1,80 Meter in die Tiefe gesprungen und rücklings von Gott weiß welchen Möbeln gefallen war – und nun hatte ihn ein Plastikbeutel in Lebensgefahr gebracht. Ich hatte gedacht, dass ich mir vielleicht zu viele Sorgen um Homer machte, doch offensichtlich hatte ich mir zu wenig Sorgen gemacht. Zwar hatte ich mich bemüht, ihm eine sichere Umwelt zu bieten, aber es gab Gefahren, die niemand vorausgesehen hatte.

Homer erholte sich rasch von seinem Nahtoderlebnis. Nachdem er das Gesicht eine halbe Stunde lang an meine Brust gepresst hatte, als wolle er in mich hineinkriechen, fiel er in tiefen Schlaf und wachte erfrischt auf, bereit für neue Abenteuer. Vashti war im anderen Zimmer und machte Lärm mit einem Kronenkorken, den sie gefunden hatte, und Homer sprang ihr zur Seite und hoffte, mitmachen zu dürfen. Der Plastikbeutel und die Momente des Schreckens schienen vergessen zu sein.

Aber mich beschäftigte der Vorfall noch lange. Von da an passte ich viel besser auf Homer auf und ließ ihn fast nur noch schnurgerade über den Fußboden laufen. Alles, was gefährlich war, trug ihm ein schnelles und unerbittliches »Nein, Homer!« ein.

Selbst als Kätzchen reagierte Homer viel prompter auf Worte als die meisten anderen Katzen, und er war mehr an den Klang meiner Stimmte gewöhnt. Wenn ich zu lange nicht mehr mit ihm gesprochen hatte, klopfte er mit der Pfote an mein Bein und miaute beharrlich. Wenn ich dann etwas sagte, setzte er sich mit aufmerksamer Miene vor mich hin und wackelte mit dem Kopf, als versuche er, meine Worte zu verstehen. Katzen sind dafür berüchtigt, dass man sie nicht trainieren kann, doch Homer kannte seinen Namen und einfache Befehle. Beim Klang meines *»Nein!«* hielt er sofort inne, einerlei, wie gern er seine Aktivitäten fortgesetzt hätte.

Nachdem ich Homer wochenlang jedes Mal ermahnt hatte, wenn er etwas Riskanteres probieren wollte, als mit seinem Lieblingsspielzeug herumzutollen, einem kleinen Wurm mit einer Glocke am Schwanz, der zuerst Scarlett gehört hatte, nahm er ein neues Miau in sein Vokabular auf. Ich nannte es »Rückversicherungs-Miau«. Wenn er auf ein hohes Möbelstück klettern oder in den Winkeln eines Schrankes herumwühlen wollte, erkundigte er sich zuerst bei mir. *Miau? Darf ich?*

»Nein, Homer«, lautete fast immer die Antwort.

Darf ich Scarlett und Vashti auf die abgeschirmte Veranda folgen? »Nein, Homer.« *Darf ich auf dieses kleine, leere Regal klettern?* »Nein, Homer.« *Darf ich nach diesen Schnüren an den Jalousien schlagen?* »Du lieber Himmel, Homer! Weißt du, wie schnell diese Schnüre sich um deinen Hals wickeln und dich erwürgen können?«

Ich merkte, dass Homer langsam nervös und frustriert wurde. Es lag in seiner Natur, kühn zu sein und jedem interessanten Geräusch oder Geruch nachzugehen. Zurückhaltung lag ihm nicht. Aber wenn ein liegengebliebener Plastikbeutel fast zu einer Tragödie führen konnte, lauerten überall Gefahren! So ungern ich ihn ständig enttäuschte, ich war davon überzeugt, richtig zu handeln.

Jedenfalls so lange, bis Melissa eines Tages sah, wie ich Homer verbat, an einer leiterartigen Stuhllehne hochzuklettern. *Er ist so klein!,* dachte ich. *Und dieser Stuhl sieht so hoch aus!* »Weißt du«, sagte Melissa, »ich glaube, du bist übervorsichtig.« Als ich nicht darauf reagierte, fügte sie hinzu: »Komm schon, Gwen, gib ihm ein bisschen Freiraum. Du machst ihn ja ganz gehemmt und nervös.«

Das war leicht gesagt. Melissa war nicht für Homer verantwortlich. Die Welt war ein gefährlicher Ort für ein blindes Kätzchen, und ich hatte Patty, Homer und mir versprochen, die Welt für ihn sicher zu machen, wenn »die Welt« nur unser Haus war. Es war kein ausdrückliches Versprechen gewesen, aber doch eine stillschweigende Übereinkunft.

Aber durfte ich das auf Kosten seiner Lebensfreude und Abenteuerlust tun?

Normalerweise denkt man nicht darüber nach, wie man ein Haustier »erzieht«. Man bringt es mit nach Hause, trainiert es, soweit es notwendig ist, bringt ihm ein paar Kunststücke oder Befehle bei und hat dann einfach Freude an ihm.

Ich war damals 25 und nicht daran gewöhnt, mir Gedanken über das Leben anderer zu machen. Doch nun dachte ich über Homers Leben nach. *Wie sollte ich ihn erziehen? Was für eine Person* – ein anderer Begriff fiel mir nicht ein – *sollte er werden?* Als ich die Frage so formulierte, war die Antwort einfach. Ich wollte nicht, dass Furcht und Selbstzweifel ihn quälten. Er sollte unabhängig und »normal« sein. Genau das hatte ich ja allen Leuten versichert!

Einige Wochen später, nach einem harten Arbeitstag, beschloss ich, mich in einem warmen Bad zu entspannen. Homer folgte mir ins Badezimmer und begrüßte mich mit dem schrillen *Miau?,* mit dem er sich erkundigten wollte, ob er auf den Rand der Wanne springen durfte, damit ich ihn beim Baden streicheln konnte.

Zuerst wollte ich mich weigern, da ich fürchtete, er werde das Gleichgewicht verlieren und in die Wanne fallen. Doch dann überlegte ich … Warum nicht? Das Wasser war nicht sehr heiß. Er würde keine Seife in die Augen bekommen und auch nicht ertrinken, weil ich ihn jederzeit auffangen konnte. Also sagte ich in einem Ton, von dem ich wusste, dass Homer ihn als Ermutigung verstehen würde: »Okay, Homer, du darfst raufkommen, wenn du willst.«

Homer krabbelte auf den Wannenrand, und schon nach 30 Sekunden rutschte er aus und fiel ins Wasser. Eine halbe Sekunde strampelte er, doch als ich ihm helfen wollte, zog er sich bereits mit den Vorderbeinen heraus.

Ich stieg ebenfalls aus der Wanne. Plötzlich ins Wasser zu fallen ist der Albtraum aller Katzen, und für Homer hätte das Erlebnis eigentlich noch schlimmer sein müssen, weil er wahrscheinlich keine Ahnung davon gehabt hatte, dass es Wasser in viel größeren Mengen gab als in seiner Trinkschale. Ich nahm ihn auf und glaubte, er sei starr vor Schreck. Aber sein Herzschlag war so gleichmäßig, als läge er nachts auf meiner Brust und wartete darauf einzuschlafen.

Homers patschnasses Fell stand in irren Winkeln von seinem Körper ab. Unter anderen Umständen hätte das lustig ausgesehen. Ich griff nach einem Handtuch, um ihn abzutrocknen. Doch kaum spürte er den Stoff, wand und krümmte er sich, bis ich ihn auf den Boden setzte, wo er sofort begann, sich zu putzen. So nass er auch war, seine Haltung drückte Würde aus. *Das kann ich selbst!*

»Na schön, Homer«, sagte ich leise. Ich öffnete die Tür einen Spalt, damit er das Bad verlassen konnte, wenn er es wollte. Dann stieg ich wieder in die Wanne.

Ich nahm an, Homer werde unverzüglich aus der nassen Schreckenskammer fliehen. Aber an der Decke des Badezimmers hing ein Heizstrahler, und unter ihm konnte er sich anscheinend genauso gut trocknen wie irgendwo sonst.

Homer sprang wieder auf den Rand der Wanne, machte einen oder zwei vorsichtige Schritte und fand eine Stelle, die noch trocken war. Dann gähnte er ausgiebig und ließ sich nieder, um friedlich zu schlummern, während ich badete.

7 GWEN WOHNT NICHT MEHR HIER

Zeus lässt nicht die Pläne aller Menschen reifen.
Homer, *Odyssee*

Homer war gut fünf Monate alt, als Melissa zu mir sagte, es sei Zeit, dass ich mir eine eigene Wohnung suche.

Melissa und ich waren erst ein paar Monate lang befreundet gewesen, als Jorge und ich uns getrennt hatten und sie mich eingeladen hatte, bei ihr einzuziehen. Unsere Freundschaft hatte sich ganz plötzlich entwickelt, und wir fühlten uns einander unglaublich nahe. Es ging so schnell, dass wir noch nicht so vertraut miteinander waren, wie wir bei meinem Einzug geglaubt hatten.

Der angebliche Grund für meine Verbannung war, dass eine ihrer anderen Freundinnen für einige Zeit eine Unterkunft brauchte. Wir hatten beide nicht erwartet, dass ich fast sieben Monate bei Melissa bleiben würde. Unser gemeinsames Interesse an Homer hatte viele alltägliche Spannungen gelindert, aber wenn er nicht gewesen wäre, hätte ich mich viel früher verabschiedet.

»Homer darf hierbleiben, solange du willst«, versicherte Melissa mir eilig: »Ich würde ihn gern behalten.«

Bevor ich Homer aufgenommen hatte, war meine Lebensplanung ziemlich vage gewesen. Ich wollte mit meinem kleinen Gehalt auskommen und mit anderen zusammenwohnen, bis man mich in unbestimmter Zeit befördern und besser bezahlen würde – oder bis zu meiner Heirat. Doch in unmittelbarer Zukunft konnte ich weder mit Hochzeitsglocken noch mit einer saftigen Gehaltserhöhung rechnen. Und ich hatte keine Freundinnen, die eine Mitbewohnerin suchten. Unter anderen Umständen hätte ich vielleicht Zeitungsanzeigen studiert und eine aufstrebende, berufstätige junge Frau in etwa meinem Alter gefunden, die freudig ihre Wohnung und ihre Miete mit mir und zwei ziemlich braven Katzen geteilt hätte.

Aber ich hatte jetzt nicht mehr zwei Katzen, sondern drei.

Mit drei Katzen zusammenzuleben war schon eine Zumutung, vor allem wenn eine von ihnen so aktiv wie fünf Katzen war. Und ich machte mir immer noch so große Sorgen um Homers Sicherheit, dass die Einschränkungen, die ich einer Mitbewohnerin auferlegt hätte, wohl unfair und unattraktiv gewesen wären. Zudem besaß Homer inzwischen nicht nur ein Supergehör und einen fantastischen Geruchssinn, sondern er war auch superschnell. Er wollte unbedingt wissen, was auf der anderen Seite der Haustür los war, durch die Menschen verschwanden und erst nach Stunden wieder auftauchten. Kaum hörte er draußen Schlüssel klirren, rannte er in atemberaubendem Tempo zur Tür – weniger Katze als ein kometenhafter schwarzer Fleck – und zwängte sich selbst durch den schmalsten Spalt zwischen Tür und Rahmen. Einige Male hatte er schon die halbe Einfahrt überquert, bevor Melissa oder ich ihn einfangen konnten.

Doch eines konnten wir Homer *niemals* erlauben: sich im Freien zu verirren. Um die Pläne unseres kleinen Möchtegern-Houdinis zu vereiteln, mussten wir seitwärts durch die Haustür gehen, damit der Spalt so schmal wie möglich blieb. Wir hatten gerade noch so viel Platz, dass wir uns hindurchzwängen konnten, und wir streckten ein Bein auf Homer-Höhe aus, um ihn am Durchschlüpfen zu hindern.

Wie konnte ich von einer Fremden erwarten, so zu leben? Wie konnte ich jemandem kindersichere Toiletten und eng schließende Gleittüren an den Schränken zumuten (Homer war überaus geschickt darin, sie zu öffnen), ohne dass man mich für eine Spinnerin hielt?

Und selbst wenn ich jemanden finden sollte, der dazu bereit war – wem konnte ich vertrauen? Für mich kamen nur Menschen als Mitbewohner infrage, denen ich hundertprozentig vertrauen konnte und die nie nachlässig wurden. Wo sollte ich eine solche Person finden?

Auf diese Frage gab es keine gute Antwort. Wenn ich Homer behalten wollte, brauchte ich eine eigene Wohnung. Aber die konnte ich mir ebenso wenig leisten – es sei denn im übelsten Viertel Miamis –, wie ich Homer das Augenlicht zurückgeben konnte.

Als meine Überlegungen diesen Punkt erreicht hatten, begann ich, ernsthaft über Melissas Forderung nachzudenken (es war eine Forderung und kein Angebot, weil sie Homer liebte und ihn fast ebenso gern behalten wollte wie ich). Es wäre schön, wenn ich nun sagen könnte, dass ich ihren Vorschlag nicht ernsthaft in Betracht zog, dass ich feierlich erklärte: *Wo immer ich hingehe, dieses Kätzchen geht mit!*

Aber ich dachte wirklich darüber nach.

Ich redete mir sogar ein, Homer habe es bei Melissa auf lange Sicht besser. Eines der größten Probleme für eine blinde Katze besteht darin, ihren Lebensraum kennenzulernen. Ein plötzlicher Umzug in ein neues Heim wäre für Homer ein harter

Schlag gewesen. Er kannte Melissas Haus genau, und sie würde wahrscheinlich noch eine Weile darin wohnen.

Er hat nur 48 Stunden gebraucht, um sich in Melissas Haus zurechtzufinden, sagte ich zu mir selbst. *Wenn du ihn nicht mitnehmen willst, dann tu nicht so, als läge es daran, dass eine neue Wohnung ihn deiner Meinung nach traumatisieren würde.*

In den nächsten Tagen wartete ich auf eine Art Offenbarung, auf einen Augenblick kristallklarer Einsicht, der mir den rechten Weg zeigen würde.

Aber dieser Moment kam nie. Stattdessen fielen mir viele kleine Dinge ein. Zum Beispiel war ich die Einzige, die wusste, wann Homer tief schlief und nicht etwa halb wach war – das merkte ich an der leichten Spannung seiner Gesichtsmuskeln, die normalerweise die Augenlider geschlossen und geöffnet hätten. Auch bei einem plötzlichen Luftzug kontrahierten diese Muskeln und schlossen Lider, die nicht da waren, um Augen zu schützen, die er nicht hatte.

Ich bemerkte, dass Homer nie damit zufrieden war, nur neben mir zu liegen. Wenn er neben mir schlafen wollte, drückte er sein Gesicht an die Außenseite meines Oberschenkels, drehte dann leicht den Kopf und rutschte bis zu meinem Knie hinunter, bis er seine Schlafstellung gefunden hatte: so eng wie möglich an mich gepresst und mit möglichst viel Kontakt. Wenn er allein schlief, rollte er sich zu einem kleinen Ball zusammen, wickelte den Schwanz um die Nase und legte die Vorderpfoten übers Gesicht. Melissa und ich lachten, weil er aussah, als wolle er selbst den kleinsten Lichtstrahl daran hindern, seinen Schlaf zu stören. Aber er hätte natürlich kein Licht auf seinem Gesicht wahrnehmen können. Ich wusste jedoch, dass Homer sich im Schlaf immer verwundbar fühlte, einerlei, wie wagemutig er spielte. Nur wenn er auf oder neben mir schlief, lag er manchmal auf der Seite. Die Pfoten zog er auch dann ein, aber er legte sie nicht schützend um den Körper.

Ich hatte wichtige Entscheidungen zu treffen. Aber bisweilen hilft Logik nicht weiter. Wenn Homer im Schlaf die Pfoten über die Stelle legt, wo seine Augen hätten sein sollen, brach es mir das Herz. *Zu spät, zu spät!*, dachte ich mit einem Anflug von Mitleid, das unangebracht schien, wenn er wach und übermütig war. Er vertraute mir, mehr als jedem anderen Menschen. Hatte ich mir nicht vorgenommen, stark zu sein und mein Leben um Homers Liebe herum aufzubauen? Das war noch gar nicht so lange her. Die Lage hätte viel schlimmer sein müssen, als sie war, damit einer von uns ohne den anderen besser zurechtgekommen wäre.

Also war ich wieder bei meiner unmöglichen Situation. Ich brauchte eine eigene Wohnung, konnte sie mir aber nicht leisten. Ich konnte es mir leisten, mit jemand anderem zusammenzuwohnen, aber ich konnte mit niemandem zusammenwohnen und gleichzeitig Homer behalten. Und ich konnte Homer nicht hergeben, weil …

Weil ich es einfach nicht konnte.

An diesem Punkt hatte ich endlich doch eine Offenbarung.

Wenn mein derzeitiges Gehalt für mich und Homer nicht ausreichte, musste ich eben einen neuen Job suchen. Während meiner Arbeit in der gemeinnützigen Organisation hatte ich einiges gelernt, was mir in der Privatwirtschaft sicherlich zugutekommen würde. Ich schrieb Rundbriefe und Pressemitteilungen, ich organisierte Veranstaltungen der Zweigstellen sowie Projekte für freiwillige Helfer und Sponsoren, und ich brachte Zeitungs- und Fernsehjournalisten dazu, über das alles zu berichten. Ich kümmerte mich ums Budget und war bei vielen Anlässen die Vertreterin meiner Organisation in der Öffentlichkeit. Und ich war aufgeschlossen und konnte gut mit Menschen umgehen. Das hörte sich sehr nach den Jobs an, die Freunde von mir hatten und bei denen es um Public Relations und Eventmarketing ging. Selbst Leute, die noch jung waren und nur ein Anfangsgehalt bekamen, verdienten gut 50 Prozent mehr als ich.

Aber ich wusste auch, dass mir solche Jobs nicht einfach zufliegen würden. Die anderen hatten am College Marketing oder Kommunikation als Hauptfach studiert (mein Hauptfach war Kreatives Schreiben gewesen), im Sommer als Praktikanten gearbeitet und zunächst monatelang freiberuflich für ihre Firma gearbeitet.

Wenn ich neu anfangen musste und wenn dafür Praktika und freiberufliche Jobs notwendig waren, wollte ich das alles auf mich nehmen. Ich war sogar zu Nebentätigkeiten bereit – zum Beispiel als Barkeeperin oder Kellnerin am Abend –, damit ich tagsüber eine gering oder gar nicht bezahlte Arbeit annehmen und Erfahrungen sammeln konnte. Irgendwann würde ich dann eine feste Anstellung bekommen.

Aber jetzt stand ich wieder dort, wo ich begonnen hatte – denn selbst wenn ich zu alldem bereit war, konnte ich mir kurzfristig kein eigenes Apartment leisten. Dieser Plan würde sich vielleicht in einem oder zwei Jahren auszahlen, doch ich brauchte *jetzt* ein neues Zuhause für uns.

In diesem Augenblick hatte ich meine zweite Offenbarung.

Ich rief meine Eltern an.

Das kostete mich einige Überwindung. Wieder zu meinen Eltern zu ziehen war das allerschlimmste Szenario, an das ich nicht einmal hatte denken wollen. Nichts wäre ein größerer Rückschritt im Leben gewesen. Kein anderer Plan hätte so laut und deutlich verkündet: *Ich bin nicht wirklich erwachsen und kann nicht wirklich für mich selbst sorgen.*

»Natürlich kannst du bei uns wohnen«, sagte meine Mutter. »Und natürlich darfst du die Katzen mitbringen.«

Ich wusste, dass diese Entscheidung auch ihr nicht ganz leichtfiel. Meine Eltern mochten prinzipiell keine Katzen und hatten zudem zwei Hunde, die zu meiner Familie gehörten, seit ich die Highschool besucht hatte. Alle würden sich an die neue Situation anpassen müssen – und mit »alle« meine ich nicht nur die Katzen und Hunde.

»Bist du sicher, dass das geht?«, fragte ich meine Mutter. »Ich weiß doch, dass ihr Katzen nicht mögt.«

»Aber wir lieben dich«, antwortete meine Mutter, »und du liebst Katzen.«

Dann lachte sie und sagte: »Übrigens, wenn du glaubst, ein Leben mit Katzen sei das größte Opfer, das dein Vater und ich als Eltern erbringen könnten, dann weißt du nicht, was es bedeutet, Eltern zu sein.«

Vielleicht nicht. Aber allmählich bekam ich eine Ahnung davon.

8 DIE BALLADE VON EL MOCHO

Es ist verwunderlich, wie er verehrt wird und Freunde gewinnt
in jeder Stadt und in jedem Land, das er besucht.

Homer, *Odyssee*

Selbst ohne die Katzen wäre es eine enorme Veränderung gewesen, wieder bei meinen Eltern einzuziehen. Würden sie mich
behandeln, als wäre ich noch in der Highschool, und mich jedes Mal verhören, wenn ich ausging, und sich erkundigten, mit
wem ich mich treffen und wann ich zurückkommen würde?
Würden sie elterliche Regeln aufstellen, zum Beispiel was die
Ordnung in meinem Zimmer betraf?

Mit den Katzen war alles noch komplizierter. Ich wollte nach
Wegen suchen, die Katzen von meinen Eltern fernzuhalten und
von den Hunden zu trennen, ohne die Freiheit aller zu sehr ein-
zuschränken. Hinzu kam noch das übliche Chaos bei einem
Umzug: Man musste Kartons auspacken, Regale füllen, Dinge
sortieren und unterbringen. Mir war klar, dass es mindestens einige Wochen dauern würde, bis ich meine Katzen ins Haus meiner Eltern holen konnte.

Also beschloss ich, mein zweites schwieriges Telefongespräch
seit vielen Wochen zu führen. Ich rief Jorge an.

Er wohnte immer noch in dem Haus, das wir beide mit Scarlett und Vashti geteilt hatten. Die zwei kannten das Haus, und
sie kannten Jorge. Homer kannte beide nicht, aber Jorge gehörte
zu einer Großfamilie, die noch verrückter nach Tieren war als
ich. Er war mit mehr Katzen, Hunden, Vögeln, Rennmäusen,

Hamstern und Goldfischen aufgewachsen als alle anderen Menschen, die ich kannte.

Wir hatten seit unserer Trennung einige Male miteinander gesprochen, so angespannt und unbeholfen, wie man mit seinem Ex in den ersten Wochen nach dem Bruch eben spricht. Der Tenor lautet dann: *He, wir können doch Freunde bleiben.* Aber diese Gespräche waren im Laufe der Monate seltener geworden. Und am Ende jeder Unterhaltung erinnerte ich mich klar und deutlich, warum wir uns getrennt hatten. Ich war sicher, dass Jorge genauso dachte.

Trotzdem, wenn mich jemand gefragt hätte, wem ich meine Katzen anvertrauen würde, wenn ich nicht selbst für sie sorgen konnte, hätte ich ohne Zögern Jorge genannt.

Jorge war mehr als zuvorkommend, als ich ihn bat, die drei Katzen zwei Wochen lang aufzunehmen, während ich mich im Haus meiner Eltern einrichtete. »Ich würde Scarlett und Vashti gern wiedersehen«, sagte er. »Und ich werde mich gut um Homer kümmern.«

Ich informierte Jorge kurz darüber, was Homer tun durfte und was nicht (»Ich rate dir, keinen Thunfisch im Haus aufzubewahren, solange er bei dir ist«) und welche Probleme in letzter Zeit neu aufgetreten waren. Es stellte sich nämlich heraus, dass die meisten Katzenfuttermarken bei Homer enorme Blähungen auslösten – es war erstaunlich, dass eine kleine Katze derart üble Gerüche in solchen Mengen von sich geben konnte. Vashti hatte vor Kurzem an einer Darmentzündung gelitten und fraß vorübergehend kein Trockenfutter. Die Fütterung war also schwieriger als sonst. Ich versprach, Jorge mit allem auszurüsten, was er brauchte, um die Katzen zu versorgen, und einige Tipps für ihn zu notieren.

Meine einzige Sorge war, wie Homer die Trennung verkraften würde. In den sechs Monaten, seit ich ihn mit nach Hause genommen hatte, war er nie länger als 24 Stunden von mir getrennt gewesen. Als ich die Katzen zu Jorge brachte, tat ich ein halbes Dutzend Mal so, als hätte ich etwas vergessen, nur um einen letzten Blick auf Homer zu werfen. Irgendwann murmelte ich etwas von einem Lippenstift, der mir *bestimmt* aus meiner Handtasche gefallen sei, und Jorge sagte genervt: »*Geh!* Ich habe länger als du Katzen gehalten. Wir werden schon miteinander auskommen.«

Ich wartete zwei Tage, bevor ich wieder zu Jorge fuhr, um nach den Katzen zu sehen, aber ich rief ihn jeden Abend an und erkundigte mich nach ihnen, vor allem nach Homer. »Es geht ihm gut«, versicherte mir Jorge. »Er hat hier eine Menge Spaß.«

Ich fand bald heraus, warum. Als ich zu meinem ersten Besuch kam, erblickte ich zuerst einen Freund von Jorge, der einen Handteller hoch in die Luft streckte, auf dem Homer bäuchlings lag. Alle vier Beine baumelten herab. Der Mann wirbelte mit Homer herum und imitierte dabei Flugzeuggeräusche.

»Um Gottes willen!«, rief ich. »Bist du *verrückt? Lass ihn sofort runter!*«

Jorges Freund schaute mich verdutzt und beschämt an und gehorchte sofort. Homer taumelte einen Augenblick, als wäre er betrunken, doch nachdem er sein Gleichgewicht wiedergefunden hatte, legte er flehend die Pfoten an die Beine des Mannes. *Noch einmal! Noch einmal!*

»Siehst du! Es gefällt ihm!«, bekräftigte Jorges Freund stolz. Dann ahmte er den tiefen Tonfall eines Ansagers beim Wrestling nach und fügte hinzu: »Er ist nämlich *El Mocho*, die Katze ohne Furcht!«

Ich hob eine Augenbraue und fragte Jorge: »*El Mocho? *Ist das jetzt sein Name?«

Jorge grinste und zuckte die Achseln. »Tja, du weißt ja, solche Dinge entwickeln sich von selbst.«

Mocho ist spanisch und bedeutet »verkrüppelt«. Es bezeichnet auch etwas, was abgehackt wurde, zum Beispiel einen Baumstumpf. Homer »*El Mocho*« zu nennen hieß im Grunde, ihn »Stumpfy« oder »Krüppel« zu nennen.

Das hört sich nicht sehr schmeichelhaft an, aber für Spanier sind Spitznamen unerlässlich, wenn sie eine Liebeserklärung machen. Was in anderen Sprachen schlicht beleidigend klingen würde, ist im Spanischen ein Zeichen tiefer Zuneigung.

»Er mag seinen neuen Namen«, bestätigte Jorges Freund. »Schau mal. *Ven aca. Mochito.*« Homer spitzte die Ohren, trottete sofort zu ihm und setzte sich erwartungsvoll auf die Hinterbeine.

»O Homer«, sagte ich traurig. »Hab doch ein bisschen Würde.«

»Er hat nichts anderes als Würde«, protestierte Jorges Freund. Seine Augen blitzten humorvoll. »Er ist *El Mocho*. Und es ziemt sich für *El Mocho*, allen Feinden auf dem Schlachtfeld würdevoll und ehrenhaft zu begegnen.«

Selbst ich musste darüber lachen.

Homer passte sich Jorges Haus mit einer Begeisterung an, die mich fast unruhig machte. Jorge berichtete, Homer habe nach einem, spätestens nach zwei Tagen gelernt herumzulaufen, ohne irgendwo anzustoßen. Und er betete Jorges Freunde geradezu an. Alle bestanden darauf, ihn *El Mocho* zu nennen.

Homer war daran gewöhnt, mit Mädchen zusammenzuleben, von denen, wie sich nun herausstellte, keines bereit gewesen war, mit ihm zu raufen, wie er es gern gehabt hätte. Jorge und seine Freunde freuten sich dagegen, wenn sie mit ihm Fangen spielen und ihn um die Möbel herumjagen durften. Das Spiel endete damit, dass Homer unter einem Bett oder hinter einem Tischbein hervorsprang und ihre Knöchel attackierte. Sie warfen und wirbelten ihn fast zwei Meter durch die Luft (das erfuhr ich erst später, denn nach diesem ersten Vorfall achteten sie darauf, es nicht zu tun, wenn ich anwesend war) oder rollten ihn auf den Rücken und rangen mit ihm. Während eines Besuches bemerkte ich, dass Homer sich sofort auf den Rücken drehte und mit einem Bein wie in Panik herumfuchtelte, wenn einige Freunde von Jorge hereinkamen. *Los, kommt – kämpfen wir!*

»Nachts läuft er schreiend im Haus herum«, erzählte mir Jorge nach der ersten Woche. »Er will nicht bei mir schlafen. Er schläft nur bei Scarlett. Ich glaube, er vermisst dich.«

Ich spürte Gewissensbisse. Allerdings muss ich beschämt zugeben, dass ich mich auch freute. Das war immerhin ein kleines Zeichen dafür, dass Homer mich vermisste, zumindest ein bisschen.

»Und wo schläft Scarlett?«, fragte ich.

»Überall, wo ich nicht bin.« Jorge lachte kleinlaut. »Du bist die Einzige, zu der sie jemals nett war.«

»Nur noch eine Woche«, versprach ich.

Aber die Katzen blieben keine weitere Woche bei Jorge. Am neunten Tag rief er mich an. »Jemand hat überall im Haus gepinkelt«, sagte er.

»He, ich predige dir seit Jahren, dass du deinen Freunden nicht so viel Bier geben sollst.«

»Ich meine es ernst, Gwen.«

Ich seufzte. »Okay, tut mir leid. Wer war es und wo?«

»Ich hab niemanden auf frischer Tat ertappt. »Aber er oder sie hat auf das Sofa, meinen Wäschekorb mit allen meinen Kleidern und meine neue Lederjacke gepisst. »Er machte eine Pause. »Ich glaube, es war Scarlett.«

»Es war nicht Scarlett«, erwiderte ich sofort, »sondern Vashti.«

»Hat sie das schon einmal gemacht?« Er klang verärgert, und ich merkte, dass er sich fragte, warum ich dieses kleine Problem nicht erwähnt hatte, obwohl ich sonst so penibel war.

»Nein, hat sie nicht. Aber ich bin sicher, dass sie es war.«

»Wie kannst du so sicher sein, wenn sie es noch nie gemacht hat?«

»Eine Mutter weiß das«, sagte ich ironisch.

Im Grunde war es ein einfaches Ausschlussverfahren. Ich wusste, warum Jorge dachte, Scarlett sei die Sünderin. Scarlett hatte, wie bereits erwähnt, soziale Probleme, weil sie so unfreundlich war. Sie war so »gemein«, dass sie genau die Art von Katze zu sein schien, die aus reiner Bosheit jemandes Haus hemmungslos beschmutzen würde.

Doch so unartig Scarlett (zu anderen Leuten) auch sein mochte, sie war sehr penibel, was ihre Toilette betraf. Sie stellte Mindestanforderungen, wenn es um Reinlichkeit, bestimmte Arten von Streu und ein gewisses Maß an Privatsphäre ging. Darauf bestand sie unnachgiebig. Ich konnte mir nicht vorstellen, dass sie etwas so Plebejisches tat. *Irgendwohin* urinieren wie eine Straßenkatze?

Was Homer anbelangte, so wusste er nicht einmal, was Boshaftigkeit war, und es handelte sich hier eindeutig um Boshaftigkeit.

Also blieb nur Vashti übrig. Das ergab Sinn, wenn ich es mir überlegte. Ihr war es von allen am schlechtesten gegangen, als ich sie zu mir genommen hatte. Homer und Scarlett hatten erst einige Tage beim Tierarzt verbracht, wo man sie behandelt und gefüttert hatte, ehe sie eine neue Familie gefunden hatten. Vashti war von einem Lehrerkollegen meiner Mutter in der Grundschule gefunden worden. Sie sperrten sie in einen Werkzeugschrank, damit sie nicht weglief, und meine Mutter tat das Einzige, was sie für eine Katze tun konnte: Sie rief mich an.

Ich war während meiner Mittagspause zu ihrer Schule gefahren. Unterwegs hatte ich kurz vor der Tierhandlung angehalten und einen kleinen Korb und etwas Babybrei gekauft. Dann hatte ich Vashti mit in mein Büro genommen. An diesem ersten Tag hatte ich ernsthaft geglaubt, ihre rosa Nase sei schwarz, so schmutzig war sie. Durch die kahlen Stellen auf ihrer Haut, eine Folge der Räude, spürte ich ihre vorstehenden Knochen, und ihre Ohren waren blutig und geschwollen, weil Milben darin hausten. Den ganzen Nachmittag wärmte ich Vashti auf meinem Schoß und flößte ihr mit einer Pipette Babybrei ein, bis ich sie am Abend in die Tierarztpraxis bringen konnte. Am nächsten Morgen nahm ich sie mit zu uns nach Hause.

Das war eine andere Situation als bei Scarlett und Homer. Vashti glaubte wohl aufrichtig, ich hätte ihr das Leben gerettet. Darum lag ungetrübte Heldenverehrung in ihren Augen, wenn sie mich ansah. Ich hatte nicht daran gedacht, wie schwer es ihr fallen würde, in Jorges Haus zurückgelassen zu werden, im ersten Haus, das sie je gekannt hatte. So wie ich ihre »Mutter« war, war Jorge ihr »Vater«. Wir hatten sie gemeinsam aufgenommen, und ich wusste, dass er sie liebte.

Vashti liebte ihn auch. Aber als ich Jorge einmal zu oft besucht hatte, ohne sie mitzunehmen, hatte es in ihrem Kopf wohl »klick« gemacht. Anscheinend hatte sie gedacht, ich hätte sie zurück zu Jorge gebracht, um sie für immer bei ihm zu lassen und nie mehr mit ihr zusammenzuleben. Ich vermutete, das Vashti mir eine Botschaft übermitteln wollte: *Ohne meine Mama will ich nirgendwo leben.*

Mein Verdacht bestätigte sich am nächsten Tag, als Jorge mir am Telefon sagte, er habe Vashti erwischt, als sie auf seinen Herd pinkelte. Da man ihre Warnung bisher missachtet hatte – denn sie war ja immer noch bei Jorge und nicht bei mir –, hatte sie offenbar beschlossen, ihren Protest auf die Spitze zu treiben. Ich wunderte mich darüber, dass Vashti auf den Herd gesprungen war. So viel ich wusste, hatte sie ihr Leben lang nicht einmal die halbe Sprunghöhe bewältigt.

»Tut mir leid«, sagte Jorge. »Aber sie muss gehen.«

»Ich komme heute Abend und hole alle drei ab«, erwiderte ich.

Es war nie einfach, die Katzen in ihre Boxen zu sperren. Doch diesmal kletterte Vashti so bereitwillig hinein, als würde sie auf meinen Schoß kriechen. Ich setzte Homer zuletzt hinein. Da er den Korb nicht sehen konnte, lief er nicht weg, um sich zu verstecken, als ich die beiden anderen hinausbrachte. Während der letzten Minuten in Jorges Haus spielte er mit Jorges Freunden vom *El-Mocho*-Fanclub, die zum Abschied gekommen waren. Sie hielten kleine Stückchen Thunfisch in die Luft – Jorge hatte der Versuchung nicht widerstehen können, doch welchen zu kaufen – und ermutigte Homer, senkrecht nach oben zu springen und ihnen den Fisch aus den Fingern zu reißen: »*Salta, Mochito!*« Als ich Homer in seine Box setzte, riefen Jorges Freunde: »Nein, nein! Die beiden anderen können gehen, aber *El Mocho* muss bleiben!«

»Du weißt, dass er bleiben darf, wenn das für dich einfacher ist«, sagte Jorge.

Es war erstaunlich, wie die Angebote sich häuften, mir Homer wegzunehmen. Immerhin war er ein Kätzchen gewesen, das niemand haben wollte.

»Tut mir leid, Jungs«, sagte ich. »Sie sind nur als Paket zu haben.«

»An dieser Katze ist wirklich etwas Besonderes«, bemerkte Jorge stolz. Er rieb Homer zum letzten Mal hinter den Ohren, bevor ich die Box schloss.

Ich lächelte. »Hoffen wir, dass meine Eltern auch so denken.«

Diese Episode in Homers Leben brachte mir nun einen einzigen Gewinn (ich benutze das Wort *Gewinn*, weil es mich fast in den Konkurs trieb, um Jorge den Schaden zu ersetzen, den Vashti angerichtet hatte): Ich war jetzt viel weniger besorgt, was Homers Fähigkeit betraf, im Haus meiner Eltern zu leben. Trotz aller Sorgen, die ich mir im Laufe der Jahre um Homer machte, zweifelte ich nie daran, dass er sich neuen Wohnungen und Menschen anpassen konnte. Sogar die Hunde meiner Eltern – über sie hatte ich mir lange den Kopf zerbrochen – schienen Homers Glück nicht mehr ernsthaft zu bedrohen.

Denn er war *El Mocho*, die Katze ohne Furcht.

Viva El Mocho!

9 WENN HUND UND KATZ ZUSAMMENLEBEN …

*Nichts ist einem Manne teurer als sein Land und seine Eltern,
und selbst wenn er anderswo ein noch so prächtiges Haus besitzt,
liegt ihm nichts daran, wenn es weit von seinem Vater
oder seiner Mutter entfernt ist.*

Homer, *Odyssee*

Vielleicht war es unfair zu behaupten, dass meine Eltern Katzen nicht mochten. Ich hätte mich genauer ausdrücken sollen: Mein Vater, der eine eigene Buchprüfungsfirma für Ärzte besaß, war weniger ein Katzenfeind als ein überzeugter Hundefreund. Aber was Tiere im Allgemeinen betraf, war er empfindsamer als fast alle anderen Menschen, die ich kannte. Er gehörte zu den Leuten, die imstande waren, die Gefühle eines Tieres wahrzunehmen und darauf zu reagieren. Es war mehr als bloßes Mitgefühl – es kam mir beinahe vor wie eine unmittelbare Kommunikation. Jeder der streunenden, misshandelten und verlassenen Hunde, der im Laufe der Jahre unser Schützling gewesen war, hatte meinen Vater innig geliebt, einerlei, wie traumatisiert oder scheu er gewesen war. Bei meiner ehrenamtlichen Arbeit in Tierheimen hatte ich immer an meinen Vater gedacht und gehofft, wenigstens einen Teil seiner mysteriösen Gabe geerbt zu haben.

Meine Mutter wiederum hatte als kleines Kind gesehen, wie eine Katze einen Vogel getötet hatte. Auch sie empfand tiefes Mitgefühl für fast jedes Tier, aber dieser Vogelmord, wie sie es nannte, machte es ihr unmöglich, für Katzen das Gleiche zu fühlen wie für Hunde.

»Katzen sind nicht so liebevoll und treu wie Hunde«, sagte sie
oft. Damit beleidigte sie indirekt auch meine Katzen, und ich
war versucht, sie zu fragen, was sie zu einer solchen Behauptung
berechtigte – sie hatte ja nie mit Katzen zusammengelebt.

Aber ich hielt lieber den Mund, denn ich dachte an die sinnlosen politischen Streitgespräche am Esstisch, die wir in meiner
Jugend geführt hatten. Offenbar war ich reifer geworden, seit ich
zu Hause ausgezogen war.

Nun wollten meine Eltern uns vier trotz ihrer Abneigung gegen Katzen Unterschlupf gewähren. Sie waren bereit, mir zuliebe Opfer zu bringen, obwohl wir uns damals nicht so nahe standen, wie es uns vielleicht möglich gewesen wäre. Zwischen ihnen
und mir gab es keine Feindseligkeit, aber wir setzten uns immer
noch mit der Tatsache auseinander, dass ich jetzt erwachsen war,
während einige meiner Freundinnen den Übergang ins Erwachsenenalter scheinbar mühelos geschafft hatten. Ich glaubte oft
einen typisch elterlichen Ton herauszuhören, wenn sie mit mir
redeten, und das passte mir gar nicht, zumal meine Selbstsicherheit zu wünschen übrig ließ. Nichts erhoffte ich mehr, als dass
sie stolz auf mich waren. Aber mein Leben nach dem College
lieferte ihnen offenbar nur wenige Gründe dafür, abgesehen davon, dass ich eine gescheiterte Beziehung hinter mir hatte und so
pleite war, dass ich wieder bei ihnen wohnen musste.

Dennoch waren meine Eltern bereit, uns vier bei sich aufzunehmen, und ihr Haus sogar in »Katzenzonen« und »Hundezonen« aufzuteilen. Casey, ein gelber Labradormischling, und
Brandi, ein kleiner Cockerspaniel, lebten bei meiner Familie seit
ich Teenager war. Sie waren immer ganz ausgelassen vor Freu

de, wenn ich meine Eltern besuchte. Dann folgten sie mir auf Schritt und Tritt und sahen traurig aus, wenn ich mich der Haustür näherte – das erinnerte sie daran, dass ich bald wieder gehen und dann tage- oder wochenlang nicht zurückkommen würde. Wenn ich über Nacht blieb, schliefen beide bei mir im Bett, so wie sie es getan hatten, als ich die Highschool besuchte.

Als ich einmal etwa eine Woche lang bei meinen Eltern wohnte, gewöhnten sie sich ein wenig daran und folgten mir nicht mehr *überallhin.* Damit rechnete ich auch jetzt, denn die gegenseitige Rücksichtnahme, auf die ich hoffte, wäre bedroht, wenn sowohl die Katzen als auch die Hunde um meine Zeit und Zuwendung buhlen würden.

Aber mir war klar, dass die Diplomatie ihre Grenzen hatte. Die Animosität zwischen Katzen und Hunden ist uralt, und weder meine Katzen noch die Hunde meiner Eltern hatten jemals ihre Unterkunft mit Mitgliedern der Opposition teilen müssen. Deshalb beherzigten wir den Rat: »Gute Zäune, gute Nachbarn«, und ich holte die hölzernen kindersicheren Gatter aus dem Schuppen, die meine Eltern benutzt hatten, als ich und meine jüngere Schwester kleine Kinder gewesen waren. »Ich wusste, dass wir sie noch einmal brauchen würden«, sagte meine Mutter, nicht ohne mir einen Blick zuzuwerfen, der bedeutete: »*Natürlich haben wir sie für unsere Enkel aufgehoben.*

Das Gatter wurde mit Saugnäpfen an den Wänden befestigt und reichte einem durchschnittlichen Erwachsenen etwa bis zur Taille. Wir stellten es dort auf, wo ein Gang sich vor meinem Schlafzimmer und einem anderen Zimmer teilte. Beide waren mit einem Badezimmer verbunden. Diese drei Zimmer konnten die Hunde also nicht betreten. Ich putzte überall gründlich, um möglichst viel von dem Angst einflößenden Hundegeruch zu beseitigen. Dann stellte ich Katzenbetten, Kratzbäume, ein Katzenklo sowie Futternäpfe und Wasserschalen auf. Das neue Heim der Katzen war komplett.

»Na, was sagt ihr?«, fragte ich sie, als wir zu Hause angekommen waren.

Scarlett und Vashti krochen vorsichtig aus ihren sicheren Boxen, mit der Nase am Boden und mit gespitzten Ohren. Casey bellte im anderen Zimmer, und sie verkrochen sich sofort unter dem Bett. Es dauerte zwei Stunden, bis ich sie dazu brachte, mehr als ihre Schnurrhaare unter der Tagesdecke hervorzustecken, einem Relikt aus meiner Kindheit.

Homer hingegen blieb gelassen. Seine Ohren zuckten kurz, als Casey bellte, aber er war mehr daran interessiert, die Umgebung zu erforschen. In meinem Kinderzimmer lag noch der Teppich aus den Siebzigerjahren, und so einem Ding war Homer nie zuvor begegnet. Ein paar Minuten lang stakste er vorsichtig durch die Teppichfäden, die ihm halb bis zum Kinn reichten. Er glich einem schwarzen Minipanther, der durch eine hellblaue Savanne streift. Als er merkte, wie gut seine Bodenhaftung auf dem Teppich war – viel besser als auf den Hartholz- und Kachelböden, an die er gewöhnt war –, begann er zu rennen. Er sauste in Kreisen durch den Raum und prallte von Möbeln und Wänden ab wie ein Gummiball, der von einer Schleuder abgeschossen wurde. *Hurra! Schau mal, wie schnell ich hier bin!* »Er ist ein kleiner Spinner, nicht?«, sagte meine Mutter, die sich einen kurzen Blick ins Zimmer nicht hatte nehmen lassen.

»Ach, wenn du wüsstest …«, erwiderte ich.

Entgegen meiner Befürchtungen vor meinem Einzug mischten sich meine Eltern kaum in meine täglichen Aktivitäten ein.

Wenn ich ausging, sagte ich ihnen meist, wohin ich ging und wann ich ungefähr zurückkommen würde, aber diese Höflichkeit hätte ich auch netten Mitbewohnern in meinem Alter entgegengebracht. Die meisten meiner Freunde lebten noch am South Beach, und daher waren lange Nächte unvermeidlich. Aber meine Eltern verzichteten auf zudringliche Fragen.

Eines hatte ich allerdings nicht erwartet: dass sie mir Ratschläge zum Umgang mit Katzen geben würden.

»Ich glaube, du gibst ihnen nicht oft genug frisches Wasser«, erklärte meine Mutter eines Nachmittags, einige Wochen nach unserem Einzug. »Ich habe nachgeschaut, als du fort warst, und Vashti stand vor ihrer Wasserschale und sah mich traurig an. Ich habe ihr frisches Wasser geholt, und das arme Ding führte sich auf, als habe sie seit Tagen kein sauberes Wasser mehr gesehen.«

Ich wechselte das Wasser zweimal täglich, morgens und abends. Und die »arme Vashti« war eine gute Schauspielerin, wenn es um ihre Wasserschale ging. Vashti war eine Katze, die seltsamerweise von Wasser besessen war. Sie liebte es, die Pfoten unter laufendes Wasser zu halten, sie bis zu den Schultergelenken in volle Trinkgläser zu tauchen und sich in Duschkabinen herumzuwälzen, während die Fliesen noch nass waren. Das Füllen ihrer Wasserschale war für sie einer der Höhepunkte des Tages. Das verführerische Schwappen des Wassers, wenn ich eine volle Schale auf den Boden setzte, hypnotisierte sie geradezu, und sie gab morgens keine Ruhe, ehe ich dieses tägliche Wunder für sie bewirkt hatte.

Das wollte ich meiner Mutter eben erklären, als mir ein neuer Gedanke kam. »Warte mal – warum warst du überhaupt bei ihnen?«

»Na ja, ich wollte Vashti Hallo sagen«, antwortete sie. Sie betonte Vashtis Namen so, als bestünde ein Unterschied zwischen *Katzen*, die sie nicht mochte, und *Vashti*, die ein gewisses Interesse verdiente. »Schließlich habe *ich* sie gefunden, als sie ein winziges Kätzchen war.«

»Ja, stimmt.« Ich lächelte. »Und du hast für sie ein gutes Zuhause gefunden, in dem sie so viel frisches Wasser bekommt, wie sie braucht.«

Einige Tage später machte mein Vater ebenfalls einen Vorschlag. »Ich glaube, die Katzen haben nicht genug Spielzeug«, sagte er. Er gehörte zu jenen gutmütigen Vätern, die alle paar Tage neue Spielsachen für die Hunde mitbrachten. Er trieb es soweit, dass das ansonsten tadellos saubere Haus wie ein Friedhof für Kauspielzeug aussah. »Du solltest mehr Spielsachen für sie kaufen.«

»Sie sind keine Hunde, Dad«, erklärte ich. »Gekauftes Spielzeug mögen sie nicht.« Das stimmte, abgesehen von dem Wurm, den Homer immer noch innig liebte. Der Sack, in dem neue Spielsachen in der Wohnung ankamen, war immer ein Abenteuer wert – ein großer Papiersack war eine vorzügliche Katzenfestung. Den Kassenbon konnte man zu einem Ball zerknüllen, herumstoßen und jagen. Die Plastikverpackung war ein wahrer Schatz für Scarlett, die nichts lieber tat, als Kunststoff abzulecken. (Hätten die Katzen dank eines Wünsche erfüllenden Flaschengeistes einen Tag lang sprechen und antworten können, hätte ich zuerst gefragt: *Was ist so toll, Plastik abzulecken?*) Aber die Spielsachen selbst interessierten meine Katzen kaum.

»Du solltest wirklich etwas wegen Scarlett unternehmen«, sagte meine Mutter einmal, als sie mich mit einem Buch und einer schnurrenden Scarlett auf dem Schoß antraf. Sie streckte eine Hand aus, und Scarlett schnupperte daran. Davon ermutigt versuchte sie, Scarlett zu tätscheln, aber sie fauchte und schreckte so heftig zurück, dass ihr Kopf auf mein Brustbein prallte. »Brandi hatte auch Angst vor neuen Leuten, und du weißt ja, wie zutraulich sie jetzt ist.«

»Scarlett fürchtet sich nicht vor Menschen, Mama«, sagte ich. »Sie *mag* keine Menschen.«

Das Problem ließ sich kurz zusammenfassen: Meine Eltern wollten meine Katzen zu Hunden machen. Da sie nie viel Zeit mit Katzen verbracht hatten, versuchten sie, ihr gesammeltes Wissen als Hundebesitzer aus mehr als drei Jahrzehnten bei den seltsamen neuen Geschöpfen anzuwenden, die jetzt bei ihnen lebten. Höchstwahrscheinlich lag es daran, dass ich ihrer Meinung nach mit Haustieren noch nicht viel Erfahrung hatte.

Ich versuchte, ihre Einmischung höflich abzuwehren, aber es war schwer. Ich war das Kind meiner Eltern und verteidigte mich reflexartig, wann immer ich elterliche Kritik witterte. Aber ich war auch die »Mutter meiner Kinder«, die sofort gereizt reagierte, wenn jemand andeutete, dass sie ihre Kleinen nicht gut versorgte oder dass diese anders waren, als sie hätten sein sollen.

Trotzdem war mir klar, dass meine Eltern sich Mühe gaben, und das berührte mich, obwohl ich es nie gut ausdrücken konnte. Sie wollten sich um die Katzen kümmern und Interesse an ihrem Glück und Wohlbefinden zeigen.

Ich hatte befürchtet, meine Eltern würden mich wie ein Kind behandeln. Vielleicht aber taten sie nun ihr Bestes, mich wie eine Erwachsene zu behandeln, indem sie mich als eine Mutter ansahen.

Was Homer anbelangte, hielten meine Eltern sich mit Ratschlägen und konstruktiver Kritik zurück. Das war verständlich. Ein blindes, ja sogar augenloses Haustier war für sie exotisch und rätselhaft. Damit hatten sie keinerlei Erfahrung. Oft sagten sie: »Anscheinend verstehst du ihn *wirklich*«, und beließen es dabei.

Anfangs erregte Homer bei meinen Eltern vor allem Mitleid. Ihrer Meinung war es schrecklich für ihn, auf einige wenige Räume beschränkt zu sein, in denen ich mich nicht unbedingt aufhielt, wenn ich zu Hause war. Homer saß oft am Gatter und heulte jämmerlich, wenn er hörte, wie ich mich in der Küche oder im Flur aufhielt.

»Armes Baby«, sagte meine Mutter dann mit echtem Mitgefühl. »Das Leben muss schwer für ihn sein.«

Natürlich fand Homer nicht sein Leben schwer, sondern seine erzwungene Trennung von mir und den anderen Menschen, die er hören konnte, aber nie traf. Er verstand nicht, dass es eine Welt gab, in der ich mich ohne ihn aufhielt und in der andere Leute lebten, die nicht allein dafür da waren, mit ihm Freundschaft zu schließen und mit ihm zu spielen.

Es dauerte nicht lange, und Homer unternahm seinen ersten kühnen Versuch, das kindersichere Gatter zu überwinden. Ich öffnete es regelmäßig nur so weit, dass ich das Katzenrevier des Hauses betreten oder verlassen konnte. Als ich eines Tages hineinging, zwängte Homer sich irgendwie durch den wenige Zentimeter breiten Spalt zwischen meinem Bein und der Wand, wie Zahnpasta, die man aus einer Tube drückt. Er kam nicht sehr weit, denn da er mit dem Haus nicht vertraut war, musste er schon nach einem Meter stehen bleiben, um sich zu orientieren.

Das war das erste Mal.

Danach war er nicht mehr zu halten. Ich versuchte, ihn auszutricksen, indem ich über das Gatter stieg, anstatt es zu öffnen, aber dadurch brachte ich Homer auf die Idee, selbst hinüberzuspringen. Vashti und Scarlett hätten das locker gekonnt, aber die beiden sprangen nicht sonderlich gern – und sie hatten auch keine Lust, den Hunden jenseits des Hindernisses zu begegnen. Homer hatte keine derartigen Bedenken. Das Einzige, was ihn zurückgehalten hatte, war seine Überzeugung gewesen, dass das Gatter sich bis ins Unendliche erstreckte – seine wahren Dimensionen konnte er ja nicht sehen. Sobald er merkte, dass es nicht einmal einen Meter hoch war, ließ er sich nicht mehr bändigen.

Meine Eltern waren, wie viele Leute von ihnen, erstaunt darüber, wie schnell Homer sich im Haus zurechtfand, nachdem er das Gatter überwinden konnte. Eine scharfe Rechtskurve außerhalb davon brachte ihn in den Hauptflur. Eine ebenso jähe Linkskurve, genau 15 Sätze nach vorn in vollem Galopp, führte ihn ins Wohnzimmer. Eine Couch links am Eingang stand an der Wand und war leicht zu erklettern. Nach vier oder fünf Schritten quer über die Couch konnte er auf einen Beistelltisch hinaufklettern – er stand in einer Ecke zwischen der Couch und einem Zweiersofa – und sich in einem Winkel verkriechen, der für Menschen unzugänglich war, sodass sie ihn nicht fangen konnten. Und wenn ich über die Couch oder um sie herum langte, um ihn zu schnappen, war es einfach genug, durch die Beine des Beistelltisches zu sausen, das Zweiersofa zu erklimmen, hinter mir auf den Boden zu springen und sich mit unbekanntem Ziel davonzustehlen.

»Diese Katze ist total verrückt!«, sagte meine Mutter oft verwundert, wenn sie sah, wie flink, gewandt und frech Homer war.

»Es kann doch nicht so schwer sein, ein blindes Kätzchen zu fangen«, erklärte mein Vater mit leisem Seufzer nach einer Jagd, die ihn hinunter bis in den anderen großen Flur, ins Schlafzimmer meiner Eltern und unter ihr Bett geführt hatte, bevor sie auf dem Schminktisch meiner Mutter zu Ende gegangen war.

Auf jeden Fall war es unvermeidlich, dass Homers Wagemut ihn irgendwann von Angesicht zu Angesicht mit Casey und Brandi konfrontieren würde. Wie Odysseus, der den Zyklopen und Sirenen begegnete, stieß Homer eines Tages zum allererersten Mal auf diese fremdartigen und bis dahin für ihn unvorstellbaren Wesen.

Casey war eine ziemlich große, muskulöse Hündin, aber sie war auch äußerst gutmütig. Als Homer zum ersten Mal (buchstäblich) mit ihr zusammenstieß, fauchte und floh er nicht, wie Scarlett und Vashti es taten, wann immer sie dachten, Casey habe sich dem trennenden Gatter zu weit genähert. Homer plusterte sich auf, so weit seine Haarfollikel es ihm erlaubten, und kauerte sich in Abwehrstellung nieder. Seine Nüstern flatterten, als er einatmete und Caseys Hundegeruch verarbeitete. *Was zum Teufel ist das?* Sein Versuch, größer als Casey zu erscheinen, die fast 40 Kilo wog, wäre komisch gewesen, wenn ich nicht gesehen hätte, wie sehr er sich fürchtete.

Homer streckte zögernd eine winzige Pfote nach vorn, um Caseys Nase und Gesicht zu berühren. Ich schwebte dicht über ihm, bereit, ihn sofort hochzuheben, wenn der Hund knurren oder aggressiv werden sollte.

Casey aber beschnupperte ihn sehr interessiert, während Homer stocksteif dastand und fast den Atem anhielt. Dann senkte sich Caseys große Zunge, größer als Homers Kopf, auf das Gesicht des Kätzchens herab. Homers Gesichtsmuskeln spannten sich an, als wollten sie seine Augenlider angesichts dieser bedrohlichen rauen Feuchtigkeit fest schließen. Unbeeindruckt vom offensichtlichen Widerstreben des Katers begann Casey, ihn gründlich abzulecken.

Ich glaube nicht, dass Homer große Lust hatte, sich von Casey putzen zu lassen, aber er hatte kaum eine Chance, sich davor zu drücken, weil er unter einer ihrer großen Pfoten steckte. So hielt sie den zappelnden Homer fest, während sie ihn von oben bis unten »sauber« leckte. Wäre ich nicht da gewesen und hätte die beiden getrennt, wäre ein zerzauster Homer vom Hundespeichel total durchnässt worden und hätte eine halbe Stunde damit verbracht, indigniert den Hundegeruch wieder abzulecken.

Einerlei, wie sehr wir ein Haustier zu verstehen glauben, sein Geist bleibt manchmal ein Rätsel für uns. Ich weiß nicht, woher Casey, die unserer ganzen Familie überaus treu war, wusste, dass Homer – eine *Katze* – zu uns gehörte. Aber sie verstand es. Als Homer sieben Monate alt war und die Tierärztin ihn kastrieren wollte, saß Casey, wie meine Eltern berichteten, an der Haustür und jaulte 20 Minuten lang, nachdem ich Homer in seinem Korb weggebracht hatte. Als Homer zurückkehrte, bewachte Casey volle zwei Tage lang das Gatter, das sie von dem erschöpften und wieder mal vernähten Homer trennte. Wenn draußen ein Auto eine Fehlzündung hatte oder der Postbote klingelte, sträubte sich Caseys Fell, und sie stieß ein lautes, warnendes Grollen aus. Wann immer Homer während seiner Genesung im Schlaf winselte oder sich umdrehte, kläffte Casey, um mir mitzuteilen, dass ich mich um ihn kümmern sollte.

Brandi brauchte etwas länger, um mit Homer warm zu werden. Sie versteckte gern die Leckerbissen, die meine Eltern ihr gaben, in verschiedenen Winkeln des ganzen Hauses. Und es machte sie wütend, dass Homer unweigerlich jeden einzelnen mit der Hartnäckigkeit eines Bluthundes erschnüffelte. Aber Brandi war wie Homer ein verspieltes kleines Ding, und sie fand bald heraus, wie schön es war, einen Spielgefährten zu haben, der sie nicht turmhoch überragte wie Casey.

Die beiden verbrachten bald viele Stunden damit, einander durchs ganze Haus zu jagen, und irgendwann teilte Brandi sogar einige ihrer Leckerbissen freiwillig mit Homer. Am liebsten fraß sie Babykarotten. Sie trug sie dutzendweise zu Homer und ließ sie mit wedelndem Schwanz vor ihm fallen. Sie verstand nie, warum Homer die Karotten nur herumrollen und jagen wollte. *Wer fraß nicht gern Babykarotten?* Wenn Homer sie mit der Pfote durch den Flur schmiss, holte Casey sie mit großer Geduld zurück und legte sie Homer erneut zu Füßen. Sie biss sogar etwas davon ab, als wolle sie ihm zeigen, was ihm entging. *Siehst du? Sie sind zum Fressen da, nicht zum Spielen.*

Homers häufige Temperamentsausbrüche brachten ihn zudem in engeren Kontakt mit meinen Eltern. Wenn ich abends nach Hause kam, war es bald nicht mehr ungewöhnlich, Homer schnurrend neben meiner Mutter auf der Couch vorzufinden, während sie ihm den Rücken streichelte und ein Kreuzworträtsel löste oder einen alten Film anschaute. »Er fühlt sich so wohl hier«, sagte sie dann fast entschuldigend. »Ich wollte ihn nicht stören.«

Und ich ertappte meinen Vater dabei, wie er Homer unbeholfen tätschelte. Er hatte gemerkt, dass Katzen anders gestreichelt werden wollen als Hunde, und tat sein Bestes, um Homers Fell gleichmäßig und tröstend zu glätten. »Ein guter Junge. So ein guter Junge.«

Oft nahm Homer seinen Wurm mit, wenn er wieder einmal ausbüchste, die beiden waren wie Bonnie und Clyde. Bald spielten er und mein Vater gemeinsam mit dem Wurm. Homer warf ihn in die Luft und legte den Kopf ein wenig schräg, während er darauf wartete, dass die Glocke im Schwanz des Wurms ihm dessen genaue Position verriet. Dann schlug er heftig auf den Wurm ein, hielt ihn mit den Vorderpfoten fest und rollte sich auf den Rücken, während er mit den Hinterbeinen wild auf ihn eindrosch, als liefere der Wurm ihm einen erbitterten Kampf. Wenn er das schmuddelige Ding endlich »besiegt« hatte, trug er es zu meinem Vater und ließ es vor seinen Füßen fallen. Dann setzte er sich ungeduldig hin und wartete darauf, dass mein Vater den Wurm quer durchs Zimmer warf, damit Homer ihn im Ringkampf bezwingen und erneut meinem Vater bringen konnte.

»Er will Apport mit mir spielen«, sagte mein Vater, als wäre dieses hundeähnliche Verhalten ein aufschlussreicher Code, den nur er und Homer verstanden.

Während eines dieser Spiele, einige Monate nach Homers Kastration, wandte mein Vater sich mir zu und sagte: »Das hast du gut gemacht.«

Er warf den Wurm weg, damit Homer ihn fangen konnte, schaute zu, wie der Kater durchs Zimmer sauste, und setzte nach: »Du hast diesem Tier etwas Gutes getan.«

Unwillkürlich füllten sich meine Augen mit Tränen.

»Danke, Dad«, sagte ich.

10 VERTRAUEN IST GUT

Ich sah Sisyphus bei seiner endlosen Arbeit,
wie er seinen gewaltigen Stein mit beiden Händen hob.
Angestrengt, mit Händen und Füßen, versuchte er,
ihn den Abhang hinaufzurollen,
doch kurz bevor er ihn auf die andere Seite schieben konnte,
donnerte der mitleidlose Stein hinunter.
Dann versuchte er wieder, ihn hinaufzuschieben.
Homer, *Odyssee*

In den folgenden anderthalb Jahren arbeitete ich hart und begann meiner Karriere zuliebe ganz von vorn. Ich belegte Praktika und übernahm freiberufliche Jobs, gering bezahlte Jobs, unbezahlte Jobs und vieles mehr, wenn auch nur die geringste Chance bestand, meinen Lebenslauf um eine wichtige Erfahrung zu bereichern. Um mein erschreckend mageres Einkommen zu steigern, arbeitete ich in einigen der besseren Hotels und Restaurants von South Beach an der Bar – in Lokalen, die eher um zwei Uhr als um fünf Uhr morgens schlossen, sodass ich wenigstens ein paar Stunden schlafen konnte, bevor ich mich am nächsten Morgen wieder auf den Weg machte.

Es gab Momente voller Optimismus, zum Beispiel eine auf drei Monate befristete Stelle als Freie bei einer der angesehensten Werbeagenturen in Miami. Ich hoffte, das würde mir endlich eine Ganztagsbeschäftigung einbringen. Ein andermal unterstützte ich die Werbekampagne und Vermarktung einer Varietéreihe mit legendären Broadwaystars, die am Miami Beach lief.

Ich half sogar einigen der gemeinnützigen Organisationen, mit denen ich im Laufe der Jahre Kontakte gepflegt hatte, Spendengelder zu sammeln und Pressetermine zu ergattern. Diesmal ging es jedoch um Public Relations, nicht um Verwaltung.

Aber es gab auch Tage, an denen ich mich zutiefst entmutigt fühlte. Ganztägige PR-Jobs waren in Miami nicht so reichlich zu haben, wie ich gehofft hatte, und meine kurzfristigen Jobs endeten meist ebenso schnell wie das Projekt, an dem ich arbeitete. Manchmal kam mir die Idee, den Beruf zu wechseln, töricht vor. Anscheinend war es unmöglich, noch einmal anzufangen und dabei erfolgreich zu sein, selbst wenn man wie ich keine großen Anforderungen an den Begriff »Erfolg« stellte (ich wollte schließlich nur in der Lage sein, die Miete für ein kleines Apartment in einer leidlich guten Lage zu zahlen). Alle meine Freunde, die ungefähr im gleichen Alter waren, schienen aufregende Berufe und große Wohnungen zu haben. Sie hatten Assistenten und Spesenkonten und leisteten Anzahlungen für ihre erste Eigentumswohnung oder ihr erstes Haus. Manchmal kam ich so erschöpft nach Hause, dass ich hätte weinen können, mit nichts in der Hand als einem Beutel Katzenminze für Scarlett, Vashti und Homer.

Homer hatte inzwischen offiziell den Übergang vom Kätzchen zum erwachsenen Kater geschafft, obwohl er ungefähr im Alter von sieben Monaten, als er kastriert worden war, zu wachsen aufgehört hatte. Er wog nur mickrige 1350 Gramm und hatte zarte Knochen. Er war schlank und gepflegt und bewegte sich mit einer geschmeidigen, löwenartigen Anmut. Wenn er seinen Wurm trug, umklammerte er dessen Hals mit seinen Kiefern, sodass der Rest zwischen den beiden wohlgeformten, winzigen Vorderpfoten baumelte – er sah aus wie ein sehr kleiner und sehr dunkler Tiger, der seine eben gerissene Beute fortschleppt. Sein Pelz war immer sauber und glänzte so, dass er Licht anstatt Schatten zu werfen schien. Wenn Homer in der Sonne lag, glitzerte sein schwarzes Fell kobaltblau, und wenn er sich ausruhte, glich er dem Archetyp einer Katze, so wie ein Bildhauer sie aus perfektem schwarzen Marmor gehauen hätte.

Er war immer noch aktiv, fast hyperaktiv, und liebte es immer noch, in Kreisen herumzurennen und gegen Wände zu prallen. Meine Mutter bezeichnete ihn oft liebevoll als »kleinen Golfball«. Er sprang und kletterte gern und erkundete seine Umgebung. Doch während er das alles früher mit der wagemutigen Ungenauigkeit eines Kätzchens getan hatte, dem es gleichgültig war, wenn es sein Ziel verfehlte, bewegte er sich jetzt mit der überlegenen körperlichen Selbstsicherheit eines Katers, der weiß, dass Stürze und Fehlschläge einfach unmöglich sind – wie ein Balletttänzer, der nach jahrelangem Training nicht mehr daran denken muss, wie man perfekt landet.

Homers Selbstvertrauen beschämte mich in meinen verzagten Momenten. War er nicht die Katze, die angeblich gar nichts würde tun können? Hatten nicht alle angenommen, dass er keinen Herausforderungen gewachsen und nie unabhängig sein würde? Hatte er mich nicht einst inspiriert, weil er so hoch kletterte, wie er konnte, ohne genau zu wissen, wie weit der Weg nach oben und wie schwierig der Rückweg war? Jeder seiner Sprünge war ein Sprung des Vertrauens. Homer war der lebende Beweis für das Sprichwort, dass das Glück dem Tüchtigen hold ist und das Licht am Ende des Tunnels auch dann leuchtet, wenn man es nicht sieht.

Jetzt erinnerte ich mich an die Idee, die mir bei meiner ersten Begegnung mit Homer gekommen war: Etwas in uns kann so stark sein, dass wir durchhalten, egal, was passiert. Diese Idee hatte mich beflügelt, selbst wenn Leute im Fachgebiet meiner Wahl erklärten, mir fehle die richtige Ausbildung und Erfahrung und es werde trotz meines Talents Jahre dauern, ehe ich die feste Stelle bekommen würde, auf die ich hoffte. Ich kämpfte oft gegen ein Gefühl der Panik an. Wen ich mich weder mit meinen alten noch mit meinen neuen Jobs über Wasser halten konnte, was sollte ich dann tun? *Zum Teufel damit!*, dachte ich dann grimmig, und der Gedanke tröstete mich. *Niemand konnte Homer sagen, welches Potenzial er hatte, und mir kann es auch keiner sagen.* Um meine Karriere zu fördern, war es für mich wichtig, Freunde zu finden und ein Netzwerk aufzubauen. Vielleicht würde ich irgendwo von einem großartigen Jobangebot erfahren. Doch manchmal hasste ich es in dieser Zeit, neue Leute zu treffen. Ich gab nie gern zu, dass ich noch bei meinen Eltern lebte, und die zusätzliche Enthüllung, dass ich drei Katzen hatte, trug mir erstaunte Blicke ein (aber einige meiner Freunde fügten dieses Detail gern meinem mündlich weitererzählten Lebenslauf hinzu). Drei Katzen waren für einen notorischen Tierfreund vielleicht nicht sehr viel, aber unter den Menschen in meinem Alter an einem Ort wie South Beach war ich eine Exzentrikerin. *»Drei Katzen?«*, fragten mich die Leute. »Wirklich *drei*?« Selbst meine engsten Freunde nannten mich bisweilen »die verrückte Katzenlady«, und ich merkte, dass neue Bekanntschaften im Geiste zu dem Schluss kamen, dass nichts weniger sexy ist als eine 27 Jahre alte Frau, die bei ihren Eltern lebt und offenbar eine fanatische Katzensammlerin ist.

»Nun ja, die beiden ersten waren geplant«, sagte ich oft in munterem Ton. »Die dritte war ein Unfall.« Dann musste ich natürlich von Homer und seinen »besonderen Umständen« berichten, immer vor einem verzückten Publikum. Man fragte mich unweigerlich, ob Homer allein zurechtkam, oder er sein Futter und seine Streu fand. Anschließend spekulierte man darüber, wie unglücklich eine Katze ohne Augen sein müsse. Manche fügten sogar hinzu, vermutlich ohne grausam sein zu wollen, es wäre vielleicht besser gewesen, Homer als Kätzchen einzuschläfern.

Diese Ignoranz machte mich wütend. Aber gegen Ignoranz kämpft man am besten mit Aufklärung. »Er ist ein Satansbraten«, versicherte ich diesen Leuten voller Stolz. »Ein so trittsicheres Energiebündel habt ihr noch nie gesehen.« Ich hatte gelobt, nicht zu viel über meine Katzen zu reden, denn ich wollte nicht die verrückte Katzenlady sein, für die manche Leute mich hielten. Doch wann immer ich ein Abenteuer Homers schilderte, wollten die Zuhörer mehr erfahren und dann noch mehr.

Ich versuchte, in dieser Phase meines Lebens optimistisch zu bleiben, obwohl es oft nicht leicht war. Homer spürte es, wenn meine Stimmung sich trübte. Er achtete immer genau auf den Ton meiner Stimme und nahm die kleinsten Veränderungen wahr. Er wusste, wie meine Stimme klang, wenn ich glücklich war, und wie sie klang, wenn ich nur so tat, als wäre ich glücklich. Im letzteren Fall rannte er nicht herum wie sonst, sondern rieb stattdessen sein Gesicht fest an meinem Kinn und Hals oder kuschelte sich an meine Taille, so fest er konnte, als wisse er, wo ich mich am hohlsten fühlte. »Wenn ich dich nicht hätte, säße ich nicht in diesem Schlamassel«, sagte ich dann halb im Scherz. Homer streckte den Hals, um meine Nase mit seiner rauen Zunge zu lecken, und schnurrte noch lauter.

Manchmal können wir zwei völlig widersprüchliche Einstellungen gleichzeitig haben und davon überzeugt sein, dass beide richtig sind. Ich wusste, dass ich Homer liebte, so sehr, dass es mir Angst machte. Hätte mir jemand eine Million Dollar für ihn geboten, hätte ich über dieses Angebot nicht einmal nachgedacht.

Aber ich wusste auch, dass ich mein Leben ihm zuliebe stärker geändert hatte als erwartet. Ich wollte mit Homer leben, ihm in unserer eigenen Wohnung totale Sicherheit und Freiheit bieten. Aber ich wollte auch ein Leben führen wie die meisten meiner gleichaltrigen Freunde. Ich wollte meine Rechnungen pünktlich zahlen und meinen Beruf gewissenhaft ausüben, in meinem Apartment Partys schmeißen und mit vielen ungeeigneten, aber unterhaltsamen Männern ausgehen.

Vielleicht verlor ich deshalb gelegentlich die Geduld mit Homer. Zum Beispiel wenn ich nach einem 18-Stunden-Tag nach Hause kam und feststellte, dass er irgendwelche Nippsachen zerbrochen hatte, die mir teuer waren und die ich in ein Regal gestellt hatte, das meiner Meinung nach zu hoch für ihn war. Oder wenn ich entdeckte, dass er eine halbe Schale Katzenfutter in die Wasserschale geworfen hatte – Futter, das ich von den paar Kröten bezahlt hatte, die mir blieben, nachdem ich Geld für unser zukünftiges Heim zurückgelegt hatte, Futter, das vergeudet war und das Wasser so verklumpte, dass Scarlett und Vashti den ganzen Tag lang nichts zu trinken hatten.

Meine Eltern waren immer noch halb davon überzeugt, dass ich den Katzen nicht oft genug frisches Wasser gab. Schuld daran war Vashtis Schauspielerei. Bisweilen schlichen sie sich in mein Zimmer, während ich weg war, und füllten die Wasserschale für sie – aber sie dachten nie daran, sie weit genug vom Futternapf wegzustellen, um solche Missgeschicke zu verhindern. »Ihr müsst die Gefäße voneinander trennen«, erinnerte ich sie immer wieder in einem Tonfall, der geduldig hätte sein sollen, der aber, wenn ich mir selbst zuhörte, ganz anders klang. Ich betonte das Wort *trennen* und hielt die Hände weit auseinander, als hielte ich visuelle Hinweise für die einzige Möglichkeit, ihnen meinen Standpunkt klarzumachen.

Ich schrie Homer nie an, denn ich wollte ihn auch in Zukunft sofort stoppen können, wenn er etwas Gefährliches tat. Wenn ich die Stimme zu oft erhob – wegen irgendwelcher Vorfälle, die er nicht verstand und die nichts mit seiner Sicherheit zu tun hatten –, würde meine Autorität mit der Zeit gewiss schwinden.

Und selbst wenn ich mich richtig ärgerte, war mir klar, dass Homer nichts Falsches tun wollte und nur die Possen trieb, für die ich ihn normalerweise so liebte. Wenn er ein Regal erforschte, auf das er nie zuvor geklettert war, konnte er nicht sehen, dass dort etwas Zerbrechliches stand. Und wenn er sich langweilte, konnte er sich nicht ans Fenster setzen und die Welt betrachten, so wie meine zwei anderen Katzen es gern taten. Auf Möbel zu klettern oder dem Geräusch des Futters zu lauschen, das ins Wasser prasselte, war für ihn Unterhaltung, und warum sollte ich ihm deswegen grollen?

Ich schrie niemals. Doch wenn er angerannt kam und sich darüber freute, dass ich endlich zu Hause war, schubste ich ihn brüsk weg. »Warum musst du *ständig* so hyperaktiv sein?« Die Tränen der Enttäuschung, die ich unterdrückte, weil ich sie lächerlich gefunden hätte, waren in meiner Stimme vernehmbar.

Homer verstand das nicht, aber er merkte es, wenn ich mit ihm unzufrieden war. Dann ließ er den Kopf hängen und näherte sich mir kleinlaut, um die Pfoten an meine Beine zu legen und einige Male ängstlich zu miauen. Nichts dämpfte seinen

Übermut so schnell wie das Gefühl, dass ich über ihn verärgert war.

Und wenn ich dann sah, wie niedergeschlagen Homer war, kam ich mir wie ein Ungeheuer vor. Ich gab innerhalb von wenigen Minuten nach und kraulte ihn unter dem Kinn und hinter den Ohren. Kaum hatte ich ihn berührt, kroch er in meinen Schoß und über meinen ganzen Körper und schnurrte und schnüffelte ausgiebig, um mir zu zeigen, wie sehr es ihn freute, dass wir wieder Freunde waren.

»Es ist nicht leicht, eine Mutter zu sein, nicht wahr?«, sagte meine Mutter mit einer gesunden Prise Ironie, wenn sie uns mitten in einer dieser Versöhnungszeremonien ertappte.

»Nein«, stimmte ich ihr reumütig zu und sah sie an. »Ich nehme an, ich habe es dir und Dad nicht immer leicht gemacht, oder?«

Meine Mutter lächelte. »Nein, das hast du nicht. Aber du hast dich mit der Zeit gebessert.«

Meine Eltern hatten Homer inzwischen sehr lieb gewonnen. Manchmal hörte ich, wie mein Vater sich am Telefon vor Freunden und Kollegen mit Homers neuesten Eskapaden brüstete. »Und er ist *blind*«, fügte er am Ende jeder Anekdote hinzu, als wäre er davon überzeugt, dass sein Gesprächspartner noch nie im Leben etwas so Außergewöhnliches gehört hatte: Eine blinde Katze konnte Fangen spielen und eine geschlossene Dose Thunfisch auf einer Küchentheke finden. Meine Mutter verglich Homer gern mit den Katzen ihrer Freundinnen. *Er ist viel tüchtiger als Susans Katze,* pflegte sie zu sagen und spielte damit auf eine ihrer Bekannten an, die eine Katze besaß. *Susans Katze weiß nie, was los ist.*

»Wenn dir etwas passiert und du die Katzen nicht mehr versorgen kannst, wollen wir Homer behalten. Dein Vater und ich reden oft darüber«, erklärte sie plötzlich an einem Sonntag beim Frühstück.

Ich runzelte fragend die Stirn. »Was zum Beispiel?«

»Oh, ich weiß nicht«, antwortete meine Mutter, während sie Butter auf eine Scheibe Toast strich. »Ich meine nur, wenn, *Gott verhüte es,* etwas passiert ...«

»Wenn etwas passiert ... *was*?«, wiederholte ich und versuchte mir die schweren Unfälle und lebensgefährlichen Krankheiten vorzustellen, an die meine Mutter wohl insgeheim dachte.

Oder glaubte sie, Homer werde mir eines Tages so lästig fallen, dass ich mich nicht mehr um ihn kümmern *wollte*? Vielleicht wollten sie und mein Vater mich wie typische Eltern von einer Verantwortung befreien, die ihrer Meinung nach in dieser Phase meines Lebens zu groß für mich war. Möglicherweise wollten sie mir einen ehrenhaften Ausweg zeigen.

In meiner Kindheit hatten meine Eltern mich manchmal angeschrien oder die Beherrschung verloren, und ich war verdutzt gewesen und hatte nichts verstanden. *Es kommt vor,* dachte ich, *dass du dich über jemanden umso mehr ärgerst, je wichtiger es für dich ist, ihn glücklich zu machen. Größer als dieser Ärger ist nur die Verzweiflung, die du empfindest, wenn du diese Person verlierst.*

Homer und Casey saßen an diesem Morgen wieder einmal Seite an Seite regungslos da und erwartungsvoll neben dem Frühstückstisch. Selbstverständlich wollten sie nicht betteln – aber es konnte ja sein, dass ein paar Krümel hinunterfielen.

Ich hatte Homer vor neuen Bekannten einen »Unfall« genannt. Aber in meinem Herzen glaubte ich, dass er eine Überraschung war. Ein Unglück wollen wir unter allen Umständen vermeiden. Eine Überraschung ist etwas, was wir erst schätzen lernen, wenn wir es bekommen.

Das war eindeutig nicht nur meine Meinung.

»Tut mir leid.« Ich nahm die erste Seite der Sonntagszeitung an mich. »Du und Dad, ihr müsst euch selbst eine Katze suchen.«

Meine Mutter zog eine Grimasse. »Na, das wird nie passieren!«

11 MEINE EIGENE EINZIMMER-WOHNUNG

*Es bleibt dem Himmel überlassen, wer über uns herrscht,
aber du sollst der Herr in deinem eigenen Haus
und über deinen Besitz sein.*
Homer, *Odyssee*

Die Dotcom-Revolution erreichte schließlich auch Miami, wenn auch mehrere Jahre später als Städte wie New York und San Francisco. Plötzlich gab es viele neue Stellenangebote. Jungunternehmer ließen sich in den alternden Art-déco-Bürogebäuden am South Beach nieder. Sie hatten anscheinend unbegrenzte Budgets und brauchten so schnell wie möglich Mitarbeiter. Da die meisten dieser Firmen ihre Stellen nicht so schnell besetzen konnten, wie ihr Bedarf wuchs, brauchten sie Angestellte, die, wie man so sagt, »vielseitig verwendbar« waren.

Ein Unternehmen suchte beispielsweise einen Leiter für das Eventmarketing. Er oder sie sollte in der Lage sein, große Firmenveranstaltungen, Cocktailspartys und Ausstellungen auf die Beine zu bringen. Da die Firma noch keinen Pressesprecher gefunden hatte, wäre es großartig, erklärte sie, wenn dieselbe Person sogleich Kontakte zur Presse der Stadt hätte und sie nutzen könne. Und da sie auch noch keinen Vollzeitwerbetexter hatte, wäre es hilfreich, wenn der oder die neue Angestellte ein Diplom in Englisch oder in Kreativem Schreiben besäße und, wenn nötig, jederzeit als Texter einspringen könne. Dieses Unternehmen wollte eine Online-Datenbank über kommunale Aktivitäten und gemeinnützige Anliegen erstellen, daher wäre es ideal, wenn die Interessenten zudem gute Verbindungen im gemeinnützigen Sektor Miamis hätten.

»Sie wissen, dass sie viel verlangen«, sagte die Freundin, die mir den Tipp gab. »Darum sind sie bereit, ein ziemlich hohes Gehalt für die richtige Person zu zahlen.«

Ich war so nervös, dass meine Hände an diesem Abend über der Computertastatur zitterten, als ich meinen Lebenslauf auf den neuesten Stand brachte. Vielleicht kam meine Bewerbung zu spät, oder sie wollten mich nicht haben.

Aber es war nicht zu spät, und sie wollten mich!

Es war knapp zwei Jahre her, dass ich wieder zu meinen Eltern gezogen war. Endlich, nach einem langen Kampf, den ich oft für vergeblich gehalten hatte, bekam ich einen Job und ein Gehalt, mit dem ich meine Rechnungen mühelos bezahlen konnte – und eine eigene Wohnung.

Wenn ich in den nächsten paar Monaten mal eine Sekunde nicht arbeitete, durchforstete ich voller Hingabe die Wohnungsangebote. Ich las sie mit der scharfen, liebevollen Aufmerksamkeit fürs Detail, mit der ein Häftling ein Pornoheft verschlingt.

Ich hatte nie in einem eigenen Apartment gewohnt. Nach dem College war ich bei Jorge eingezogen. Nach Jorge hatte ich bei Melissa gewohnt, dann wieder bei meinen Eltern. Darum war jede vierzeilige Beschreibung im Immobilienteil der Zeitung ein Fenster zu einem rauschenden neuen Leben. Ich konnte die modische junge Mieterin einer schicken neuen Hochhauswohnung an der Brickell Avenue sein, mit Blick aufs Meer, Pförtnern und Hausmeisterei. Ein umgebautes Gästehaus auf einem der großen älteren Anwesen am Pine Tree Drive mit Palazzo-Fußböden und einer Wendeltreppe wäre meine Entrée in die Schickeria. Mit einem Gartenapartment in Miamis aufblühendem Design-Distrikt konnte ich Teil dieses mondänen Zirkels werden. Und wenn ich mit einer Strandlage imponieren wollte, war eine charmante Maisonette in einem renovierten Art-déco-Gebäude das Richtige.

Ich hatte einen Preisspanne im Kopf, wollte sie aber nicht ganz ausschöpfen. Man konnte nie wissen, was die Zukunft bringen würde. Aber eines wusste ich genau: Ich wollte nie wieder gezwungen sein, aus finanziellen Gründen bei meinen Eltern zu wohnen.

Es gab noch einiges zu berücksichtigen. Eine Wohnung im Erdgeschoss – wie zum Beispiel das Apartment im Design-Distrikt – war mir als alleinstehender Frau zu unsicher. Und wenn Homer versehentlich zur Haustür hinauslief, wollte ich nicht, dass er sich plötzlich auf der Straße befand. Die Lücken zwischen den Metallstufen in der Wendeltreppe dieses umgebauten Gästehauses waren gefährlich für eine kleine blinde Katze, die in einem Anfall von Verspieltheit leicht zwischen sie geraten und ins Erdgeschoss stürzen konnte. Auch der Balkon im Hochhaus an der Brickell Avenue war eine Todesfalle. Homer hatte keine Ahnung, dass fester Boden bisweilen abrupt endete, und bei dem Tempo, mit dem er sich bewegte, konnte er innerhalb von Sekunden durch die Tür auf den Balkon rennen.

Schließlich entschied ich mich für ein helles, geräumiges Apartment mit einem Schlafzimmer im elften Stock in einem riesigen Gebäudekomplex an der West Avenue am South Beach. Es hatte nicht viel zu bieten, was Persönlichkeit oder Lifestyle anbelangte, aber die Miete war vernünftig und lag in der Mitte meiner Bandbreite. Die Wohnung hatte begehbare Schränke, ein sehr großes Bad, in dem ich diskret eine Katzentoilette unterbringen konnte, und einen großen Balkon mit eindrucksvoller Aussicht auf die Biscayne Bay im Westen und den Atlantik im Osten.

Zuerst war ich unschlüssig. Ich wollte das Apartment, machte mir aber wegen des Balkons auch Sorgen um Homer. Aber wer in Südflorida lebt, sollte unser mildes Klima nutzen, und fast jede Wohnung, die nicht im Erdgeschoss liegt, hat einen Balkon oder eine Veranda. Wenigstens verfügte dieses Apartment über eine Tür mit Fliegengitter hinter einer gläsernen Schiebetür, die zum Balkon führte. Eine Schiebetür war an sich schon eine großartige Sicherheitsvorkehrung, weil sie schwerer zu öffnen war als eine schwingende. Das bedeutete, dass ich ein paar Sekunden länger Zeit hatte, einen todesmutigen Homer aufzuhalten, der sich an mir vorbei auf den Balkon zwängen wollte. Selbst wenn ihm das gelingen sollte, würde das Gitter hinter der Tür ihn aufhalten, es sei denn, ich löste die Verschlüsse.

Das Apartment war nicht möbliert, und ich fing ganz von vorn damit an, mich einzurichten, weil ich nichts besaß außer meinen Kleidern, meinen Büchern, einem kleinen Fernseher und den CDs, die in Kisten Staub gefangen hatten. Ich wollte keine laute Musik in meinem Zimmer spielen und damit meine Eltern ärgern, wie ich es als Teenager getan hatte. Aber hier erwarteten mich zahllose schöne Stunden, wenn ich aus einer anonymen Mietwohnung ein komfortables Heim gemacht haben würde.

Ich dachte auch an die Katzen, als ich die Möbel aussuchte. Sie nutzten ihre Kratzbäume ausgiebig, aber Homer kletterte eher auf hohe Möbelstücke, anstatt hinaufzuspringen, und seine Krallen würden unweigerlich Spuren hinterlassen. Ein Ledersofa kam nicht infrage – zu viele Kratzer und zu wenig Möglichkeiten, sie zu bedecken. Ein Stoffsofa aus zu empfindlichem Material war ebenso unpraktisch. Also kaufte ich von Nachbarn ein rotes Samtsofa und ein Zweiersofa, die beide verlockend gewagt aussahen – passend, dachte ich, für das erste Apartment, das mir gehörte und in das ich eines Tages »Jungs« einladen würde. Der Stoff des Sofas war überraschend stark und reißfest.

Eine Freundin schlug vor, Homers Krallen zu schneiden, weil ich mir solche Sorgen um die Möbel machte. Aber daran wollte ich nicht einmal denken. Erstens war ich generell dagegen, einer meiner Katzen die Krallen zu stutzen, und zweitens waren Homers Krallen ein zu wichtiger Teil seines Selbstwertgefühls. Obwohl er nicht sehen konnte, dass er hinabzurutschen oder zu stürzen drohte, kletterte und sprang er ganz unbekümmert, auch deshalb, weil seine Krallen wie die Haken eines Bergsteigers ein Unglück verhindern konnten.

»Ich werde ihn vermissen«, sagte meine Mutter am Tag unseres Auszugs. Ihre Augen waren verdächtig hell. »Ich habe diesen dummen kleinen Kater wirklich lieb gewonnen.«

»He!«, protestierte ich lächelnd. »Wer ist hier ›dumm‹?«

»Das wird Casey und Brandi nicht gefallen«, prophezeite mein Vater bedrückt.

Ich musste ihn einfach necken. »Glaubst du, sie würden sich um Homer kümmern, wenn mir, *was Gott verhüten möge,* etwas zustoßen sollte?«

Dieser Abschied löste andere Gefühle aus als der erste. Damals wusste ich, dass ich an schulfreien Tagen und in den Sommerferien zurückkehren würde. Es hatte keinen einzigen Augenblick des Bruchs oder des endgültigen Abschieds gegeben.

Diesmal war es anders. Wir wussten alle, dass ich nicht zurückkommen würde.

Die Rückkehr ins Elternhaus war mir bisweilen als demoralisierender Rückfall in die Kindheit erschienen. Aber dieses Gefühl war bereits im Schwinden begriffen. Jetzt war mir klar, dass diese Umstände mich meinen Eltern nähergebracht hatten. Sie hatten es mir ermöglicht, sie als eine Erwachsene kennenzulernen, was mir andernfalls nie gelungen wäre.

Die Katzen strampelten wild in ihren Boxen, als ich sie ins Auto lud. Was sie betraf, hatte eine Reise in diesen Behältern nie etwas Gutes zur Folge gehabt. Sie bedeutete entweder einen Besuch beim Tierarzt (schlimm) oder eine neue Wohnung, an die man sich gewöhnen musste (noch schlimmer).

»Diesmal gehen wir an einen besseren Ort«, flüsterte ich ihnen zu. »Euer neues Heim wird euch gefallen. Das verspreche ich.«

»Ruf uns an, wenn du dort bist«, sagte meine Mutter. Sie zog mich an sich und umarmte mich. »Vielleicht bringen wir dir morgen Bagels oder was anderes, damit du dir keine Gedanken wegen des Essens machen musst, während du dich einrichtest.«

»Das wäre großartig«, sagte ich und erwiderte die Umarmung.

Das Letzte, was ich hörte, als ich die Autotüren hinter den Katzen schloss und mich auf die Abfahrt vorbereitete, war Caseys Jaulen im Haus.

12 HAUSTIERGERÄUSCHE

Von einem Diener sogleich hineingeführt wurde Demodokos,
der berühmte Barde, den die Muse innig geliebt
und dem sie dennoch Gutes wie Böses gegeben hatte,
denn obgleich sie ihm die göttliche Gabe des Gesangs verlieh,
raubte sie ihm das Augenlicht.
Homer, *Odyssee.*

Homer hatte eine ellenlange Checkliste abzuarbeiten, als wir uns in unserem neuen Heim einrichteten. Er musste sich einen ganz neuen Grundriss einprägen, und ich sorgte dafür, dass er dabei von seiner Toilette ausging. Dort setzte ich ihn zuerst hinein, als ich die Katzen aus ihren Boxen herausließ. Nachdem er eine Stunde lang die Wände umarmt hatte, während er von einem Zimmer zum anderen rannte, war sein Lageplan fertig. Außerdem musste er neue Verstecke erkunden und für sich beanspruchen sowie neue Möbel erklettern und einordnen. Das Apartment war mit Umzugskartons gefüllt, und Homer inspizierte jeden Einzelnen persönlich. Aufgeregt zerfetzte er Styroporkugeln und Verpackungen aus Papier und Plastik und warf sie herum, bis die Luft, die ihn umgab, dem Gestöber glich, das man im Wasser nach einem Piranha-Angriff sieht.

Homer liebte es, in die Kartons zu klettern und plötzlich hinabzuspringen. Nie zuvor war er beim Versteckspiel so erfolgreich gewesen wie jetzt, denn jede der Kisten war ein idealer Unterschlupf. Er kauerte sich auf den Boden und achtete darauf, dass die Klappen über seinem Kopf verschlossen waren – und sobald Scarlett, Vashti oder ich vorbeigingen, hüpfte er wie ein Springteufel aus der Kiste heraus. Ich weiß nicht, ob er diese wirklich sicheren Verstecke mit seinen früheren vergeblichen Bemühungen in Verbindung brachte, sich an uns drei heranzuschleichen. Aber jetzt war das Spiel für ihn befriedigender denn je, und ich überwand mich, ein paar Kartons einige Wochen lang herumstehen zu lassen, nachdem ich sie geleert hatte, denn ich wollte ihm diese schlichte Quelle des Glücks nicht entziehen.

Außerdem war Homer damit beschäftigt, alle Lieferanten, Telefon- und Kabeltechniker zu begrüßen, die durch unsere Eingangstür gingen. Scarlett und Vashti versteckten sich lieber. Scarlett hatte zwar keinerlei Probleme mit ihnen, fürchtete sich aber vor dem Lärm, den diese Männer machten, wenn sie mit schweren Kisten irgendwo anstießen oder mit Metallwerkzeug klapperten.

Aus genau denselben Gründen und im gleichen Umfang war Homer von diesen Besuchern fasziniert. Sie waren neu und machten interessante Geräusche! Während Scarlett und Vashti vor jedem Lärm flohen, der zu laut oder zu ungewöhnlich war, wurde Homer unweigerlich davon angelockt wie eine Kompassnadel, die sich einnordet.

Man sollte meinen, dass laute oder plötzliche Geräusche ein blindes Tier nicht weniger, sondern mehr einschüchtern, weil sie für ihn weniger verständlich sind als für sehende. Aber in einer Welt, in der man keine Geräusche erwartet – weil man das Buch nicht sieht, das gleich vom Regal zu Boden donnern wird, und ebenso wenig den Staubsauger, den jemand aus dem Schrank holt und der gleich zu heulen beginnen wird –, kamen sie auch nicht unerwartet. Töne halfen Homer am meisten, sich in seiner Welt zurechtzufinden. Ein plötzliches Geräusch, das Vashti und Scarlett als Bedrohung empfunden hätten, war für Homer ein weiteres Puzzleteil, das sein unsichtbares Universum begreifbar machte. Er labte sich an den Rhythmen und Pulsen der Geräusche, einerlei, wie misstönend oder schrill sie waren. Homer ging es mit dem Lärm wie den beiden anderen mit der Stille.

Er hatte sich angewöhnt, dicht hinter den Männern herzuzockeln, die einen scheppernden Bettrahmen brachten oder ein Fernsehkabel geräuschvoll herumschleiften. Homer wollte Nase und Ohren unbedingt in alles stecken, was die rätselhaften Leute taten, und ich musste ihn oft festhalten, damit er sie nicht störte. Die meisten von ihnen waren durchaus freundlich zu ihm, aber nach einigen prüfenden Blicken kam die unvermeidliche Frage.

»Was ist mit seinem Gesicht passiert?«

»Er ist blind«, antwortete ich kurz.

»Ach, der arme kleine Kerl.« Homer, der wusste, dass dieser mitfühlende Ton ihm galt, ließ mich stehen, um an ihren Beinen hinaufzuklettern oder ihnen auf den Schoß zu springen. Oft zerrte er seinen Wurm hinter sich her (auf dessen Bergung aus den Umzugskartons er ungeduldig gewartet hatte) und hoffte, einer dieser Fremden werde mit ihm Fangen spielen.

Es war ein denkwürdiger Tag, als ich genug Geld auf meinem Gehaltskonto hatte, um eine Stereoanlage zu kaufen, und der Mann, der sie lieferte und installierte, war der Lieferant, der den größten langfristigen Einfluss auf Homer hatte. Der Kater hatte noch nie so viel Musik erlebt. Sobald meine CDs aus ihren Kisten kamen und den Weg in den neuen CD-Player fanden, öffnete sich für ihn eine weitere Klangdimension. Ich lernte, dass Musik eine enorme Wirkung auf seine Stimmung hatte. Jedes Stück mit einem harten, mitreißenden Tempo brachte ihn aus dem Häuschen. Wenn er *Live Through This* von Hole hörte, geriet er in eine Erregung, die man kaum beschreiben kann. Dann raste er durchs Wohnzimmer, sprang wie verrückt aufs Sofa und wieder herunter oder schwang sich auf den 1,80 Meter hohen Kletterbaum, während er leise winselte, als enthalte sein Körper so viel Energie, dass es schmerzhaft war, sie für sich zu behalten.

Doch als ich zum ersten Mal die Brandenburgischen Konzerte spielte, fiel Homer in tiefen Schlaf, mitten in der Jagd nach einem Papierball. Es ging so schnell, als hätte ihm jemand einen Betäubungspfeil in den Nacken geschossen.

Mein Freund Felix besuchte mich an diesem Tag. »Ich schätze, Homer teilt deinen Musikgeschmack nicht«, sagte er.

Ich zuckte mit den Schultern. »Jeder ist ein Kritiker.«

Homer war ein Geschöpf, das von den Geräuschen in seiner Umgebung fasziniert war. Aber auch die Geräusche, die er selbst produzierte, interessierten ihn. Für ihn war es wichtig zu spüren, dass er und ich ständig miteinander kommunizierten, und er war im Gegensatz zu meinen beiden anderen Katzen nicht damit zufrieden, stumme Gesten oder Posen in unser Vokabular aufzunehmen. Scarlett setzte sich zum Beispiel demonstrativ vor das Katzenklo, wenn sie fand, dass es Zeit zum Streuwechseln war, und wenn Vashti Hunger hatte, umkreise sie ihren Futternapf in einem bizarren, rituellen Tanz.

Homer – der natürlich nicht wusste, dass ich und andere ihn sehen konnten – vermittelte seinen Standpunkt nicht auf so unpräzise Weise. Im Alter von drei Jahren verfügte er über eine endlose Reihe von miauenden und jaulenden Lauten, die mit ihren Nuancen und ihrer Komplexität fast menschlich anmuteten.

Homer war immer noch davon überzeugt, dass ich ihn nicht wahrnehmen konnte, wenn er kein Geräusch machte, und er wurde nie müde, Dinge vor meinen Augen fortzuschleppen, von denen er wusste, dass sie für ihn tabu waren. *Woher weiß sie immer, was ich tue?!*

Erst vor Kurzem hatte er mit mir gestritten – mit einem langen, schrillen *Miiiiih,* das wohl sagen sollte: *Ach neeee … komm schon, Mami!* Ein ganz bestimmtes Miau bedeutete: *Wo ist mein Wurm? Ich finde meinen Wurm nicht!* Ein anderes, etwas längeres Miau hieß: *Aha, da ist er ja. Jetzt musst du ihn werfen!* Einen tiefen, gutturalen, lang gezogenen Schrei hörte ich, wenn ich völlig in eine Sache vertieft war – zum Beispiel wenn ich mir einen Film anschaute – und ihn ein paar Stunden lang nicht beachtet hatte. Es war ein Miau, das eindeutig sagte: *Ich laaaaaaaaangweile mich.* Und es hörte erst auf, wenn ich für ihn etwas zum Spielen holte.

Wenn ich das Apartment betrat, begrüßte er mich mit einem halb unterdrückten Jaulen: *Juhu, du bist zu Hause!* Ein leises, klagendes Miau, das am Ende anstieg wie ein Fragesatz, bedeutete, dass Homer in einem Zimmer eingeschlafen war, das ich inzwischen verlassen hatte, und dass er wissen wollte, wo ich war. Ein durchdringendes, hartnäckiges Miauen, dass ich selten hörte, löste bei mir Magenkrämpfe aus, denn es bedeutete, dass Homer irgendwo feststeckte und nicht hinaus oder hinunter fand. »Wo bist du, Homer-Bär?«, fragte ich dann und folgte den Schreien durch die Wohnung, bis ich ihn entdeckte. Was mich ärgerte, war ein wiederholtes atonales *Mraau, Mrau, Mrau,* das Homer von sich gab, wenn ich eine Weile telefonierte. Es glich dem hartnäckigen *Mami, Mami, Mami!* eines kleinen Kindes. Irgendwann legte ich entnervt eine Hand auf die Sprechmuschel und sagte: »Homer, siehst du nicht, dass ich am Telefon bin?« Nun ja, die meisten Leute vergaßen, dass Homer blind war, wenn sie genügend Zeit mit ihm verbracht hatten. Manchmal vergaß ich es aus.

Eines der Privilegien, die ich mir jetzt leistete, war ein Abonnement der Zeitung – das Erste unter meinem eigenen Namen. Das geruhsame Blättern in den *News* bei einem leichten Frühstück wurde zu einem wohltuenden und wichtigen Teil meiner Morgenroutine. Und die Zustellung der Zeitung war bald auch ein Höhepunkt in Homers Terminkalender – nicht weil er sich plötzlich für die neuesten Nachrichten interessiert hätte, sondern weil die Leute in der Druckerei so nett waren, mir die Zeitung jeden Morgen mit einem Gummiband zu liefern.

Homer hatte sich nie für Gummibänder interessiert, obwohl die meisten Katzen sie mögen. Häufig fressen sie die Dinger auf – eine gefährliche und manchmal tödlich endende Unsitte. Wenn ich ein Gummiband verlor und Scarlett und Vashti es in die Pfoten bekamen, warfen sie es umher und kauten fröhlich darauf herum, bis ich es ihnen wegnahm. Homer saß in der Nähe und lauschte. Er wollte wissen, was dieses Spiel so aufregend machte. *Ich verstehe es nicht – was ist so toll daran?*

Aber das war, bevor Homer lernte, dass ein straffes Gummiband an einer zusammengerollten Zeitung einen *Ton* von sich gibt, wenn man mit einer Pfote an ihm zupft. Wie viele andere große Entdeckungen war auch diese ein Zufall. Eines Morgens ließ ich die Zeitung mit Gummiband auf dem Kaffeetisch liegen, während ich Toast und Saft holte. Homer sprang auf den

Tisch, um ihn zu erforschen. Ich hörte von der Küche aus ein *Ping!* und nach einer Pause noch ein *Ping!* Die nächste Pause war kürzer als die erste, und ihr folgte ein *Ping! Pi-ping-ping! Ping!* Als ich zurückkam, sah ich, wie Homer den Kopf neugierig von einer Seite zur anderen warf. Der Nachhall des immer noch vibrierenden Gummibandes faszinierte ihn. Er zupfte erneut am Gummi und legte eine Pfote darauf, während es noch vibrierte. Als er merkte, dass sowohl der Ton als auch die Schwingungen verschwanden, zupfte er noch einmal.

»Tut mir leid, Mieze«, sagte ich, und ich fühlte mich wirklich unwohl dabei. Es machte ihm so großen Spaß! Aber ich wollte nicht auf meine Morgenzeitung verzichten und Homer auf keinen Fall ein Gummiband überlassen. Also rollte ich die Zeitung auf und warf das Gummi in den Mülleimer. *Das war's,* dachte ich.

Wie die meisten Katzen war Homer ein Gewohnheitstier, und da er blind war, hing er sogar noch mehr an seinen Gewohnheiten als andere Katzen. Er kauerte sich zum Beispiel nur an meine linke Seite. Vielleicht wusste er nicht einmal, dass ich auch eine rechte Seite hatte, so sehr war er daran gewöhnt, sich links von mir niederzulassen. Wenn ich mich so aufs Sofa setzte, dass nur zu meiner Rechten Platz war, wanderte Homer umher und miaute verwirrt, bis ich zur Seite rutschte.

Als ich einige kurze Kerzenhalter auf den Kaffeetisch stellte, dauerte es Wochen, bis Homer lernte, nicht mit ihnen zusammenzustoßen. Es lag nicht daran, dass es ihm schwerfiel, Gegenständen auszuweichen – er hatte nach dem Umzug in weniger als einer Stunde gelernt, sich in der ganzen Wohnung zurechtzufinden. Aber er hatte auch gelernt, wie viele Schritte er von einem Ende des Kaffeetisches zum anderen brauchte – so wie er gelernt hatte, wo sich unbewegliche Dinge wie Wände und Türen befanden –, und jetzt war es schwierig für ihn, das Verhalten aufzugeben, das er sich eingeprägt hatte. Als ich versuchte, Homers Wurm – der inzwischen fast nur noch aus ein paar Stofffetzen bestand, die an einer winzigen, verbeulten Glocke hingen – gegen einen identischen neuen auszutauschen, beschnupperte er ihn kurz, warf ihn ein einziges Mal in die Luft und stolzierte dann verächtlich davon. Er schlief jede Nacht am gleichen Platz auf meinem Bett, genau so lange, wie ich schlief. Scarlett und Vashti schlüpften ebenfalls zu mir ins Bett, aber sie verließen es spät am Abend, um gemeinsam durchs Apartment zu streifen, Homer hatte sich angewöhnt, so lange zu schlafen wie ich und bei mir zu bleiben, bis ich aufstand.

Nun legte er sich prompt eine neue Gewohnheit zu: Er wartete auf das *Plumps!* der Zeitung, die vor Einbruch der Morgendämmerung vor unsere Eingangstür geworfen wurde. Er hatte so viel Freude daran, seine eigene Musik zu machen, dass er sogar seine drei Jahre alte Gewohnheit aufgab, so lange wie ich zu schlafen. Einerlei, wie sehr ich mich bemühte, ihm die Zeitung und das Gummiband abzugewöhnen, egal, wie sehr ich bettelte, schmeichelte oder ihn abzulenken versuchte, er presste jeden Morgen pünktlich um halb sechs die Nase an den millimeterbreiten Spalt der Wohnungstür. Sobald er hörte, dass die Zeitung gelandet war, pochte er mit der Pfote an die Tür und miaute aufgeregt *(Die Zeitung ist da! Mama, komm, die Zeitung ist da!)*, bis ich aus dem Bett taumelte, sie hereinholte und ihm vor die Füße warf. Der Lohn für meinen Gnadenakt war ein gut einstündiges Konzert: *Ping! Ping! Ping! Pi-ping-pi-ping-ping!*

Es war zum Verrücktwerden.

Meinem Schlaf und meiner geistigen Gesundheit zuliebe –

das ständige Klimpern dieser einen Note, immer und immer wieder, zerrüttete beide – tat ich schließlich etwas, was meine Großmutter getan hatte, als ich ein Kind war. Ich wickelte fünf unterschiedlich dicke Gummibänder um eine leere Pappschachtel und überreichte Homer diese improvisierte Gitarre.

Er war total hingerissen. Jedes Band spielte seinen eigenen Ton, und der Hohlraum in der leeren Schachtel sorgte für Tiefe und Resonanz. Das Beste war, dass ich dieses Spielzeug weglegen konnte, wenn ich zu Bett ging, da Homer ja den ganzen Tag damit spielen durfte. Er nahm seine alte Gewohnheit wieder auf, die ganze Nacht bei mir durchzuschlafen, denn er wusste, dass seine Gitarre auf ihn wartete. Wenn ich las oder telefonierte, verbrachte er endlose, rhapsodische Stunden damit. Unsere Wohnung wurde zu einer echten Philharmonie, in der man Ad-hoc-Konzerte hören konnte: *Ping! Ping-plong! BOING!*

Das Einzige, was diese Herzensangelegenheit störte, war das gelegentliche Reißen eines Gummibandes. Es schnipste so plötzlich und ohne Vorwarnung in Homers Gesicht, dass er einen weiten Satz nach hinten machte und eine grässliche Grimasse zog, während sein Fell sich sträubte. *Was zum …?!!?* Dann näherte er sich der Schachtel vorsichtig, wiegte den Kopf und versetzte ihr einen flinken und kräftigen Pfotenhieb. *Wenn du mich haust, dann haue ich dich!* Danach sprang er wieder zurück, als fürchte er die Folgen seiner Tollkühnheit.

Nach solchen Vorfällen schmollte Homer stundenlang und strafte die Schachtel mit Missachtung, nachdem er sie verprügelt hatte. Ich musste lachen. »Die Kunst leidet«, sagte ich zu ihm und spannte einen neuen Gummi auf. Er liebte seine Gitarre so sehr, um lange wütend auf sie zu sein. Am nächsten Morgen zupfte er wieder daran, als ob nichts geschehen wäre.

Ich wollte, ich könnte dieses Kapitel mit den Worten schließen: Homer hat endlich gelernt, etwas Erkennbares zu spielen, zum Beispiel *O Susanna* oder ein Stück von der A-Seite des Albums *Led Zeppelin IV.*

Aber in diesem Fall hätten Sie fast mit Sicherheit schon früher von ihm gehört.

13   HERR DER FLIEGEN

Er sah aus wie ein Löwe der Wildnis,
der, jauchzend ob seiner Stärke, herumstolzierte,
dem Wind und dem Regen trotzend.
Homer, *Odyssee*

Abgesehen von der Sorge um Homers und meine Sicherheit, gab es noch einen weiteren Grund, warum ich kein Apartment mit Garten oder im Erdgeschoss hatte mieten wollen: die zweitrangige, aber hartnäckige Realität, die das Leben im Miami so sehr beherrscht.

Ich rede von den Insekten.

In Miami leben heißt, auf die harte Tour lernen, dass der Mensch den endlosen Krieg gegen die Insekten nur verlieren kann. Wir alle wissen, dass wir in dieser Schlacht keine Geländegewinne erzielen werden. Wir können allenfalls unsere Verteidigung stärken und versuchen, die Front zu halten. Ich hätte gleich Kekse und Federbetten für sechsbeinige Eindringlinge aufstellen können, wenn ich mich für eine Wohnung mit Garten entschieden hätte.

Wir waren im Frühling in unsere neue Wohnung eingezogen. Jetzt befanden wir uns mitten im Sommer in Südflorida, in der Hochsaison der gruseligen Krabbeltiere. Es war ein gewöhnlich regnerischer Juni mit tropischen Unwettern, die uns fast jeden Tag heimsuchten. Bei diesem Wetter flüchten Insekten sich umso lieber in Häuser.

Da wir im elften Stock wohnten, konnte ich die Fauna in

meinem Apartment zwar eindämmen, aber es gab immer wieder zähe Biester, die mühelos zu uns hinaufkrabbeln konnten – vor allem, riesige, unerträglich lästige Stechmücken, deren Körper größer als meine Daumennägel waren.

Homer zuliebe achtete ich peinlich genau darauf, so schnell wie möglich die Glastür zu passieren. Doch einerlei, wie rasch ich die Tür hinter mir schloss, allerlei Fliegen gelang es immer, mich zu begleiten. Während deren Zustrom meine Freunde an der neuen Wohnung trübte, hatte Homer enormen Spaß daran. Als ich alle Kartons ausgepackt und weggeworfen hatte, war er erneut außerstande, Scarlett oder Vashti erfolgreich frontal anzugreifen. Seit die Fliegen da waren, hatte er endlich etwas, was er aufspüren und jagen konnte, ohne Vashtis Passivität oder Scarletts Geringschätzung erdulden zu müssen.

Ein paar Monate nach unserem Einzug fing Homer zum ersten Mal eine Fliege. Ich stellte gerade ein paar neue Bücher ins Wohnzimmerregal, als ich ein lautes, wütendes Brummen knapp über meinem Kopf hörte. Als ich mich umschaute, sah ich, dass alle drei Katzen – wie in Formation – langsam einer Fliege folgten, die in etwa anderthalb Meter Höhe wie verrückt Zickzack flog.

Homer hatte den Kopf gehoben und schüttelte ihn rasch im Rhythmus des unregelmäßigen Brummens der Fliege. Die Ohren waren aufgerichtet, so hoch es ging. Scarlett und Vashti hatten riesige Pupillen, sodass ihre Augen nur aus Pupillen zu bestehen schienen. Sie wandten den Blick keine Sekunde lang von dem Eindringling ab. Es sah aus, als überlegten sie, ob sie springen sollten. Doch während sie noch darüber nachdachten, war Homer plötzlich in der Luft.

Er sprang senkrecht nach oben, bis sein Kopf der Decke näher war als meiner. Die untere Hälfte seines Körpers krümmte sich zu einem anmutigen Bogen. Er hing einen Moment in der Luft wie ein olympischer Turner kurz vor dem Abgang, und ich hörte seine Kiefer zuschnappen. Er landete gewandt auf den Hinterbeinen und setzte sich.

Das Summen hatte aufgehört. Die Fliege war weg.

»Mein Gott!«, rief ich unwillkürlich. Selbst Scarlett und Vashti blinzelten und sahen gegen ihren Willen beeindruckt aus. *Haben wir eben gesehen, was wir zu sehen glaubten?*

Der Einzige, der anscheinend nicht überrascht war, war Homer. Seine Kiefer mahlten heftig, wie bei einem Kind, das ein Sahnebonbon kaut. Da er nie zuvor ein Insekt gefangen hatte, war ihm nicht bewusst, was es bedeutete, eine Fliege mit dem Mund zu erlegen – es bedeutete, dass er jetzt … nun ja … eine Fliege im Mund hatte.

Ich hatte eine Fliegenklatsche und einige Klebefänger gekauft, aber sie blieben unbenutzt und sammelten in einer Küchenschublade Staub an. Ich brachte es nicht über mich, Homer die Freude an seinem neuen Lieblingshobby zu rauben. Und um ehrlich zu sein, wäre jede Anstrengung, die ich unternommen hätte, um die Fliegeninvasion einzudämmen, ohnehin vergeblich gewesen.

Homer machte aus der Fliegenjagd eine Kunst. Er experimentierte mit verschiedenen Sprüngen und Strategien, je nachdem, was die Situation oder die Langeweile verlangten. Manchmal sprang er hoch wie beim ersten Mal, oder er schlug – anstatt die Fliege in der Luft zu fangen – energisch mit den Vorderpfoten nach ihr wie ein Hund, der im Wasser paddelte. Schließlich schlug er das Insekt zu Boden. Dann, während die taumelnde Fliege zu fliehen versuchte, wich er ein Stück zurück und sprang sie an. Manchmal jagte er eine Fliege zum Balkon, bis sie gegen die Schiebetür prallte. Während sie hilflos gegen das Glas anflog, presste Homer eine Pfote auf sie, schob sie in die Ecke, wo Tür und Boden sich trafen, und hielt sie dort fest, bis sie sich nicht mehr rührte.

Wenn eine Fliege an der Wand hinter dem Sofa landete, stellte Homer sich auf der Lehne auf die Hinterbeine und klatschte die Fliege mit einem blitzschnellen Schlag einer Vorderpfote an die Wand. Dann hob er die Pfote ein wenig hoch, sodass er den Kopf gerade noch durchschieben und sich die Fliege in den Mund schaufeln konnte. Einmal sah ich ihn auf der Jagd nach einer Fliege eine Stuhllehne hinaufsausen. Oben balancierte er auf drei Beinen und schlug mit dem vierten wild nach dem Insekt. Aber es flog an eine Stelle knapp hinter seinem Kopf. Homer – ich schwöre es – legte einen perfekten Rückwärtssalto hin, fing die Fliege in der Luft und verdrehte seinen Körper so, dass er sicher auf allen vieren landete.

»Oh, gib nicht so an!«, sagte ich zu ihm. Aber ich musste darüber lachen, wie selbstgefällig er aussah.

Bald kam es so weit, dass ich kein Summen hören musste, um zu wissen, dass eine Fliege unter uns weilte. Ich nahm aus den Augenwinkeln einen vorbeihuschenden schwarzen Schatten wahr, und schon wusste ich Bescheid.

Manchmal unterhielt ich mich selbst mit imaginären Gesprächen zwischen jenen Fliegen, die es würdelos fanden, das eine ihrer Gefährtinnen von einer blinden Katze gefangen wurde. Der Dialog verlief ungefähr so:

Erste Fliege: *Hast du gesehen, wie Carla von dieser augenlosen Katze geschnappt wurde? Obwohl sie ungefähr hundert Augen hatte?*

Zweite Fliege: *Na ja, Carla war eben ein Idiot.*

Aber Homer brachte als oberster Jagdaufseher in unserer Wohnung nicht nur Fliegen zur Strecke. Er war ebenso geschickt darin, alle Arten von Schädlingen zu beseitigen: Ameisen (die er so leicht fangen konnte, dass es fast seine Fähigkeiten beleidigte), Stechmücken und ab und zu eine Motte.

Dann waren da noch die Kakerlaken. Ich lebe jetzt in New York und weiß, was man hier im Nordwesten für eine »Kakerlake« hält. Aber einige der Biester im Süden sind so groß, dass man sie satteln und auf ihnen am Kentucky-Derby teilnehmen könnte. Da wir weit oben wohnten, wurden wir nicht so sehr geplagt. Weil die größeren von ihnen – im Süden nennt man sie »Palmwanzen« – jedoch fliegen können, gelang es einigen, sich bei uns einzuschleichen. Aber sie hatten wenig Zeit, es zu bereuen.

Selbst große Kakerlaken sind schnell. Doch keine von ihnen war so schnell und so schwer zu lokalisieren wie die Fliegen, die Homer regelmäßig fing. Daher bestand die einzige Schwierigkeit für ihn darin, dass Fliegen ihre Gegenwart mit lautem Summen ankündigten, während die Kakerlaken nicht zu hören waren. Das dachte ich jedenfalls. Aber Homers Gehör war sehr viel schärfer als meines und auch empfindlicher als Scarletts und Vashtis Ohren. Oft überraschte ich Homer dabei, wie er den Kopf zur Seite neigte und auf etwas lauschte, was ich nicht wahrnehmen konnte. Dann sprang er auf eine bestimmte Stelle zu, wo ein Bücherschrank die Wand berührte und – natürlich – eine riesige Kakerlake herumkrabbelte.

Homer fraß fast alles, was er fing, außer den Kakerlaken. Die hob er für mich auf. Als es einmal zwei Wochen lang besonders oft regnete, erblickte ich jeden Morgen nach dem Aufwachen zwei oder drei fein säuberlich aufgeschichtete Palmwanzenleichen vor dem Bett.

Kaum hörte Homer, dass ich mich rührte, sprang er vom Bett, stellte sich vor die toten Kakerlaken und miaute einladend und erwartungsvoll. (Für Homer wäre es unvernünftig gewesen, anzunehmen, dass ich ohne Hilfe etwas finden würde, was kein Geräusch verursachte.) *Schau, Mama! Sieh mal, was ich dir gebracht habe! Gefällt es dir? Ja?*

»Danke, Homer«, sagte ich dann immer. Zum Glück sah er nicht, wie ich vor Abscheu unwillkürlich das Gesicht verzog. »Du bist ein sehr aufmerksames Kätzchen. Die neuen Kakerlaken gefallen mir.« Homer streckte die Vorderpfoten nach oben und umklammerte meine Beine – er wartete darauf, dass ich ihn streichelte und lobte. Das tat ich ausgiebig.

Jetzt, wo ich meine eigene Wohnung hatte, lud ich ziemlich oft Freunde ein. Homer begrüßte sie immer mit seinem üblichen Interesse, ließ sich dadurch aber nie von einem frei herumlaufenden oder -fliegenden, sechsbeinigen Eindringling ablenken. »Da ist ja *verrückt!*«, sagten die Leute, wenn sie sahen, wie Homer eine Fliege hoch in der Luft fing. »Er ist doch *blind!*«

»Sag ihm das nicht«, erwiderte ich trocken. »Ich glaube kaum, dass er es weiß.«

»Er ist wie Mr Miyagi in *Karate Kid*, der Fliegen mit Essstäbchen fängt«, bemerkte meine Freundin Tony einmal. »Ich wünschte, ich hätte eine ganze Schachtel voller Fliegen und Kakerlaken dabei und könnte sie hier freilassen, damit er sie fängt.«

Ich schauderte angesichts dieser Aussichten. »Ich bin unglaublich froh, dass du keine dabeihast.«

Aber Homer hatte sein größtes Kunststück noch nicht offenbart. Diese Ehre stand mir noch bevor.

14   MUCHO GATO

Böse Taten gedeihen nicht,
und die Schwachen versetzen die Starkren in Erstaunen.
Homer, *Odyssee*

Es war eine unangenehm heiße Nacht Mitte Juli. Ein Geräusch, das ich nie zuvor gehört hatte, riss mich um vier Uhr morgens aus dem Schlaf.

Es klang wie das Knurren einer Katze, doch die einzige Katze, die ich je hatte knurren hören, war Scarlett. Aber ich wusste, dass sie es nicht war. Und Vashti konnte es auch nicht sein – sie war so höflich und gutmütig, dass ihr Miauen aus leisem Quieken bestand. Es lag ihr nicht, jemanden anzuknurren.

Also blieb nur noch Homer übrig.

Die bloße Tatsache, dass Homer knurrte – Homer, der freundlich wie ein Hündchen und immer so unbekümmert war, dass ich ihn kein einziges Mal mürrisch erlebt hatte –, jagte mir Angst ein. Ich kniff die Augen zusammen und versuchte, ihn in der Dunkelheit zu sehen.

Das schwache Licht der Straßenlaternen fiel durch die Jalousien. Aber Homer, schwarz und ohne Augen, war völlig unsichtbar. Ich spürte aber, dass er in der Nähe war, irgendwo auf dem Bett. Also setzte ich mich auf und griff nach dem Schalter der Nachttischlampe.

Das Erste, was ich sah, war Homer, der aufgeplustert mitten auf dem Bett stand. Er sah dreimal so groß aus wie sonst. Sein Rücken war gekrümmt, und jedes Haar an seinem Körper stand senkrecht nach oben. Sein Schwanz sah aus wie eine Bürste, mit der man Rohre reinigt. Die Beine hatte er weit gespreizt, und obwohl er den Kopf eingezogen hatte, waren die Ohren gespitzt. Er bewegte den Kopf und die Ohren mit der Präzision eines Echolots rhythmisch von einer Seite zur anderen. Die vorderen Krallen hatte er weiter nach vorn gestreckt, als ich es je zuvor gesehen hatte, weiter, als ich es für physisch möglich gehalten hätte. Sein Knurren hielt an, tief und kontinuierlich – noch nicht total aggressiv, aber eine eindeutige Warnung.

Am Fuße meines Bettes stand ein Mann, den ich noch nie im Leben gesehen hatte.

Wenn man von einem Geräusch aus tiefem Schlaf geweckt wird, ist man desorientiert. Ich erwog rasch alle harmlosen Erklärungen für die Anwesenheit dieses Mannes und verwarf sie. Ein Freund, der mich besuchte? Nein. Ein betrunkener Nachbar, der seine Wohnung mit meiner verwechselt hatte?

Nein, nein und nein.

Ich spürte, wie jeder Muskel meines Körpers sich anspannte. Die Augenlider hatte ich so schnell und so weit aufgerissen, dass die Muskeln schmerzten.

Alles, was ich mir vorstellen konnte, war, dass der geheime Albtraum jeder alleinstehenden Frau – das Schreckensszenario, das tausend Horrorfilme hervorgebracht hatte – hier und jetzt wahr geworden war, *in meinem Schlafzimmer*. Mir war klar, dass ich keinerlei Vorkehrungen getroffen und mir keine Waffe angeschafft hatte, weil ich nie wirklich geglaubt hatte, dass mir so etwas passieren konnte. Meine Blicke schweiften wild durchs Zimmer auf der Suche nach einem Gegenstand, den ich vielleicht als Waffe benutzen konnte.

Der Eindringling sah ebenso überrascht aus, wie ich mich

fühlte, und einen verrückten Augenblick lang kam mir das überaus komisch vor. Immerhin war er von uns dreien am besten auf die Ereignisse vorbereitet. Ich meine, wer war in wessen Apartment eingebrochen?

Aber dann merkte ich, dass er nicht mich ansah. Er hatte den Blick noch nicht von Homer abgewandt.

Wie ich hatte er offenbar Homer knurren gehört, ihn aber nicht sehen können. Doch im Gegensatz zu mir brauchte er eine Sekunde, um herauszufinden, *warum* diese Katze – die sich anscheinend auf einen Angriff vorbereitete – völlig unsichtbar gewesen war. Hier ging etwas Unheimliches vor, und es ging von dieser Katze aus, mit deren *Gesicht* etwas nicht stimmte …

Unter friedlicheren Umständen wäre ich schwer beleidigt gewesen, denn der Einbrecher verzerrte in panischem Entsetzen das Gesicht, als er erkannte, was vor ihm stand.

Vielleicht war Homer erschrocken darüber, wie sehr mein Körper sich versteift hatte, oder dass ich wach war, aber keine beruhigenden Worte murmelte. Sein Knurren wurde viel lauter und schriller.

Manche Katzen knurren und sträuben die Haare, um einen Kampf zu vermeiden. Sie ziehen sich langsam zurück, behalten aber die einschüchternde Pose bei und hoffen, dass der Feind zuerst nachgibt. Aber Homer wich nicht zurück. Mit einer langsamen Präzision, die ich sofort erkannte – weil mir seine vielen gescheiterten Versuche einfielen, sich an Scarlett heranzuschleichen – kroch er vorwärts, auf den Eindringling zu.

Es hört sich vielleicht albern an (vergessen Sie nicht, dass ich etwa fünf Sekunden zuvor noch tief geschlafen hatte), doch einen Sekundenbruchteil lang machte ich mir um den Einbrecher Sorgen. Es war einfach mein erster, irrationaler Gedanke angesichts eines aggressiven Tieres, das dabei war, sich in meiner Wohnung auf jemanden zu stürzen. Hätte man mich eine halbe Stunde früher gefragt, hätte ich gesagt, Homer werde *niemals* jemanden in meiner Gegenwart angreifen. Und selbst wenn er aus einem schwer vorstellbaren Grund einmal seine generelle Freundlichkeit gegenüber jedem Gast vergessen sollte, werde mein »Nein!« ihn unverzüglich aufhalten. Homer war ein Unruhestifter und Draufgänger, aber er war nie wirklich ungehorsam. Dessen war ich mir absolut sicher. Es war einer der Ecksteine unserer Beziehung, eine der grundlegenden Tatsachen, abgesehen von seiner Blindheit, die ihn von anderen Katzen unterschieden.

Aber in diesem Augenblick wusste ich – ich *wusste* es –, dass ich Homer nicht davon abhalten konnte, diesen Mann anzugreifen, wenn er das vorhatte. Das fauchende, wütende Tier auf meinem Bett war eine Katze, die ich noch nie gesehen hatte, die ich nicht kannte und über die ich keinerlei Macht besaß. Die einzige Frage war, wie zerkratzt und blutig der Einbrecher oder ich oder wir beide bald sein würden.

Seit ich die Lampe angeknipst hatte, waren erst einige Sekunden vergangen. Jetzt kam mir meine nächste Bewegung so schmerzhaft naheliegend vor, dass ich es kaum glauben konnte. Ich griff nach dem Telefonhörer neben meinem Bett, um den Notruf zu wählen.

»Tun Sie das nicht«, sagte der Mann. Das waren seine ersten Worte.

Ich zögerte einen kurzen Augenblick, dann schaute ich zu Homer hinüber. *Tu, was er tut,* drängte mich meine Stimme in meinem Kopf. *Handle mutiger, als du eigentlich bist.*

»Halt's Maul!«, sagte ich zu dem Mann und wählte die Nummer.

Dann geschahen mehrere Dinge gleichzeitig. Eine Stimme meldete sich, und ich sagte: »Jemand ist in meinem Apartment!«

»Jemand ist in Ihrem Apartment?«, wiederholte die Telefonistin.

»Ja, jemand ist in meinem Apartment!«

Inzwischen hatte auch Homer gehandelt. Er hatte keine Ahnung, dass er viel kleiner war als der Kerl, der sich drohend über das Bett beugte. Aber eines wusste er genau: Wie man jemanden anhand eines Geräusches lokalisiert.

Sobald er Einbrecher gesprochen hatte, wusste Homer genau, wo er war.

Mit lautem Fauchen, das seine Fänge entblößte (die ich bis dahin immer »Zähne« genannt hatte), warf Homer sich mit seinem ganzen Gewicht nach vorn und streckte die rechte Vorderpforte so weit, dass es aussah, als wäre der Knochen ausgekugelt, der das Bein mit der Schulter verband, und als werde das Bein nur noch von Muskeln und Sehnen gehalten. Es war bizarr. Die Krallen hatte er noch weiter herausgestreckt (mein Gott, wie lang *sind* die denn?). Sie glitzerten im Lampenlicht wie Sicheln – und schlugen plötzlich brutal nach dem Gesicht des Mannes.

Homer verfehlte ihn um Millimeter – aber nur, weil der Mann den Kopf instinktiv zurückgeworfen hatte.

»Okay, Madam, ich verbinde Sie mit einem Beamten«, sagte die Telefonistin. »Bleiben Sie am Apparat …«

Den Rest ihrer Instruktionen hörte ich nicht, denn in diesem Moment drehte sich der Einbrecher um und lief weg. Homer, immer noch mit senkrecht stehendem Schwanz, sprang vom Bett und rannte ihm nach.

»HOMER!« Nie zuvor hatte ein solcher Schrei meinen Mund

verlassen. Er zerriss das Innere meiner Kehle, bis sie sich blutig anfühlte. »HOMER, NEIN!«

Ich warf das Telefon weg und lief den beiden nach.

Wie zwei keuchende Wettläufer kurz vor der Ziellinie kämpften zwei separate und unterschiedliche Ängste um die Vorherrschaft in meinem Kopf. Die erste war, dass Homer den Eindringling tatsächlich einholen könnte. Wer wusste, was der Mann tun würde, wenn er sah, dass Homers Krallen erneut auf ihn zukämen?

Außerdem fürchtete ich, Homer werde den Einbrecher aus der Wohnungstür und in die langen, labyrinthischen Flure des Hauses jagen und nie mehr zurückfinden. Als ich dieses Bild lebhaft vor Augen sah, war ich schockiert. Ich merkte, dass es tief in mir verankert war. Die Angst, Homer zu verlieren, hatte immer im Hintergrund meines Geistes gelauert, zusammengekringelt und stumm, aber bereit, sich aufzurichten und mich blitzschnell zu beißen.

Homer war zur Tür hinausgerannt und befand sich fast zwei Meter im Flur, ehe ich ihn einholte. Ich schaute mich um, nicht nur, weil ich mich vergewissern wollte, dass der Einbrecher weg war, sondern auch, um nachzusehen, ob die beiden anderen Katzen das Apartment ebenfalls verlassen hatten. Dann sah ich, wie die Tür des Notausgangs am anderen Ende des Korridors sich schloss.

Ich schaufelte Homer in meine Hand. Das Stakkato seines Herzschlags beunruhigte mich, aber auch mein Brustkorb fühlte sich an, als wäre er mit flüssigem Feuer gefüllt. Homer wehrte sich heftig, drosch mit den vorderen Krallen ziellos auf mich ein und zerkratzte mir den Unterarm mit den hinteren Krallen, sodass zornrote Striemen zurückblieben. Erst als wir uns wieder in der Wohnung befanden und ich die Tür hinter mir zuwarf und Homer unsanft auf den Boden setzte, schien er zu sich zu kommen.

»Wenn ich Nein sage, meine ich Nein, verdammt!«, kreischte ich. »Du bist eine *böse Katze, Homer!* Eine böse, böse Katze!«

Homer keuchte heftig. Sein Brustkorb hob und senkte sich rasch. Ich sah ihn tief Luft holen, dann legte er den Kopf ein wenig schief.

Es berührte mich immer wieder, dass Homer anscheinend wirklich versuchte, mich zu *verstehen*, wenn ich mit ihm redete. So wie jetzt, als er beim Klang meiner Stimme das Gesicht nach oben drehte und sich bemühte, mein Geschrei zu deuten. Einerseits sagte ihm jeder Instinkt, dass er eben genau das Richtige getan hatte: Jemand hatte sein Revier bedroht, und er hatte die Gefahr abgewehrt. Was war daran falsch?

Andererseits schrie Mama ihn an, wie sie ihn nie zuvor angeschrien hatte. Offenbar war sie der Meinung, er habe etwas sehr, sehr Dummes getan. Wer also hatte recht?

Homer kroch nicht reumütig auf mich zu, wie er es sonst tat, wenn ich wütend war. Er saß einfach nur da und kringelte den Schwanz locker um die Vorderpfoten wie die uralten ägyptischen Katzenstatuen, die Tempel bewachen.

Ich erinnerte mich an eine Szene aus dem Roman *Wem die Stunde schlägt*. Eine zerlumpte Gruppe Bauern hatte im Spanischen Bürgerkrieg eben gegen faschistische Soldaten gekämpft und schwere Verluste erlitten. Unter den Toten war das treue Pferd eines älteren Bauern, der am Kampf teilgenommen hatte. Der Bauer kniete vor dem gefallenen Pferd und flüsterte: »*Eras mucho caballo*«, was Hemingway mit *Du warst 'ne Menge Pferd* übersetzt hatte.

Dieser eine Satz hatte mich immer berührt, weil er meiner Meinung nach so viel ausdrückte. Der Bauer wollte sagen, dass dieses Pferd mehr geleistet hatte als alle anderen Pferde. Es hatte wie ein Mann gekämpft und war wie ein Held gefallen. Wegen seiner Tapferkeit war es mehr wert als eine ganze Herde von Pferden, es war »so viel Pferd«, dass der Körper eines einzigen Pferdes kaum imstande gewesen war, es zu beherbergen.

Homer sah noch kleiner aus als sonst, während er so auf dem Boden hockte. Den Kopf hielt er immer noch geneigt, und sein zuvor aufgeregtes Fell sank langsam in sich zusammen.

So ein kleiner Junge, dachte ich. *Er ist so ein winziger Junge!*

»Ach, Homer«, sagte ich mit bebender Stimme. Ich kniete nieder und kraulte ihn hinter den Ohren. Er schnurrte leise. »Es tut mir leid, dass ich dich angeschrien habe. Es tut mir so leid, kleiner Kerl!«

Jemand klopfte laut an die Tür. Dann hörte ich ein überaus willkommenes Wort: »Polizei!«

»Ich bin okay«, rief ich. »Ich komme.«

Wieder hob ich Homer auf. Er schmuste gern, aber er mochte es nicht, wenn ich ihn aufhob. Normalerweise strampelte er dann, wand sich und versuchte verzweifelt, den Boden zu erreichen. Aber jetzt blieb er ruhig in meinen Armen liegen. Ich vergrub das Gesicht im Pelz seines Nackens.

»*Eres mucho gato,* Homer«, flüsterte ich. *Du bist 'ne Menge Katze.*

Sanft stellte ich ihn wieder auf die Beine.

15 MEIN HOMER/MEIN SELBST

> *Vor einem Augenblick warst du ganz zerlumpt,*
> *nun aber gleichst du einem Gott, der vom Himmel gekommen ist.*
> Homer, *Odyssee*

Das Licht legt rund 300 000 Kilometer in der Sekunde zurück, erreicht aber in der Augenlinse nur zwei Drittel dieser Geschwindigkeit. Andernfalls wären wir funktionell blind, unfähig, mehr zu erkennen als Schatten, gespickt mit vagen hellen Flecken. Dieser Bremsvorgang ermöglicht es unserem Gehirn, die Dinge zu interpretieren, die das Licht enthüllt. Aber unser Gehirn geht noch weiter: Es glättet Verzerrungen und füllt gelegentliche Lücken im Sehfeld auf. Deshalb sehen wir beispielsweise ein Objekt, das sich für unsere Augen zu schnell bewegt, nur verschwommen. Das Objekt ist nicht wirklich unscharf. Unser Gehirn will lediglich Ordnung schaffen, wo ansonsten Chaos herrschen würde.

Daraus können wir, glaube ich, lernen, dass wir die Wirklichkeit nicht genau so sehen, wie wir sie zu sehen glauben. Einfacher ausgedrückt: Die Dinge sind nicht immer so, wie sie zu sein scheinen.

Nach dem Einbruch irrte ich tagelang in einer Art Schockzustand herum. (*Ich hätte sterben können,* dachte ich immer wieder. *Ich hätte vergewaltigt und ermordet werden können!*) Alles sah anders aus, fühlte sich anders an, hatte einen anderen Klang. Musik wurde Lärm. Das Sonnenlicht war so grell, das es mir die Haut aufscheuerte. Stille und Dunkelheit raubten mir den

Atem, denn sie verbargen Schreckliches. Vertraute Dinge beleidigten mich, weil sie vortäuschten, normal zu sein, obwohl doch nichts so ist, wie es scheint. Meine Wohnung war nicht der sichere Hafen, von dem ich geträumt hatte, und überall lauerten unbekannte, furchtbare Gefahren.

Homer fand seine gewohnte Fröhlichkeit viel schneller wieder als ich. Am nächsten Morgen – nie zuvor hatte ich einen Sonnenaufgang mit derart roten Augen angesehen – lag seine Einstellung zu dem Vorfall anscheinend fest: *He, das war verrückt, nicht? Los, spielen wir Fangen!* Es war, als sei der grimmige Verteidiger, in dem er sich so atemberaubend schnell und unerwartet verwandelt hatte, nur eine optische Täuschung gewesen. Ich rief so ziemlich alle Leute an, die ich kannte, und erzählte ihnen, was Homer getan hatte, nicht so sehr deshalb, weil ich mit ihm angeben wollte (obwohl Prahlerei sicher berechtigt war), sondern eher, weil ich das Bedürfnis hatte, eine Erinnerung zu festigen, die ich mir nur schwer einprägen konnte, da Homer schon fünf Stunden später gelassen und selbstzufrieden herumlief.

Die meisten Leute glauben irgendwann, dass sie alles über ihre Haustiere wissen und fast mit Sicherheit vorhersagen können, wie sie in bestimmten Situationen reagieren werden. Mein Vater war mit einigen unserer Hunde ohne Leine spazieren gegangen, denn »Tippi hört *immer* auf, wenn ich *Nein* sage«, oder: »Penny, würde *nie* von meiner Seite weichen.«

Aber mein Vater, der Haustiere besser verstand als jeder andere, war auch der Erste, der zugab, dass ein Hund oder eine Katze zuallererst ein Tier ist und dass Tiere – wie Menschen – immer in gewissem Umfang unberechenbar bleiben.

Ich hatte geglaubt, Homer sei mir so vertraut, wie mein Vater mit seinen Hunden vertraut war. Wenn Homer an einer leeren Thunfischdose schnupperte, sie umkippte und mit den Vorderpfoten enttäuscht darin herumstocherte, sagte ich zu meinen Gästen: »Er versteht nicht, wie etwas so stark nach Thunfisch riechen kann, ohne Thunfisch zu sein.«

Ich habe bereits erwähnt, dass Homer jede Nacht bei mir schlief, gleichzeitig mit mir einnickte und genau so lange schlief wie ich. Aber das war nicht alles. Wenn ich aß, trottete er zu seinem Futternapf. Wenn ich besonders gut gelaunt war, lief Homer ausgelassen im Zimmer herum, und seine Purzelbäume und Luftsprünge waren der physische Ausdruck meiner Gefühle. Wenn ich traurig war, rollte er sich in meinem Schoß zu einem festen kleinen Ball zusammen, und nicht einmal sein Lieblingsspielzeug oder eine frische Dose Thunfisch konnten ihn aus seiner Trübsal locken. Wenn ich von einem Raum zum anderen ging, rannte Homer vor mir her oder zockelte mir nach, oder er umkreiste meine Beine. Aber der Rhythmus unserer Schritte war derart synchronisiert, dass wir beide keinen einzigen Ton unserer gemeinsamen Musik verpassten – wir stolperten nie und brachten einander nie zum Stolpern. Ich konnte durch einen dunklen Flur gehen, während Homer um meine Füße herumflitzte, und obwohl ich ihn nicht sah, stolperte ich nie und fiel nie über ihn, nicht einmal annähernd.

Doch Homer hatte auch Fähigkeiten – mutige, außergewöhnliche, heldenhafte Züge –, die niemand ihm zugetraut hätte, als ich das hilflose Kätzchen aufgenommen hatte. Selbst ich konnte sie nach drei gemeinsamen Jahren nicht voraussehen. Ich war stolz auf ihn. Was denn sonst? Ich hatte immer darauf bestanden, dass Homer so »normal« wie jede andere Katze sei. Aber das war etwas ganz anderes. Ihn nicht als *blind* oder *normal,* sondern als *heldenhaft* zu betrachten, erforderte ein gewisses Umdenken von mir.

Eine seit Langem verheiratete Freundin sagte Jahre später am Vortag meiner Hochzeit: »Vergiss nicht. Du gehst jeden Abend mit einem Fremden ins Bett.« Aber das wusste ich zu diesem Zeitpunkt schon eine ganze Weile. Es war die zweitwichtigste Lektion über Beziehungen zwischen Erwachsenen, die Homer mir beigebracht hatte.

Der Mann, der bei uns eingebrochen war, wurde nie geschnappt. Ein Polizeibericht wurde abgeheftet, und ich ging ins Polizeirevier von Miami Beach, um ein dickes Verbrecheralbum durchzublättern. Ich sah ein paar Typen auf Fotos, die meinem Einbrecher ähnelten, aber identifizieren konnte ich niemanden. Wann immer ich an diese Nacht zurückdachte, sah ich nur Homer vor meinem geistigen Auge. Vor Gericht hätte ich niemals beschwören können, dass ein Mann aus einer Gegenüberstellung oder aus einem Album der Täter war.

Wochenlang schlief ich schlecht. Doch während Angst und Wut meine Begleiter blieben, hatte Homer diese Emotionen offenbar nach einer Nacht überwunden. Er schlummerte in diesen langen, schlaflosen Nächten wie ein Baby neben mir, während ich beim kleinsten Geräusch die Augen aufriss.

Ich hatte mir immer vorgestellt, dass ich die Welt für Homer verständlich machen würde. Ich wollte die Augen sein, die er nicht hatte. Ich wollte seine Ängste in der Dunkelheit stillen. Doch Homer fühlte sich im Dunkeln, in der Welt unerklärlicher Geräusche, viel wohler als ich. Ich gebe zu, dass ich diejenige war, die sich nach dem Einbruch sicherer fühlte, *weil* Homer neben mir schlief.

Als ich einmal so dalag und gegen meine neu entdeckte Schlaflosigkeit ankämpfte, kam mir ein Gedanke. Ich hatte geglaubt, Homer sei trotz seiner Blindheit in der Dunkelheit furchtlos. Aber vielleicht war das Gegenteil der Fall. Er hatte gewusst, dass es im Dunkeln etwas zu fürchten gab, er hätte nicht so aggressiv reagiert, wenn er nicht sicher gewesen wäre, dass es einen Grund für seine Furcht gab. Aber wie geht man mit dieser Furcht um? Man muss weiterleben, nicht wahr? Eine andere Katze hätte womöglich ihr Leben lang gefaucht und sich versteckt und überall Feinde gewittert. Homer ging einfach seinen Geschäften nach und vertraute instinktiv darauf, dass er jeder möglichen Bedrohung gewachsen war.

Meinen Eltern erzählte ich nichts von dem Einbruch. Sie konnten ohnehin nichts daran ändern und würden sich nur Sorgen machen. Wer weiß, wann meine Mutter wieder ein Auge zugemacht hätte? Aber Homer wurde in den folgenden Tagen von meinen Freunden bestaunt. »Nicht zu glauben!«, riefen sie. *»Das kann doch nicht wahr sein!«* Auch sie sahen ihn jetzt mit ganz neuen Augen. Er war unser Daredevil, unser realer Superheld, obwohl er seine Tapferkeit in jener Nacht wohl nie mit den zahllosen Thunfischdosen, den vielen Truthahnscheiben und den Eimern voll billigem Kaviar in Verbindung brachte, die er bekam. (Den Kaviar kaute er gedankenvoll, fasziniert von seinem Fischgeschmack und seiner eigenartigen Konsistenz.) Scarlett und Vashti, die natürlich ihren Anteil an dieser Fülle erhielten, schienen sich ebenfalls nicht zu wundern. Sie genossen die Leckerbissen einfach als Geschenk der Götter.

Was mich besonders umtrieb, war der Gedanke: *Warum?* Warum *meine* Wohnung? Das Schlimmste ist, dass es meist *keinen* Grund gibt. Oder vielleicht gibt es ihn doch – weil jede

Wirkung eine Ursache hat –, aber wir erfahren es nie. Dieses Nichtwissen macht es mir unmöglich, ähnliche Vorfälle zu verhindern. Aber es war zugleich befreiend. Die Welt mag gefährlich sein, und manchmal geschieht etwas Böses, aber wir können nichts dagegen tun. Wir können nur weiterleben. Und es wäre töricht, das Leben nicht zu genießen.

Homer hat das auf seine Weise immer gewusst.

Als der Schock und die Furcht sich gelegt hatten – und weil Homer wieder ein normaler Kater war, der Gummibänder liebte und tollkühn Bücherschränke und Küchenregale plünderte –, war ich um zwei Einsichten reicher. Ich erkannte, dass es mir gelungen war, Homer so zu »erziehen«, wie ich es mir vorgenommen hatte. Er war in der Tat mutig und unabhängig und wurde nicht von Selbstzweifeln geplagt. Ich hatte darauf bestanden, dass Homer allein zurechtkam, so wie jede andere Katze. Und das konnte er. Er hatte sogar bewiesen, dass er unter Umständen auch mich schützen konnte.

Und darum empfand ich eine so tiefe Dankbarkeit, dass ich das Gefühl hatte, als gebe es in jedem Raum, in dem Homer und ich uns aufhielten, eine dritte Präsenz. In den dunklen Stunden das frühen Morgens, wenn selbst eine Stadt wie South Beach still wird, wurden meine düsteren Gedanken zu einer Welle, die mich schier ertränkte: *Jene Nacht hätte auch ganz anders ausgehen können* … Dann füllten sich meine Augen mit Tränen, und ich zog Homer enger an mich und murmelte: »Gott sei Dank, das ich dich habe, kleine Katze!«

Homer hatte mich vielleicht überrascht, aber es war nicht zu leugnen, dass jetzt eine neue, tiefere Symmetrie zwischen uns bestand. Einst hatte ich Homer das Leben gerettet. Und jetzt, Jahre später, hatte er meines gerettet.

16   DIE KATZEN UND DAS LEDIGE MÄDCHEN

> *Die Söhne aller eurer Anführer drängen meine Mutter*
> *gegen ihren Willen zu heiraten.*
> Homer, *Odyssee*

Vor dem Einbruch hatte ich genau eine Verabredung gehabt, bei der es meinem Verehrer gelungen war, meine Wohnung zu betreten. Er hatte mich an einem Donnerstagabend abgeholt, und ich hatte ihn kurz zu einem Drink hereingebeten, bevor wir aufbrachen. Ich ging in die Küche, um uns Cocktails zu mixen. Als ich zurück ins Wohnzimmer kam, hatte der Typ Homer in eine Ecke gedrängt. Er stand vor dem Kater, der ihn laut anfauchte. Homers Gesicht zeigte einen wilden, entsetzten Ausdruck, als versuche er, mithilfe seiner Ohren einen Fluchtweg zu finden.

Ich ließ beinahe die Gläser fallen. »Was zum …?«

»Er ist auf mich losgegangen«, erklärte mein Besucher. »Schwarze Katzen bringen Unglück.«

Die meisten Leute bemühten sich, nett zu Homer zu sein. Einige wenige blieben gleichgültig und ließen ihn einfach in Ruhe. Aber ich hatte noch nie jemanden getroffen, der den Nerv hatte, *eine blinde Katze zu erschrecken.* Die Stimme, die ich in meinem Kopf hörte, klang wie die meiner Mutter. *Was für ein Mensch tut so etwas? Wer hat diesen Mann aufgezogen?*

Das war vielleicht das einzige Mal in meinem Leben, dass ich mir wünschte, ein Mann zu sein, denn ich wollte nur noch ausholen und diesem Kerl ins Gesicht schlagen. Ich hatte eine höchst angenehme Vision, in der ich ihm das Glas, das ich hielt, seitlich an den Schädel schmetterte wie bei den *Sopranos*. Meine Hände ballten sich um das mit Eis gefüllte Glas zu Fäusten, bis ich fürchtete, Frostbeulen zu bekommen. Aber meine Stimme war gefasst.

»Diese Katze lebt hier«, sagte ich. »Du nicht. Bitte verschwinde *sofort* aus meiner Wohnung.«

Abgesehen von meinen Freunden blieb er viele Monate lang der erste und letzte Mann, den ich in mein Apartment einlud. *Siehst du, was passieren kann?,* dachte ich immer wieder. Selbst Leute, die ich am Arbeitsplatz oder durch Freunde kennenlernte, konnten auf alle möglichen Arten Furcht einflößend sein. Man konnte nichts voraussehen.

Als ich bei meinen Eltern ausgezogen war, hatte ich mich auf Verabredungen gefreut. Natürlich war ich auch ausgegangen, als ich bei ihnen gewohnt hatte. Aber wenn man die Highschool hinter sich hat, ist es kein reizvoller Gedanke, mit einem Mann, den man mag, auf der Couch der Eltern zu sitzen. Und wäre es zu einer festen Beziehung gekommen, wäre ich sicher meist in der Wohnung meines Freundes gewesen. Aber es kam für mich nicht infrage, so lange von meinen Katzen getrennt zu sein. Die ganze Situation hatte mich derart gestört, dass ich mich auf die Freiheit in meiner eigenen Wohnung gefreut hatte.

Doch als die Monate in meinem Apartment vergingen, erfüllten sich meine Erwartungen nur teilweise. Manchmal hatte ich fast den Eindruck, mein Leben sei geselliger gewesen, als ich noch bei meinen Eltern gewohnt hatte. Jetzt konnte ich sie nicht mehr als Ausrede benutzen, wenn ich keine Lust hatte, jemanden zu mir einzuladen. Trotzdem vermied ich Wortwechsel, wie »Zu mir oder zu dir?«, indem ich nur am frühen Abend und nur mit Freunden ausging. Gelegentlich war ein Mann dabei, der mir vielleicht gefallen könnte und dem ich vielleicht gefallen würde. Aber das war alles.

Mein Job, der es mir ermöglichte, in meinen eigenen vier Wänden zu leben, war sehr anstrengend. Ich machte Überstunden und redete mir ein, meine Karriere sei derzeit wichtiger als »Jungs«.

Aber das war nicht die ganze Wahrheit. Ich war Teil der *Sex-and-the-City*-Generation. Die gesamte Popkultur – Fernsehen, Filme, Zeitschriften – versicherte mir einhellig, ein anspruchsvoller Job *und* ein dekadentes Liebesleben seien mein Geburtsrecht, ja fast eine Pflicht für eine Frau in meinem Alter.

Ich mochte Männer, und ich hätte die Männer, die ich interessant fand, gern näher kennengelernt. Aber ich genoss es auch, zum ersten Mal in meinem Leben allein zu wohnen. Darum war ich nicht begeistert von der Vorstellung, einen festen Freund zu haben, der vier- oder fünfmal in der Woche bei mir übernachtete oder – schlimmer noch – bei mir einzog.

Und ich war grimmig entschlossen, meine Katzen zu beschützen, vor allem Homer. Ich sehnte mich nicht nach den prüfenden Blicken eines Menschen, der Katzen nicht sonderlich mochte, oder mich für weniger attraktiv hielt, weil ich drei Katzen hielt. Ich war nicht bereit, die geringste emotionale Bindung mit jemandem einzugehen, zu dem ich eines Tages mit Sicherheit würde sagen müssen: *Ich und die Katzen oder gar nichts.* Und nach meinem Erlebnis mit dem unsensiblen Katzenfeind zögerte ich, mich noch einmal mit jemandem zu verabreden, der schon die Stirn runzelte, wenn er das Wort *Katze* hörte.

Die meisten meiner Freundinnen hatten Verabredungen, nahmen ihre Freunde spontan mit nach Hause und fanden mit der Zeit heraus, wie reif und treu der Mann ihrer Wahl war und ob er zu ihnen passte. Twens hatten angeblich nichts weiter zu tun, als Fehler zu machen, aus ihnen zu lernen und die Kriterien zu entwickeln, die sie eines Tages zu *dem Einen* führen würden.

Aber ich musste ein Mindestmaß an Verantwortungsbewusstsein und Katzenliebe verlangen, ehe ich auch nur daran denken konnte, einen Mann zu mir einzuladen. Ein Besucher würde vielleicht hinaus auf den Balkon gehen und vergessen, die Tür hinter sich zu schließen. Das war ein Fehler, der leicht passieren und sehr schnell zu einer Tragödie führen konnte. Die Vorstellung, dass Homer elf Stockwerke in die Tiefe stürzte, war einfach unerträglich. Und wenn ein Gast sich an der offenen Eingangstür nur eine Sekunde lang umdrehte, während er chinesisches Take away in Empfang nahm, hatte Homer alle Zeit, die er brauchte, um hinauszurennen und das Haus zu erforschen. Eine andere Frau beklagt sich vielleicht gereizt über einen Freund, der den Toilettensitz nie herunterklappt oder das Schlafzimmerfenster immer zu weit öffnet. Meine Freundinnen und ich lachten über solche Kleinigkeiten – über die banalen Gedankenlosigkeiten, die in den besten Beziehungen vorkommen. Aber in meiner Welt gab es über die möglichen Folgen einer momentanen Gedankenlosigkeit nichts zu lachen.

»Du leidest an Sicherheitswahn«, warf mir mein Freund Tony oft vor. »Du willst alles im Griff haben und benutzt Homer als Vorwand.«

Das stimmte nicht ganz. Homer brauchte mehr Fürsorge als andere Katzen. Die Sorglosigkeit und Freiheit, nach der ich mich gesehnt hatte, als ich bei meinen Eltern wohnte – ich wollte sagen können: *Ich muss es niemandem recht machen außer mir selbst* –, war ein Augenblick in meinem Leben, der gekommen und gegangen war. Falls es ihn überhaupt jemals gegeben hatte. Ich bedauerte es nicht, denn der Lohn für das gemeinsame Leben mit Homer wog die Nachteile bei Weitem auf. Aber die Nachteile blieben.

Ganz unrecht hatte Tony jedoch nicht. Ich hatte gute Gründe, potenzielle Freunde genauer zu prüfen, als die meisten meiner Freundinnen es taten, ehe ich sie mit nach Hause nahm. Aber es gab keinen Grund, Beziehungen ganz abzulehnen.

In den schlaflosen Wochen nach dem Einbruch in meine Wohnung dachte ich über mein Leben und meine Zukunft nach. Stundenlang wog ich jede wichtige Entscheidung ab, die ich seit dem College getroffen hatte, aber auch die zahllosen trivialen Entschlüsse. Ein Kleid, das ich nicht gekauft hatte, obwohl es mir gefiel; mein Verzicht auf einen Besuch im Louvre während eines eintägigen Aufenthalts in Paris vor zehn Jahren (ich wollte die Stadt kennenlernen, nicht die Museen) – das alles kam auf den Prüfstand. Ich hatte das Gefühl, dem Tod knapp entronnen zu sein, und hielt es für wichtig, dass ich jetzt ehrlich sagen konnte: *Wenn ich in dieser Nacht gestorben wäre, hätte ich nichts in meinem Leben bereuen müssen.*

Insgesamt war ich zufrieden mit meinen Fortschritten in den letzten paar Jahren. Ich konnte mich zum ersten Mal selbst versorgen, und darauf war ich stolz. Meine Katzen und ich führten meiner Meinung nach ein ziemlich glückliches Leben.

Es sind immer wieder die kleinen Dinge, erkannte ich, die man verliert und nie zurückbekommt: die Nachmittage in einer Stadt, die man vielleicht nie wieder besuchen wird, oder die Nächte, in denen eine Gruppe von Freunden länger aufbleibt als beabsichtigt und beschließt, den Sonnenaufgang über dem

Meer abzuwarten, während einer nach Hause fährt, weil es spät ist und er bald arbeiten muss. Seit ich Homer zu mir genommen hatte, fühlte ich mich in vielerlei Hinsicht älter, als ich war. Dabei war ich nicht alt, nicht wirklich. Aber ich würde nicht ewig jung bleiben.

Es gab so vieles, was ich mir vorenthielt. Ich gehörte nicht zu den Frauen, die sagen: *Welchen Sinn hat das Leben, wenn du es nicht mit jemandem teilen kannst?* Ich hatte Arbeit, eine Wohnung die mir gefiel, und Freunde, mit denen ich lachen konnte – also war ich vermutlich glücklicher als 90 Prozent der Weltbevölkerung. Ich wusste das. Aber auf eine sehr fundamentale und ursprüngliche Weise wollte ich auch jemanden lieben. Ich wollte, dass jemand mich liebte.

Vorsichtig war ich von Natur aus. Blinde Sprünge ins Unbekannte waren Homers Domäne, nicht meine. Aber Risiken sind ein unausweichlicher Teil des Lebens. Wie ich erfahren musste, kann es sogar gefährlich sein, in der eigenen Wohnung allein im eigenen Bett zu schlafen. Es ist schön, jung und romantisch zu sein und vor Aufregung den Atem anzuhalten, wenn das Telefon klingelt. Doch es ist deprimierend, sich selbst zu bemitleiden – bei einem halben Liter Eiscreme und einem Stapel romantischer Komödien –, wenn es nicht klingelt.

Aber warum musste ich gerade jetzt nach einem Mann Ausschau halten, mit dem ich den Rest meines Lebens verbringen wollte? Nicht alles muss zielorientiert sein – siehe Homer. Er hatte oft keine Ahnung, wohin er kletterte oder sprang. Bewegung machte ihm einfach Freude.

Ich begann mich auf Verabredungen vorzubereiten, und zwar mit dem festen Entschluss, ein paar tapfere Seelen zu finden, die dem »Homer-Test« bestehen konnten. Einen Fragebogen hatte ich nicht (ich war ein wenig neurotisch, was Homers Sicherheit betraf, aber ich war nicht *verrückt*), doch ich hörte mir aufmerksam die Anekdoten der Männer an und stellte bohrende Fragen. War der Kandidat zerstreut? Fummelte er andauernd nach seinem Schlüssel oder nach seiner Brieftasche, oder hatte er ein gutes Gedächtnis für kleine Details? Hatte er schon einmal ein geliebtes Haustier gehabt, vielleicht sogar eines, das besondere und langfristige Pflege brauchte? Waren seine Geschwister davon überzeugt, dass er ihre Kinder unversehrt nach Hause bringt, wenn er sie zu Ballspielen oder auf Campingausflüge mitnimmt? Ein Mann, der daran dachte, dass Johnny keinen Luftzug vertrug oder dass Sally nicht länger als 15 Minuten in der Sonne bleiben konnte, ohne Nesselausschlag zu bekommen, sollte eigentlich, ohne ständig nachdenken zu müssen, die wenigen Regeln im Kopf behalten, die ich in meiner Wohnung aufgestellt hatte, um Homer nicht zu gefährden.

Es gab diese Männer, und Homer war von ihnen ebenso fasziniert wie von allen neuen Menschen, die er traf, und sie waren nicht weniger fasziniert von ihm. Meist zögerten sie zunächst, sich mit einer Frau einzulassen, die drei Katzen hatte. Sie hatten an sich nichts gegen Katzen, aber drei schienen doch übertrieben zu sein, und man musste sich über die Besitzerin einer solchen Herde wundern. Aber nach ein paar Besuchen in meinem Apartment wurden die meisten von ihnen treue Anhänger des Homer-Kultes.

Homer war gewiss eine sehr burschikose kleine Katze, und ich glaubte, die Männer, die ihm begegneten, staunten darüber, wie rauflustig er war. Homer balgte sich immer noch gern mit anderen und spielte freudig Fangen oder »Apportieren«, genauso gern wie damals bei Jorge und seinen Freunden. Man sagt, dass die meisten Männer Hunde bevorzugen, und vielleicht stimmt das. Aber was sofortige Zuneigung und Ausgelassenheit betraf, war Homer so hündchenhaft, wie es einer Katze überhaupt möglich ist.

Da ich mit Homer zusammenlebte, vergaß ich leicht, was andere an ihm so verblüffte. Die meisten Menschen würden nie auf die Idee kommen, irgendwann eine Katze ohne Augen zu treffen. Ich glaube, sie rechneten damit, dass Homer grauenhaft oder missgebildet aussehen würde, denn sie äußerten oft Erstaunen darüber, wie normal er wirkte. »Als hätte er die Augen geschlossen«, sagten sie. Dass Homer sich so anmutig und selbstsicher bewegte, dass er allein fressen und sich putzen konnte und nicht gegen Wände und Möbel in meiner Wohnung prallte, hielten Neuankömmlinge in unserer Welt für ein Wunder.

Homer war zu fast allen freundlich, aber die wenigen Männer, denen ich Zugang zu ihm gewährte, waren davon überzeugt, dass sie – und nur sie – eine Gabe, eine außerordentliche innere Qualität besaßen, die dieses blinde Geschöpf anzog. Die Leute liebten Homer, weil er so verschmitzt und verspielt war, aber sie liebten ihn auch, weil er ihnen das Gefühl gab, gute Menschen zu sein. Wer das Vertrauen und die Freundschaft dieser blinden Katze erwarb, musste einfach einen guten Kern, eine reine Seele haben, selbst wenn er sich dessen nicht bewusst gewesen war *(Homer hat es doch gemerkt, oder?)*. Ich hatte nie einen Freund, der nicht fest daran geglaubt hätte, seine Beziehung zu Homer sei einzigartig.

»Homer ist mein Kumpel«, behaupteten sie alle.

»Homer ist für alle ein Kumpel«, erwiderte ich – nicht um

sie zu enttäuschen, sondern weil ich stolz darauf war, wie aufgeschlossen und kontaktfreudig mein kleiner Kerl geworden war.

»Ja, aber bei Homer und *mir* ist es anders«, beharrten sie mit einem Selbstvertrauen, das keinen Streit und keine Zweifel zuließ. Ich widersprach ihnen nie zweimal. Warum sollte ich mich mit jemandem streiten, der Homer liebte?

Vielleicht hatte Homer ähnliche »einzigartige« Beziehungen zu allen diesen Männern. Aber die Art der Beziehung war jeweils unterschiedlich. Einer meiner Freunde, ein Pfeiler des internationalen Finanzwesens in Miami, der als Schüler in einer Garagenband Gitarre gespielt hatte, entdeckte Homers Freude an der Schachtel, die ich mit Gummibändern umwickelt hatte, und kramte seine echte Gitarre hervor, um mit Homer zu improvisieren. Er ließ Homer sogar ein paarmal an der Gitarre zupfen und erklärte ihn zum Wunderkind.

Ein Koch in einem der örtlichen Restaurants hatte großen Spaß daran, verschiedene Speisen zuzubereiten und Homers Reaktionen zu beobachten. Rindfleisch war *sehr* interessant, und wenn ein Gericht Truthahn enthielt, drehte er durch. Er war geradezu versessen auf bestimmte frisch geröstete Truthahnscheiben und konnte sie von anderen Produkten unterscheiden, selbst wenn sie noch in Kunststoff und Wachspapier verpackt waren. »Er hat die Nase eines Feinschmeckers«, erklärte der Koch, und ich brachte es nicht übers Herz, ihm zu erzählen, dass Homer ebenso leidenschaftlich die Friskies verspeiste, die ich ihm gelegentlich gab.

Ein anderer Freund, der als Kind Burgen aus Kissen gebaut hatte, ergötzte sich daran, alles mitzubringen, was er und Homer benutzen konnten, um Höhlen in Katzengröße zu bauen, zum

Beispiel Kisten und große Einkaufstüten. Sie verbrachten Stunden mit ausgeklügelten Versteckspielen.

Haben diese Männer ihre Zuneigung übertrieben, um sich bei mir beliebt zu machen? Ich wollte, es wäre so. Doch tief im Inneren hatte ich den Verdacht, dass eher das Gegenteil zutraf. Im Laufe der Jahre stammelte mancher niedergeschlagene Freund, mit dem ich Schluss machte: »Heißt das, dass ich *Homer* nie mehr sehen darf?«

Ich erinnerte mich auch an einen Mann, der Homer ein paarmal traf und in den ich mich richtig verliebte. Er war intelligent, attraktiv, überaus humorvoll und einer der besten Küsser, die mir je begegnet sind. Nach einigen Verabredungen, deren Gefühlstiefe schrittweise zunahm, hatten wir in unserer blühenden Beziehung eben die Phase der schüchternen Geständnisse erreicht (*Du bist die unglaublichste Frau, die ich seit Jahren getroffen habe ...* Sie wissen schon), als er plötzlich drei Verabredungen hintereinander in letzter Minute absagte.

Jeder, der das erlebt hat, weiß, welche Gedanken einem in einer solchen Situation durch den Kopf gehen. Man fühlt sich zurückgestoßen, man ist wütend und gleichzeitig verletzt, weil man annehmen muss, dass man etwas falsch gemacht hat: *Bin ich doch nicht interessant genug? Oder habe ich meine Gefühle zu offen ausgedrückt?*

Als ich diesen Mann endlich fragte, was los sei, erklärte er mir, sein Vater sei Alkoholiker und er leide immer noch an diesem Kindheitstrauma. Er habe mich wirklich sehr gern, aber ich müsse verstehen, dass er ein Mann sei, der die Dinge langsam angehe. Aber er habe keinerlei Zweifel daran, dass wir diese Phase bewältigen und als Paar gestärkt aus ihr hervorgehen würden, denn nach diesem Gespräch stünden wir uns näher als zuvor.

Ich riet ihm, mich nie wieder anzurufen.

Ich dachte nicht etwa: *Wenn er dich jetzt, am Anfang der Beziehung, so behandelt, wird es nie besser.* Und ich sagte auch nicht zu mir selbst: *Er kann mich nicht so gern haben, wie er behauptet, wenn er mich dreimal hintereinander versetzt.* Das alles stimmte wahrscheinlich, aber es war nicht das, was ich dachte.

Was ich empfand, war Abscheu. Wenn man seiner Logik folgte, war es in Ordnung, mir jetzt wehzutun (es muss ihm klar gewesen sein, dass drei Absagen mich schmerzen würden), weil vor ungefähr 20 Jahren jemand ihm wehgetan hatte. Das war eine Gemeinheit, getarnt als Selbsterkenntnis. Er hielt sich für einen Mann, der ein mutiges Geständnis abgelegt hatte, der ehrlich gewesen war – und Ehrlichkeit ist unbestreitbar eine Tugend. Ich hielt ihn für einen Menschen, der seinen Schmerz auf andere übertrug, weil das leichter war, als sich dem Problem zu stellen.

Für mich war sein Verhalten nicht falsch. Es war mehr als falsch. Es war unmännlich.

Wie jede Frau, die etliche Verabredungen hinter sich hat, könnte ich ein Buch mit solchen Geschichten füllen. Aber ich möchte die Männer, mit denen ich ausging, ohne dass etwas daraus wurde, weder loben noch verurteilen. Sie hatten bewundernswerte Eigenschaften, und wenn sie Fehler machten – nun ja, ich machte sie auch. Wir sind alle nur Menschen.

Seit ich Homer zu mir genommen hatte, war ich jedoch anspruchsvoller geworden. Man könnte einwenden, es sei albern, Menschen mit einer Katze zu vergleichen. Aber Homer hatte sich, ohne zu zögern, zwischen mich und einen Kerl geworfen, der mein Leben bedrohte. Das traute ich meinen Freunden nicht unbedingt zu. Aber ich bewunderte Homer und wünschte mir fast jeden Tag, ein wenig mehr wie er zu sein. Ich wollte seine Stärke, seinen Mut, seine natürliche Treue haben. Ich wollte so fröhlich sein, wie er es sogar unter widrigen Umständen war. Und ich wünschte mir einen Mann mit Homers Qualitäten. Mir war klar, dass ich auf die Dauer mit niemandem zusammen sein konnte, den ich nicht bewunderte und zu dem ich nicht aufsah. Intelligenz, Attraktivität, Humor – das alles war wichtig.

Aber das allein reichte mir nicht.

Als ich Homer »adoptierte«, als ich ihn in der Tierarztpraxis zum ersten Mal sah, fesselte mich etwas an ihm, was bei ihm anscheinend stärker ausgeprägt war als bei anderen Katzen, sogar stärker als bei den meisten Menschen. Vor dieser Begegnung schätzte ich Haustiere und Menschen unbewusst nach den gleichen Maßstäben ein: Aussehen, Intelligenz, Persönlichkeit, wie unterhaltsam sie waren und so weiter. Außerdem wollte ich unbedingt das Gefühl haben, dass ich gebraucht wurde – das wird niemanden überraschen, der weiß, dass ich meine Karriere bei gemeinnützigen Einrichtungen begonnen habe. Scarlett und Vashti hatte ich aufgenommen, weil sie mich so eindeutig brauchten, und dann hatte ich sie einfach deshalb geliebt, weil sie mir gehörten.

Bei Homer war es anders. Ich hatte mich in ihn verliebt, weil er munter und tapfer war und überhaupt nicht hilfsbedürftig, trotz der Schmerzen und der Not in seinen ersten Lebenswochen. Nun könnte man sagen, Homer sei eine Katze und wisse es nicht besser. Er habe nicht zu sich selbst gesagt: *Nun ja, es hat keinen Sinn, wegen dieser Behinderung zu jammern, weil ich ohnehin nichts daran ändern kann.* Das stimmt. Aber ich hatte mit Tausenden von misshandelten, verletzten und traumatisierten Tieren gearbeitet und wusste, dass viele von ihnen nie darüber hinwegkamen. Sie blieben ihr Leben lang schreckhaft und schnappten zu, wenn man sich ihnen näherte. Es war herzerweichend, und es war gewiss nicht ihre Schuld. Sie wussten es nicht besser. Aber Homer wusste es auch nicht besser. Sein Mut und sein Optimismus waren angeboren. Man konnte beides fördern, aber nicht lehren. Tapferkeit war bei Homer ein Reflex, so wie die Fliegenjagd oder das Ducken vor einem Sprung.

Als ich Homer zu mir nahm, traf ich zum ersten Mal in meinem Leben eine Entscheidung auf der Grundlage dessen, was ich Charakter genannt hätte, wenn ich damals genauer darüber nachgedacht hätte. Ich fühlte mich nicht von Homers Charme oder von seiner Not angezogen. Nein, er hatte etwas an sich, was ich sogar bei einem Menschen bewundernswert fand.

Wie sich herausstellte, war die romantische Beziehung, die den größten Einfluss auf mein Leben hatte, zugleich die kürzeste. Er lebte in New York, und Fernbeziehungen scheitern fast immer. Bei dieser war es nicht anders. Aber ich verbrachte ein paar lange Wochenenden bei ihm in Manhattan.

Andrea, meine beste Freundin, war vor Kurzem mit ihrem Freund, der zweifellos bald ihr Verlobter sein würde, von Kalifornien nach New York gezogen. Ihre ganze Familie lebte bereits dort, darum sah es so aus, als würde dieser Umzug der letzte sein, auch wenn sie in den vergangenen acht Jahren aus beruflichen Gründen bereits in fünf verschiedenen Städten gewohnt hatte. Wann immer ich meinen Freund in New York besuchte, verbrachte ich auch etwas Zeit mit ihr.

Vielleicht war ich in diesen Mann nicht verliebt, aber ich

verliebte mich in seine Stadt. Wer Bücher mag, ist in die Idee »New York« schon halb verliebt. Nach wenigen Tagen im authentischen New York war ich hin und weg.

»Du solltest hierherziehen«, sagte Andrea immer, wenn ich sie traf. »Stell dir vor, wie toll es wäre, wenn wir beide wieder in der gleichen Stadt wohnen würden.«

Es war eine reizvolle Vorstellung, aber auch eine beängstigende. Ich hatte meine Familie und meine Freunde, auf die ich mich in Notfällen verlassen konnte, solange ich in Miami blieb. Und wie ich erfahren hatte, konnten Notfälle sich häufen. In Manhattan wäre ich zum ersten Mal in meinem Leben ganz allein auf mich gestellt gewesen.

»Was meinst du dazu?«, fragte ich Scarlett, Vashti und Homer. »Wärt ihr gern New Yorker Katzen?«

Scarlett und Vashti beobachteten Homer mit trägem Interesse, als er versuchte, vom 1,80 Meter hohen Katzenbaum direkt auf den Schrank zu springen. Er war bereits dreimal flach aufs Gesicht gefallen, aber das hielt ihn nicht von einem vierten Versuch ab.

Das Glück ist dem Tüchtigen hold, dachte ich.

17 DIE KATZENTRUPPE AUF TOURNEE

Zeus schützt alle Reisenden, denn er ist der Rächer aller
Bittsteller und Fremdlinge, die in Not sind.
Homer, *Odyssee*

Im Januar 2001 dräute mein 30. Geburtstag am Horizont (ich bin im Oktober geboren, aber runde Geburtstage werfen lange Schatten voraus). Auf dem IT-Markt sah es düster aus. Überall entließen Internetfirmen ihre Mitarbeiter oder machten ganz dicht, und Miami war keine Ausnahme. Die Firma, bei der ich ursprünglich gearbeitet hatte, war schon vor Monaten pleitegegangen. Ich hatte schnell einen Job in einem anderen Unternehmen gefunden, doch wenige Monate später war es ebenfalls insolvent. Innerhalb von sechs Wochen bekam ich wieder eine neue Stelle, aber diese Firma verlor bald ihre staatliche Förderung und halbierte mein Gehalt. Ich musste meine Ersparnisse angreifen, um über die Runden zu kommen.

So konnte es nicht ewig weitergehen. Ich begann Lebensläufe an alle Firmen zu schicken, die ich kannte, aber in Miami wurde fast niemand mehr eingestellt. Alle Industriezweige der Stadt – Tourismus, Immobilien, Finanzen – litten unter den Folgen der Dotcom-Krise, und niemand stellte Leute für das Marketing ein. Ich wurde zu keinem einzigen Vorstellungsgespräch eingeladen.

Aber wer nichts zu verlieren hat, der hat alles zu gewinnen.

Meine Idee, nach New York zu ziehen, war eine Zeit lang nur eine vage Seifenblase in meinem Hinterkopf gewesen, das Ganze war zu unpraktisch, um sich ernsthaft damit zu befassen. Doch warum sollte mich in New York jemand einstellen, solange ich in Miami wohnte? Ein Umzug würde teuer sein, ganz zu schweigen von den Lebenshaltungskosten, die in New York höher waren als in Südflorida. Und war ich nicht ein wenig alt für eine so drastische Veränderung? Einen Neuanfang in Manhattan wagte man sofort nach dem College, nicht, wenn man auf die Dreißig zuging.

Aber als der Arbeitsmarkt in Miami weiter austrocknete, begann ich, meinen Lebenslauf per E-Mail an New Yorker Firmen zu schicken. *Warum nicht?* Kein einziger guter Grund sprach dagegen.

Es war ein Schuss im Dunkeln, und ich erwartete im Grunde keinen Treffer. Doch innerhalb von drei Wochen wollten fünf Unternehmen in New York mit mir reden. In der folgenden Woche flog ich hin, und am Ende dieser Woche hatte ich drei schriftliche Stellenangebote. Eine große Firma in Manhattans Finanzbezirk, sechs Straßen vom World Trade Center entfernt, wollte mich als Leiterin der Marketingabteilung haben. Dieses Unternehmen, das technisches Personal rekrutierte, bot mir nicht nur ein großzügiges Gehalt an, sondern war auch bereit, meine Umzugskosten zu übernehmen. Ich hatte einen Freund, der nur eine Straße von dieser Firma entfernt wohnte, und er ließ seine Beziehungen als Makler spielen. 24 Stunden später hatte ich ein Apartment gemietet. Soviel ich wusste, glich die Suche nach einer Wohnung in New York normalerweise einem Drama.

Es war fast beängstigend, wie glatt alles ging.

Ich zog nach New York.

Alle Artikel, die ich im Laufe der Jahre über die Pflege einer blinden Katze gelesen hatte, waren sich in einem Punkt einig: Das Wichtigste ist eine stabile und dauerhafte Umwelt für das Tier. Man soll weder die Möbel noch das Katzenklo umstellen. Ein Totalumzug ist für jede Katze verwirrend – Katzen sind nun mal Gewohnheitstiere –, umso mehr, wenn eine blinde Katze betroffen ist.

Homer sollte zum fünften Mal in fünf Jahren umziehen. Offenbar hatte das Schicksal ihm eine lange Irrfahrt bestimmt – wie dem Helden Odysseus, den der Dichter ersonnen hat, dessen Namen Homer trägt.

Ich überlegte, wie ich meine drei Katzen nach New York bringen konnte, ohne sie allzu sehr zu verstören. Ich konnte selbst fahren, zögerte aber, den Katzen zwei volle Tage in ihren ungeliebten Boxen zuzumuten. Zudem gab es weitere logistische Probleme: Ich musste die Transportboxen regelmäßig säubern, Motels suchen, die drei Katzen aufnehmen würden, und so weiter.

Eine Flugreise war am vernünftigsten. Zumindest war sie schneller als jede andere Option. Aber für mich kam es nicht infrage, meine Katzen als Gepäck aufzugeben. Der Gedanke, die verängstigsten Tiere in einen kalten Frachtraum zu stecken, war mir unerträglich. Und ich wollte auch nicht als eine jener Reisenden in den Nachrichten auftauchen, die ihre Katzen als Gepäck aufgeben und erst nach einer tagelangen Reise um die Welt zurückbekommen, gerade noch rechtzeitig, weil sie nur das Kondenswasser in ihrer Box ablecken konnten, um ihren Durst zu stillen.

Also rief ich die Fluggesellschaft an und erkundigte mich, ob ich die Katzen bei mir behalten dürfe. Die Bedingungen waren so klar wie entmutigend. Eine Katze musste sich in einer Box befinden, die unter den Sitz passte. Sie brauchte eine aktuelle Gesundheitsbescheinigung, die man dem Sicherheitspersonal am Metalldetektor und noch einmal am Flugsteig vorzeigen musste. Jede Katze musste mit einem zahlenden Passagier reisen, und pro Fluggast war nur eine Katze erlaubt. In einer Kabine waren nur zwei und im ganzen Flugzeug nur vier Katzen zugelassen.

Die Trägerboxen, die ich besaß, waren kein Problem, weil alle drei Katzen völlig gesund und, was Impfungen betraf, auf dem neuesten Stand waren. Aber wenn ich alle drei Katzen mit ins Flugzeug nehmen wollte, musste ich zwei andere Leute finden, die bereit waren, mit mir nach New York zu fliegen.

So verzweifelt ich auch suchte, es gelang mir nicht, einen Direktflug von Miami nach New York zu finden, der Platz für drei Katzen hatte. Es gab einen Flug über Atlanta, und wenn ich die Boni für alle meine Flugmeilen einkassierte, konnte ich mir gerade noch ein Erste-Klasse-Ticket leisten und die Vorschrift »Nur zwei Katzen je Kabine« einhalten.

Dann rief ich meine Freunde Tony und Felix an, zwei der umtriebigsten Menschen, die ich kannte. Sie hatten immer Lust auf ein Abenteuer. »Was haltet ihr von einem kostenloser Abstecher nach New York, Jungs?«

Der Tag unseres Umzugs war für Homer zweifellos der bis dahin unruhigste. Unser Morgen begann kurz nach Tagesanbruch, als die Umzugsfirma, die ich beauftragt hatte, alles aus der Wohnung schaffte, was mir gehörte. Ich schloss die Katzen im Badezimmer ein, wo Scarlett und Vashti sich ängstlich auf ein paar alten Handtüchern zusammenrollten, die ich für sie in die Wanne gelegt hatte. Homer miaute und klopfte mit den Pfoten wild an die Tür. Er verabscheute es, eingesperrt zu sein, und er wollte unbedingt den Grund für den Lärm in den anderen Zimmern wissen. Als ich ihn endlich herausließ, streifte er wie besessen durch das leere Apartment. Eine Stunde lang schrie er aus vollem Hals und ließ sich nicht beruhigen. *Wo sind alle unsere Sachen?* Homer war noch nie in einem Raum ganz ohne Möbel gewesen, und es gefiel ihm offenkundig nicht. Nichts, was alle vertrauten Düfte und Texturen verschwinden ließ, bedeutete etwas Gutes.

Er hatte recht.

Das Einzige, was außer einem Koffer noch im Apartment stand, waren die drei Trägerboxen für die Katzen. Scarlett und Vashti warfen einen Blick auf die Boxen, liefen davon und kauerten sich trotzig in die fernste Ecke eines jetzt leeren begehbaren Schrankes. Die Flucht vor den Transportboxen war eine Art Ritual, aber ich fing sie innerhalb weniger Minuten ein, flüsterte beruhigend auf sie ein und steckte sie in ihre Boxen.

Homer setzte ich immer zuletzt in seine Box, weil er meist am pflegeleichtesten war. Da er die Boxen nicht sehen konnte, floh er nicht vor ihnen. Und von den drei Katzen reagierte er am zuverlässigsten auf Kommandos wie *Nein!* und *Sitz!*

Vielleicht war er immer noch über das rätselhafte Verschwinden aller unserer Sachen erschrocken, denn an diesem Morgen war er aufsässiger denn je. »*Nein, Homer!«,* schrie ich. »Sitz!« Obwohl er sich nirgendwo verstecken konnte, musste ich ihn fast 20 Minuten lang jagen. Als ich ihn gefangen hatte, wehrte er sich mit aller Kraft gegen die Trägerbox und zerkratzte mir dabei die Hände. Das war keine Absicht – er schlug einfach blindlings um sich. Mein unfreiwilliger Schmerzensschrei bändigte ihn gerade so lange, dass ich ihn am Kopf behutsam in die

Box schieben und sie verschließen konnte. Sofort begann er zu jammern.

Als die Katzen endlich untergebracht waren und ich meine Hände gesäubert und verpflastert hatte, lagen wir eine halbe Stunde hinter unserem Zeitplan zurück.

»Beeil dich, *beeil dich*«, sagte ich immer wieder abwechselnd zu Tony und Felix, als ich sie abholte. Wir fuhren zu meinen Eltern, wo wir mein Auto abstellen wollten, um dann in ihrem Auto zum Flughafen zu fahren. Scarlett und Vashti maunzten auf dem Rücksitz in ihren Boxen, aber ihre Schreie wurden von Homer übertönt, der neben mir aus Leibeskräften jaulte. Er zappelte, knuffte und trat in seiner Trägerbox. Es hörte sich an, als läge eine Schachtel Popcorn auf dem Herd.

»Ich nehme Vashti«, sagte Felix und stellte ihre Box auf seine Knie. »Ich mag sie. Sie ist am bezauberndsten.«

»Ich muss doch nicht *den da* nehmen?«, fragte Tony ängstlich und beäugte Homer in seiner Box.

»Ich nehme Homer«, erwiderte ich kurz angebunden. »Du kannst Scarlett nehmen.«

Ich raste los und versuchte, die Zeit aufzuholen, die ich durch meinen Kampf mit Homer verloren hatte. Ich durfte den Flug nicht verpassen. Das ging einfach nicht. Für uns sechs neu zu buchen wäre ein unvorstellbarer Albtraum gewesen, und zudem sollte ich meinen neuen Job am nächsten Tag antreten. Ich fuhr mindestens 130 und war daher nicht sonderlich überrascht, plötzlich ein Blaulicht im Rückspiegel zu sehen.

»Verdammt«, fluchte ich so laut, wie es flüsternd möglich war. Allerdings war es unnötig, die Stimme zu dämpfen, weil Homer so großen Lärm veranstaltete, dass niemand mich hören konnte.

Ich fuhr an den Straßenrand, schaltete den Motor aus und

kurbelte das Fenster herunter. Homer tobte so heftig, dass ich den Polizisten kaum hörte, als er zu mir kam.

»Tut mir leid«, sagte ich mit leicht erhobener Stimme und deutete auf mein Ohr. »Ich verstehe Sie nicht. Würden Sie bitte lauter sprechen?«

Er tat es. »Ich sagte: *Wissen Sie, wie schnell Sie gefahren sind?*«

»Oh!« Ich schaute mich hilflos um, als ich ihm meinen Führerschein reichte, als läge die Antwort irgendwo in der Luft. »Ziemlich schnell, nehme ich an. Wir sind auf dem Weg zum Flughafen«, fügte ich hinzu und hoffte auf mildernde Umstände.

Der Beamte warf einen Blick auf den Beifahrersitz, wo Homers Box scheinbar von selbst herumschwankte, als wäre sie besessen. »Was ist da drin?«, fragte er.

»Mein Kater«, antwortete ich. »Ich brauchte ewig, um ihn reinzukriegen, und jetzt sind wir ein wenig spät dran.«

Der Polizist betrachtete die zwei anderen Trägerboxen, die Felix und Tony auf dem Schoß hielten. Die beiden lächelten freundlich.

»Sie hätten etwas früher aufbrechen sollen«, sagte er und schlenderte zu seinem Auto, um einen Verwarnungszettel auszufüllen.

»Wir werden den Flug verpassen«, sagte Tony, als die Minuten sich dahinzogen und der Polizist immer noch nicht zurück war. Anscheinend schrieb er an einem langen Manifest über die Geschichte und Zukunft von Knöllchen – *denn warum sonst brauchte er so lange, um das verdammte Ding auszufüllen?*

»Wir schaffen es«, versicherte ich. »Wir schaffen es, weil wir es schaffen müssen.«

Endlich kam der Beamte mit dem Zettel und der Ermahnung

»Langsamer fahren!« zurück. Ich kümmerte mich nicht darum, sondern drückte aufs Gaspedal, sobald das Polizeifahrzeug im Verkehr verschwunden war. Homers Schreie klangen allmählich leicht heiser, aber sie ließen bis zum Haus meiner Eltern nicht nach. Tony und Felix setzen die Kopfhörer des tragbaren CD-Players auf, den sie für die Flugreise mitgenommen hatten.

Der wohl einzige Mensch, der noch größeren Wert auf Pünktlichkeit lege als ich, ist meine Mutter. Sobald sie mein Auto vorfahren hörte, öffnete sie schwungvoll die Haustür und rief: »*David! Sie sind da!*« Dann gackerte sie: »Ihr seid sehr spät dran.« Ich packte Homers bebende Box und stieg aus, gefolgt von Tony und Felix. Sie zogen ihr Gepäck aus dem Kofferraum meines Wagens und luden es ins Auto meiner Eltern. »Warum seid ihr nicht früher gefahren?«

Ich sah sie grimmig an. »Lasst uns einfach abhauen!«

Scarlett und Vashti hatten sich anscheinend in ihr Schicksal ergeben, denn sie blieben auf der Fahrt zum Flughafen stumm. Homer setzte sein Gejaule fort, aus dem inzwischen ein lautes, lang gezogenes Heulen geworden war, das erst nachließ, als ihm die Luft ausging.

Tony, Felix und ich saßen eingezwängt auf dem Rücksitz. Meine Mutter drehte sich um, hob die Stimme, um Homer zu übertönen und sagte unter Tränen: »Ich kann es nicht glauben, dass du weggehst. Ich werde dich sehr vermissen.«

»Was?«, erwiderte ich. »Ich versteh dich nicht.«

»Ich sagte: *Ich werde dich vermissen!*«

»Oh!«, antwortete ich. »Ich dich auch!«

Mein Vater kam gut voran, und wie durch ein Wunder erreichten wir den Flughafen 30 Minuten vor dem Start. »Keine Zeit für große Abschiedsszenen«, sagte mein Vater, als er unser

Gepäck rasch einem Gepäckträger übergab. Ich hängte mir Homers Box über die Schulter und umarmte meine Eltern stürmisch. Dann holten wir unsere Tickets aus der Tasche und rannten durch den Terminal zu den Metalldetektoren.

Die Leute wichen vor uns zurück, weil Homer weiterjaulte und von innen an seiner Box zerrte. Einige sahen mich missbilligend an, und ich wusste, was sie dachten: *Hoffentlich fliegt sie nicht mit mir.*

»Sie haben ja eine Menge Katzen dabei«, sagte die Sicherheitsbeamtin, als wir die drei auf das Förderband des Röntgengerätes stellten. Ich wühlte in meiner Tasche, holte die Gesundheitsbescheinungen heraus und reichte sie der Frau, die sie überflog.

»Wir sind die ›Katzentruppe‹«, sagte Felix strahlend. »Vielleicht haben Sie schon von uns gehört.«

»O ja.« Die Dame begann zu grinsen. »Das kommt mir bekannt vor.« Sie guckte in Vashtis Box. Die Katze schaute sie mit kläglichem Gesicht an. »Die ist aber schön! Ist sie der Star der Show?«

»Es gibt keine kleinen Rollen«, erklärte Tony ernsthaft. »Nur kleine Katzen.«

Ich rollte mit den Augen, als ich durch den Detektor ging. »Kommt schon, Jungs«, sagte ich, als ich Homers Box wieder aufhob. »Wir müssen uns beeilen.«

Wir rannten wie die Wilden zum Flugsteig und kamen keuchend dort an. Wieder griff ich in meine Reisetasche und kramte ein kleines Fläschchen mit Beruhigungstabletten für Katzen hervor. Die Tierärztin hatte mir geraten, sie den Tieren vor dem Einsteigen ins Flugzeug zu verabreichen.

Felix und Tony meldeten sich sofort. »Sind die für uns?«, fragte Felix.

»Nein, sie sind für die Katzen«, erwiderte ich.

»Wäre es nicht einfacher, wenn wir das Zeug schlucken und die Katzen in Ruhe lassen würden?«, fragte Tony.

Keiner der Katzen schluckte gern Tabletten, aber Scarlett und Vashti machten kaum Schwierigkeiten. Ich war halb überzeugt, dass sie ahnten, was ihnen bevorstand, und es lieber bewusstlos über sich ergehen lassen wollten.

Homer war ein Fall für sich. Kaum hatte ich seine Box geöffnete, versuchte er verzweifelt zu entwischen. Ich musste kämpfen, um ihn daran zu hindern, und schließlich legte Tony den Reißverschluss der Box um Homers Hals, während ich geduldig sein Maul öffnete, die winzige Tablette hinten auf seine Zunge legte und seine Kehle sanft streichelte, damit er schluckte. Dann hielt ich ihm eine oder zwei Minuten den Mund zu – und ließ los. Prompt spuckte er die Tablette aus.

Allmählich geriet ich in Verzweiflung. Nach den Ereignissen dieses Morgens war ich fix und fertig, um es milde auszudrücken, und wenn Homer jetzt schon so unglücklich war, konnte ich mir vorstellen, wie er sich ohne Beruhigungsmittel im Flugzeug aufführen würde. Ich versuchte noch dreimal, ihm seine Tablette zu geben, und hielt ihm den Mund so lange zu, dass ich fürchtete, er bekäme keine Luft. Er drehte den Kopf heftig hin und her, um mich abzuschütteln. Ich träufelte etwas Katzenminze in seine Box. Ich drückte die Tablette in ein kleines Stück Truthahn von einem der belegten Brote, die ich mitgenommen hatte. Ich versuchte sogar, sie in einem Schraubenverschluss voller Wasser aufzulösen. Homer weigerte sich nicht nur zu trinken, sondern befreite sich aus meiner Hand, sodass sich das Wasser auf den Boden ergoss. *Nein, das will ich nicht!*

Ich wusste, dass Homer stur war, dass er seinen eigenen Kopf hatte. Aber dies war das erste Mal, dass seine Sturheit sich mit voller Kraft gegen *mich* richtete. Ich hatte meine Pläne, und Homer hatte seine, und beide stimmten offenkundig nicht miteinander überein.

Aber ich konnte ebenso stur sein wie er. Wir beide würden an diesem Tag nach New York fliegen, so oder so.

Inzwischen waren Tony, Felix und ich die Einzigen, die noch am Flugsteig standen. »Was sollen wir tun?«, fragte Tony unsicher.

Ich holte tief Luft. *Bleib ruhig*, dachte ich. »Ich glaube, er muss ohne Tabletten mitfliegen.«

Der Kampf um die Tablette hatte einen Vorteil gehabt: Homer schrie nicht mehr. Er rüttelte nicht einmal mehr an seiner Box, als wir ins Flugzeug stiegen. Doch kaum hatte ich ihn unter dem Sitz von mir verstaut, spürte er das Dröhnen der Motoren und fing wieder zu jammern an.

»Möchten Sie vor dem Start einen Cocktail?«, fragte die eisern freundliche Stewardess, als ich das Gesicht in den Händen vergrub.

»O Gott, ja«, antwortete ich. Sie brachte mir einen Wodka mit Preiselbeersaft, den ich in einem Zug trank. Dann bat ich hastig um einen zweiten. Dem Herrn sei Dank für die erste Klasse!

Der Flug von Miami nach Atlanta, wo wir umsteigen mussten, war kurz. Homers Schreie hatten jetzt einen tiefen, klagenden Ton, den ich nie zuvor gehört hatte. Seine Ohren waren viel empfindlicher als die Ohren anderer Katzen, und ich konnte mir vorstellen, wie schmerzhaft der Luftdruckwechsel für ihn war, als das Flugzeug stieg. Kaum war die Leuchtschrift »Sicherheitsgurt anlegen« erloschen, zog ich Homers Trägerbox unter dem Sitz hervor und stellte sie auf meinen Schoß. Ich öffnete sie ein klein wenig und streckte eine Hand hinein. Homer beschnupperte sie und schmiegte sich mit einer Verzweiflung an sie, die sogar schlimmer war als in den Momenten, wo er glaubte, ich sei böse auf ihn. Seine Schreie nahmen jetzt den zerknirschten Ton an, mit dem er versuchte, mich zu versöhnen. *Bitte lass mich raus. Bitte hör auf damit. Ich werde brav sein! Ich verspreche es!*

Hätte ich mich in seine Box zwängen und ihm meinen Sitzplatz überlassen können, hätte ich das als fairen Handel betrachtet. Woher sollte er wissen, wie konnte er verstehen, warum ich ihm das alles antat? »Guter Junge«, murmelte ich, während ich ihm die schmerzenden Ohren rieb. »Guter Junge, guter Junge, guter Junge …«

Als ich meinen dritten Wodka gekippt und die Maschine ihre Flughöhe erreicht hatte, empfand ich ein beruhigendes Gefühl der Unvermeidlichkeit. Jetzt waren wir unterwegs. Ich streichelte weiter Homers Kopf, was ihn ein wenig beruhigte. Und ich ignorierte die angewiderten Blicke einiger anderer Passagiere, als Homer wieder zu schreien begann, leiser aber unaufhörlich.

Das Flugzeug ging schneller in den Sinkflug über, als es mir recht war. Ich verkrampfte ein wenig. Da ich in Atlanta das College besucht hatte, wusste ich, wie riesig der Flughafen war. Ich hoffte, dass wir es nicht so weit zu unserem nächsten Flug haben würden. Doch als die Stewardess die Flugsteige für die Anschlussflüge durchgab, stellte ich zu meinem Schrecken fest, dass wir am Flugsteig A landen würden und von Halle D aus nach New York fliegen sollten. Dazwischen lagen nur 15 Minuten. Wie sollten wir das schaffen?

Mein Sitz war dem Bug des Flugzeugs am nächsten, ich war

also am schnellsten draußen und wartete geduldig und mit wippenden Fußballen auf Tony und Felix. »Wir müssen rennen, Jungs«, erklärte ich ihnen. »Im Ernst – wir müssen *sofort* loslaufen!«

Tony und Felix rannten in eine Richtung, ich in die andere. »Nein!«, schrie ich hinter ihnen her. »Hier entlang. *Hier entlang!*«

Zu dritt preschten wir durch den Flughafen, jeder mit einer hüpfenden, an einer Schulter hängenden Trägerbox. »Dort fährt der Zug zu Halle D«, schrie Tony und verlangsamte seine Schritte auf dem leeren Bahnsteig.

»Keine Zeit, auf ihn zu warten«, rief ich verzweifelt. »Wir müssen weiterrennen. Beeilt euch!«

Wir sprinteten, als würden wir von allen Teufeln der Hölle gejagt, vorbei an langsamen Fußgängern und Putzfrauen. Ab und zu stießen wir mit arglosen Leuten zusammen, die unerwartet unseren Weg kreuzten. »Entschuldigen Sie, entschuldigen Sie …«, brabbelten wir atemlos, immer und immer wieder. Vashti und Scarlett rührten sich nicht und beobachteten die Szenerie aus trüben, halb geschlossenen Augen. Homer, die nie länger als 45 Minuten am Stück in einer Trägerbox gewesen und bestimmt noch nie so heftig herumgeworfen worden war, jammerte kläglich.

»Wer ist für diese Planung verantwortlich?«, wunderte sich Felix laut und nach Luft japsend.

»Irgendein Sadist, der für die Fluggesellschaft arbeitet«, rief ich über die Schulter.

Wir erreichten unseren Anschlussflug kurz vor der Schließung des Flugsteigs. »Warten Sie, wir sind da! Wir sind da!«, rief ich der Frau hinter dem Pult zu. Ich beugte mich vor, um zu verschnaufen und einen Krampf in der Seite zu massieren, während ich unsere Tickets und die Gesundheitsbescheinigungen der Katzen vorzeigte. Meine Stirn war schweißnass, und ich machte die Papiere unabsichtlich feucht, als ich mit dem Handrücken über die Stirn wischte, damit mir der Schweiß nicht in die Augen rann.

»Sie sollten wirklich versuchen, mindestens 15 Minuten vor dem Start am Flugsteig zu sein«, empfahl mir die Dame am Schalter kühl und schroff.

Ich bin sicher, dass ich mir einen Platz im Himmel sicherte, weil ich ihr keine runterhaute.

Diesmal sah ich neben einer älteren Frau, die ebenfalls mit einer Katze reiste. »Oh, sie haben uns nebeneinandergesetzt«, sagte sie erfreut, als ich mich auf meinen Sitz fallen ließ und Homer vor mir verstaute, immer noch nach Atem ringend. »Sie glauben gar nicht, wie schwer es für uns war, einen Platz zu bekommen! Ich musste in die erste Klasse! Alle anderen Plätze für Katzen waren schon belegt. Haben Sie so etwas je gehört?«

Ich murmelte etwas Unverständliches.

»Das ist Otis«, fuhr sie fort und zeigte auf einen würdevoll aussehenden rötlich-braunen Tigerkater, der in der Trägerbox vor ihren Füßen friedlich schlummerte. »Er fliegt gern. Wir machen diese Reise zweimal im Jahr, um meine Enkel zu besuchen.«

»Das ist Homer«, sagte ich. Homer kämpfte erneute heftig mit seiner Box. Auf den Klang seines Namens reagierte er mit einem gequälten Jammern, das so laut war, dass wir beinahe die Aufforderung überhört hätten, unsere Gurte anzulegen. »Homer ist nie zuvor geflogen.«

»Armer Kleiner!«, sagte die Frau. Sie senkte den Kopf ein bisschen, um Homer durch das Drahtnetz der Box zu betrachten. »Weine nicht, Homer. Es ist schneller vorbei, als du denkst.«

Wir plauderten gemütlich, als das Flugzeug zu steigen begann. Ich erzählte ihr alles über Homer, über seine Tapferkeit und über den Grund seiner Aufsässigkeit: Charakterstärke. »Es tut mir leid, dass er so viel Lärm macht«, entschuldigte ich mich.

Sie lachte. »Warten Sie nur, bis Sie mit einem Baby reisen!«

Plötzlich wurde mir etwas klar, was sich seit Langem gewusst, aber nicht verstanden hatte: Dies war kein kurzer Ausflug. Ich flog in meine Zukunft, in eine so undeutliche und formlose Zukunft, dass sie für mich völlig unerkennbar war. Ich hatte fast 30 Jahre lang in derselben Stadt gelebt, und jetzt, nach wenigen Wochen des Nachdenkens und Planens, verlagerte ich mein ganzes Leben an einen anderen, seltsamen Ort. In einer Vision sah ich mich selbst, Jahre und Jahrzehnte in der Zukunft, mit einer Katze verreisen, die nicht Homer war, um meine Enkel zu besuchen. Ich würde den Arm einer etwas nervösen jungen Frau neben mir tätscheln und zu ihr sagen: *Liebes, das ist noch gar nichts. Sie haben keine Ahnung, was Ihnen noch bevorsteht …*

Homer klagte wieder und riss mich aus meinem Tagtraum.

»Können Sie das Ding nicht verschließen?«, fragte ein erboster Mann hinter uns.

»Haben Sie denn kein Mitgefühl?«, blaffte die Frau neben mir. Sie drehte sich um und warf ihm einen strengen Blick zu. »Die arme Katze ist noch nie geflogen. Und was ist *Ihre* Ausrede für schlechtes Benehmen?«

Meine Augen füllten sich mit Tränen, und ich griff spontan nach ihrer Hand. »Danke!«, sagte ich.

Sie drückte meine Hand mütterlich. »Manche Leute tun so, als habe eine Katze keinerlei Mitleid verdient.«

Als ich die Freiheitsstatue und die Türme des World Trade Centers unter meinem Fenster vorbeigleiten sah, genoss ich einen der glücklichsten Momente meines Lebens. Selbst als ich nach der Landung hörte, dass unser Gepäck, auf das wir bereits 40 Minuten gewartet hatten, den Anschlussflug verpasst hatte und erst irgendwann am nächsten Tag eintreffen würde, geriet ich nicht aus der Fassung.

Mir war, als hätte jemand den ganzen Tag auf mich eingedroschen, wie auf einen Sandsack, aber Felix und Tony waren erstaunlich frisch. Scarlett und Vashti hätten keinerlei Ärger gemacht, berichteten sie. Ich dankte ihnen überschwänglich dafür, dass sie mit mir gereist waren, dann stiegen sie jeder in ein Taxi, um ihre Freunde und Verwandten in New York zu besuchen.

Ich lud meine drei Katzen in ein weiteres Taxi und fuhr zu unserer neuen Wohnung. Ich hatte eine Katzentoilette, Streu, Futter und Näpfe gekauft, als ich vor zwei Wochen in New York gewesen war, um den Mietvertrag zu unterschreiben. Der Portier des Gebäudes hatte alles aufbewahrt. Außerdem hatte ich ein neues Bett und Bettzeug bestellt, und mein Freund Richard, der im selben Haus wohnte und dem ich das Apartment verdankte, hatte die Lieferung beaufsichtigt. Der Rest meiner Möbel würde in ein paar Tagen eintreffen.

Der Portier stellte mir einen Kofferkuli zur Verfügung und half mir, die Katzen und all ihr Zubehör hinauf in unsere Wohnung im 31. Stock zu befördern. Kaum hatte sich die Tür hinter mir geschlossen, öffnete ich die Trägerboxen. Scarlett und Vashti waren immer noch vom Beruhigungsmittel benommen und zottelten verwirrt herum, ehe sie vor dem Heizkörper übereinanderpurzelten.

Homer sah konsterniert aus, aber er war froh, seiner Box entronnen zu sein und sich wieder auf festem Boden zu befinden. Jedes Mal, wenn wir umgezogen waren, hatte er einen Satz aus der Box gemacht und neugierig die unbekannte Umgebung erforscht. Diesmal war er vorsichtiger. Etwas an diesem Umzug war ganz anders, nicht nur der lange Tag, den er in seiner Trägerbox hatte verbringen müssen, und die zermürbende Reise, die er erduldet hatte.

Ich versorgte die Katzen mit Streu und Futter und trug Homer hin, um ihm zu zeigen, wo die Sachen standen. Dann warf ich Laken und Decken nachlässig aufs Bett und brach mit dem Gesicht nach unten auf ihm zusammen. *Wir haben es geschafft,* dachte ich. *Wir sind in New York.*

Homer kroch immer noch langsam im Zimmer herum. Die Luft war trocken und kalt, und sein Fell knisterte vor statischer Elektrizität. Ich holte seinen Wurm, den ich eingewickelt und bei mir getragen hatte, aus meiner Handtasche. Ich hatte verhindern wollen, dass er in einem Umzugskarton verloren ging. Homer würde sich besser fühlen, wenn er nach unserer Ankunft ein Spielzeug bekam, mit dem er vertraut war und das er sofort wieder benutzen konnte.

Aber diesmal war Homer nicht allzu erfreut über seinen alten Gefährten. Er beschnupperte ihn flüchtig und zog ihn vorsichtig zu seinem Futternapf. Dann setzte er seinen gemessenen Rundgang durch das Apartment fort.

13 Stunden waren vergangen, seit das Auto an diesem Morgen eingetroffen war, und das Einzige, was ich wollte, waren weitere 13 Stunden ohne Unterbrechung in meinem warmen, bequemen Bett. Vashti, Scarlett und ich dösten, aber Homer hatte nicht die Absicht, sich auszuruhen. Dieser Ort hatte etwas

an sich, was keinen Sinn ergab, und das musste er untersuchen. Er konnte erst aufhören, wenn er Bescheid wusste.

Er war ein Kater, der in der Stadt, die niemals schläft, nicht schlafen wollte. Homer war bereits ein New Yorker.

18 KÜHL FÜR KATZEN

Freunde und Ausländer stehen unter Zeus' Schutz.
Sie nehmen, was sie bekommen, und sind dankbar dafür.
Homer, *Odyssee*

Mein Apartment in Manhattan war eine Einzimmerwohnung –
nach New Yorker Maßstäben eine große, mit einer Fläche von
etwa 70 Quadratmetern sowie einer kleinen Außenterrasse, aber
eben doch eine Einzimmerwohnung. Daran musste ich mich
erst gewöhnen, aber wie sich herausstellte, war der Übergang für
mich leichter als für meine Katzen. Homer war besonders verärgert. Für ihn war es unbegreiflich, dass eine Wohnung aus einem
einzigen Raum bestehen konnte. Scarlett und Vashti konnten
sehen, dass ihr Wohnbereich auf vier Wände und ein Badezimmer geschrumpft war, und das gefiel ihnen anfangs gar nicht.
Aber Homer brauchte Wochen, um sich zu beruhigen. Er war
ungestümer als die anderen beiden, und plötzlich war sein Spiel-
platz unerklärlich klein. Vermutlich dachte er, es *müsse* irgendwo eine Tür zu einem anderen Zimmer geben – und die wollte
er finden. Also strich er an den Wänden entlang, hielt die Nase
dicht über dem Boden und die Ohren gespitzt, und versuchte,
einen kleinen Hinweis auf die anderen Räume zu entdecken,
die bestimmt irgendwo versteckt waren. Er miaute heiser und
gereizt, als wolle er fragen: *Warum sagt mir niemand, wo der Rest
der Wohnung ist?*

Auf der Suche nach einem Ventil für Homers Übermut kaufte ich zum ersten Mal, seit er ein Kätzchen war, Spielsachen für

ihn. Die meisten interessierten ihn natürlich nicht, aber es gab eine Ausnahme: ein Plastikrad, das einen Plastikball enthielt. Oben und an den Seiten des Rades befanden sich Schlitze, in die eine Katze hineingreifen und den Ball herumstoßen konnte.

Homer war bald davon besessen. Der Ball zischte und rasselte so schön, wenn er durch das Rad sauste, und Homer – der ja nicht sah, dass der Ball im Rad gefangen war – glaubte fest daran, dass er ihn irgendwie befreien konnte. Er kroch unter das Rad, drehte es auf die Seite, schubste es von einem Ende des Raumes zum anderen und seufzte dann laut vor Ärger, wenn der Ball sich hartnäckig weigerte, herauszufallen. Manchmal schlich er sich an das Rad heran, duckte sich und machte einen Satz quer über den Fußboden, als wolle er es überraschen und dazu bringen, den Ball herzugeben.

Scarlett und Vashti, die das Spielzeug durchaus auch faszinierte, waren anscheinend verblüfft darüber, dass Homer mit diesem neuen Zeitvertreib Stunden verbrachte. Vor allem Scarlett beobachtete ihn mit einer Art amüsierter Verachtung bei der Arbeit mit dem Rad. *Du kannst den Ball nicht herausholen,* schien sie zu denken. *Es hat keinen Sinn, so würdelos damit herumzukämpfen.* Manchmal kroch Homer um drei oder vier Uhr morgens aus dem Bett, um es erneut zu probieren. Dann hallte unser kleines Apartment von den Geräuschen des kullernden Balles wider, während Homer das Rad immer wieder und wieder mit dem Kopf herumschubste. Das hielt mich manche Nacht wach, aber ich brachte es nicht übers Herz, ihm das Spielzeug wegzunehmen. *Wir haben nur diesen einen Raum,* dachte ich. *Wo soll er denn sonst spielen?*

Ich zahlte viel für diese Wohnung, mehr, als ich mir meiner Meinung nach leisten konnte, aber die Lage war zweifellos günstig. Das Haus war nur eine Straße von meinem Büro entfernt, und da ich im südlichsten Zipfel der Insel wohnte, lag fast jede U-Bahn-Linie direkt vor meiner Tür. Ich konnte das Upper East End oder die Upper West Side – und alle Punkte dazwischen – in weniger als 20 Minuten erreichen, schneller als Bekannte, deren Wohnung diesen Stadtteilen näher war als meine. Und wenn ich nach dem World Trade Center Ausschau hielt, fand ich immer nach Hause, einerlei, wo ich mich befand. Ich war an die Stadt gewöhnt, in der ich aufgewachsen war. Dort fand ich mich so instinktiv zurecht, dass ich niemals eine Karte brauchte. Es war eine Herausforderung, Manhattan kennenzulernen, aber ich wusste immer ziemlich genau, wo ich war und wo ich wohnte – ich brauchte nur die Skyline zu betrachten. Das galt selbst in labyrinthischen Gegenden wie Soho oder West Village, wo die Straßen Namen anstatt Zahlen trugen und in denen ein Neuankömmling sich ansonsten hoffnungslos verirrt hätte.

Ich verbrachte einen großen Teil meiner Zeit mit Andrea und Steve, ihrem Freund und Verlobten, und mit ihrem Freundeskreis. Einmal, einen Monat nach meinem Umzug, reiste ich nach Miami zurück, weil Tony Geburtstag hatte. Andrea stellte mir Garrett vor, der bei Bedarf die Haustiere hütete. Als ich in Miami lebte, hatten sich immer meine Eltern um meine Katzen gekümmert, wenn ich verreist war, oder eine Freundin, die Homer schon kannte und in der Nähe wohnte, schaute einmal am Tag vorbei. Aber in Manhattan waren Blitzbesuche unbequem, und deshalb beschloss ich, einen Fachmann zu beauftragen, obwohl ich die Katzen und meine Wohnung ungern einem Fremden anvertraute.

Garrett kam vor meiner Abreise zu uns, und ich absolvierte mein übliches Vorstellungsritual für Homer. Ich führte Garretts

Hand und meine Hand zusammen an Homers Nase. Dann gab ich ihm ausführliche und präzise Instruktionen: Die Fenster und die Balkontür mussten *immer* geschlossen bleiben, der Futternapf und die Wasserschale mussten so weit auseinander stehen, dass Homer den Inhalt eines Gefäßes nicht ins andere werfen konnte, und so weiter. Ich konnte nicht anders, meine Angewohnheit, mir irrationale Sorgen um Homer zu machen – mehr als um Scarlett und Vashti –, war zu tief verwurzelt. Ich versuchte – wohl vergeblich –, nicht pingeliger als Garretts typische Kundin zu sein, aber Garrett war ein ungewöhnlich geduldiger Mann, und er und Homer schienen sich von Anfang an zu mögen.

»Wir werden gute Kumpels, nicht wahr, Homer?«, sagte Garrett, und Homer holte seinen Wurm und legte ihn Garrett zu Füßen – ein Zeichen seiner höchsten Anerkennung.

Ich rief Garrett jeden Tag an, während ich fort war. Er hatte nach jedem Besuch einen Zettel auf der Küchentheke hinterlassen, auf dem beispielsweise stand.

1. Tag: *Futter, Wasser, Streu ausgetauscht. Grauer Kerl versteckte sich unter dem Bett, weißer Kerl schien froh, mich zu sehen. Mit Homer eine halbe Stunde gespielt.*

2. Tag: *Futter, Wasser, Streu ausgetauscht. Grauer Kerl versteckte sich unter dem Bett, weißer Kerl hörte nicht auf, die Pfoten ins frische Wasser zu tauchen. Homer warf eine Thunfischdose aus dem Küchenschrank, also fütterte ich ihn damit. Hoffe, das war in Ordnung.*

Ich hob diese Zettel nach meiner Rückkehr noch ein paar Wochen auf und heftete sie mit Magneten an den Kühlschrank. Dabei kam ich mir vor wie eine Mutter mit den ersten Zeugnissen ihrer Kinder – mit genauen Angaben darüber, ob sie mit anderen teilten und brav mit ihnen spielten. Ich freute mich immer noch darüber, dass auch andere Leute Homer unwiderstehlich fanden, obwohl das im Laufe der Jahre oft vorgekommen war.

Ich hatte im Januar begonnen, mich in New York um einen Job zu bewerben, und alle – auch der Personalleiter der Firma, die mich einstellte – hielten es für verrückt, von South Beach nach New York umzuziehen, erst recht mitten im Winter. »In Miami ist es *immer* warm«, sagten sie, als würden alle anderen Faktoren dadurch irrelevant.

Der Umzug nach New York hatte unser Leben enorm verändert, aber ich glaube, die Kälte bedeutete für die Katzen die schwierigste Umstellung. Selbst der Geruch des Gases, mit dem die Herde und Öfen im Haus geheizt wurden, vergällte Homer in den ersten paar Wochen das Leben (jede Wohnung, die wir in Miami gehabt hatten, besaß eine elektrische Heizung). Aber das war nicht so schlimm wie die allgegenwärtige Kälte.

Als sechsjähriges Kind hatte ich zu Thanksgiving mit meinen Eltern zum ersten Mal New York besucht. Die kalte Luft – draußen! – war für mich eine Offenbarung gewesen. Natürlich hatte ich Bücher gelesen, deren Helden an Orten wie New York, Chicago oder London lebten und sich in Mäntel und Schals hüllen mussten, wenn sie ins Freie gingen. Aber ich wusste nicht, wie sich das anfühlte. Kalt war meiner Erfahrung nach der Inhalt des Kühlschranks oder die Luft, die eine Klimaanlage ins Haus pumpte. Als ich mit meiner Mutter zu Macy's ging, bestaunte ich die riesige Etage mit Winterjacken und -mänteln fast ehrfürchtig. Der Geruch des Leders war überwältigend – ich hatte noch nie so viel Leder an einem Ort gerochen. In New York mussten wirklich viele Menschen leben! Und natürlich brauchten sie alle schwere Mäntel, weil es hier kalt war. *Draußen.*

Scarlett, Vashti und Homer besaßen nicht einmal ein theoretisches Wissen über Kälte, sodass sie sich nicht vorbereiten konnten. Das kalte Wetter trocknete die Luft aus, und ihr Pelz knisterte immer von statistischer Elektrizität. Scarlett und Vashti hatten damit keine großen Probleme, aber Homer fand es schrecklich. Er spazierte gewöhnlich über den kleinen Teppich, um auf meinen Schoß zu springen und seine Nase erwartungsvoll an meine zu drücken – und nun erlitt er dabei einen leichten elektrischen Schlag! Er wandte mir vorwurfsvoll das Gesicht zu, als wolle er sagen: *He, warum hast du das getan?*

Mein Apartment hatte ein Heizgerät, aber es war defekt und gab immer wieder ein scharfes Zischen von sich, gefolgt von lauten Rasseln und Klirren. Bald wurde das Ding Homers geschworener Feind. Einerlei, wie fest Homer schlief, er sprang sofort auf, wenn er das Getöse hörte. Und da er mich seit dem Einbruch noch mehr beschützen wollte, stellte er sich vor mich, krümmte den Rücken und knurrte den Heizer an. Nach einer Minute kroch er vorsichtig auf ihn zu und schlug ein paarmal wütend mit den Pfoten auf ihn ein. Dann – zufrieden darüber, dass er es dem Ding gezeigt hatte – schlich er sich zurück und kuschelte sich, immer noch misstrauisch, in meinen Schoß. Doch innerhalb einer Stunde begann der Heizer wieder zu klirren und zu rasseln.

Eines Tages tauschte der Hausmeister das Heizgerät gegen ein neues aus, das nicht ganz so laut war. Doch selbst wenn es mit voller Kraft arbeitete, wurde meine Wohnung nie richtig warm. Meine Katzen und ich kamen uns in diesem ersten Winter in

New York sehr nahe – wir kuschelten uns aneinander, um uns zu wärmen. Bald erwies es sich als Segen, dass mein Apartment so klein war. Anfangs hatte mir das überhaupt nicht gefallen. Aber nun wurde sogar Scarlett anschmiegsam. Das hätte für Homer eine gute Nachricht sein können. Es ärgerte ihn zwar, dass er so wenig Platz zum Spielen hatte, aber er freute sich sehr darüber, dass wir vier jetzt die ganze Zeit zusammen waren.

Leider teilte Scarlett nicht gern mit anderen. Anfangs versuchte sie auf ihre übliche gebieterische Art, Vashti und Homer nicht zu nah an mich heranzulassen. Vielleicht hatte sie entdeckt, wie schön es war, mit Mama zu kuscheln, aber den körperlichen Kontakt mit den beiden anderen Katzen hatte sie immer auf das unbedingt notwendige Minimum beschränkt. Sie schlug Homer und Vashti wütend auf den Kopf, wenn sie in meinem Schoß lag und einer der beiden versuchte, sich neben mir zusammenzurollen. Homer, der mir immer irgendwie näherstand und sich inzwischen, für erwachsen genug hielt, um Scarletts Vorherrschaft nicht länger hinzunehmen, schlug prompt zurück. *Du hast mir gar nichts zu sagen!* Ab und zu fingen sie an, richtig zu raufen, und ich musste sie trennen. Doch mit der Zeit lernte Scarlett, Homer zu respektieren, wenn auch zähneknirschend. Homer war jetzt fast fünf Jahre alt und hing mehr als jede andere Katze an seinen Gewohnheiten. Deshalb dachte er gar nicht daran, sich wegschubsen zu lassen, nur weil Scarlett ein Erweckungserlebnis gehabt hatte und nun nach menschlich-körperlicher Zuwendung suchte.

Vashti, die weder so aggressiv wie Scarlett noch so hartnäckig wie Homer war, fühlte sich hingegen verdrängt, und ich musste dafür sorgen, dass sie ihren gerechten Anteil an der Kuschelzeit auf meinem Schoß bekam. Trotzdem war Vashti nicht so glücklich, wie sie in Miami gewesen war, und ich hatte manchmal ein schlechtes Gewissen. Ich fürchtete, dass sie langsam zum typischen vernachlässigten mittleren Kind wurde.

Der erste Schnee brachte für Vashti die Wende. Scarlett war hingerissen, als die Flocken an die Scheibe geweht wurden. Sie warf den Oberkörper ans Glas und wollte das weiße Zeug unbedingt fangen. Sie wusste nicht, was Schnee ist, und sie wusste nicht, dass er *kalt* ist. Sie sah nur kleine weiße Flocken, die auf der anderen Seite der Fensterscheibe verführerisch vor ihrer Nase tanzten und darum bettelten, gefangen zu werden und mit ihr spielen zu dürfen.

Vashti aber schien für den Schnee geboren zu sein. Sie hatte einen langen weißen Pelz, einen üppigen Schwanz, der dem von kleinen Büscheln aus weißem Pelz, die überreichlich zwischen ihren Fußballen wuchsen. Anscheinend besaß sie eine angeborene Erinnerung daran, was Schnee ist und wie er sich anfühlt. Vielleicht war sie deshalb immer so fasziniert von Wasser. Als der Schnee sich auf dem Balkon häufte, stand Vashti vor der Tür, und ihre Augen baten mich stumm, sie hinauszulassen. Ich tat es ein paarmal, und sie stürzte sich in die tiefsten Schneewehen. Ihre Pupillen waren weit und wild und die einzige Andeutung von Dunkelheit in der schneebedeckten Landschaft, die sie schuf, indem sie herumtollte und sich fast selbst begrub. Erst ein heftiger Windstoß trieb sie in die Wohnung zurück. Mag sein, dass sie Schnee liebte, aber vor dem Wind hatte sie Angst.

Etwa um die Zeit, als der erste Schnee fiel, entdeckte Homer die magische Welt unter den Bettdecken. In Miami war er damit zufrieden gewesen, mit mir auf dem Laken zu schmusen. Aber er war kleiner als Scarlett und Vashti, sodass ihm hier nicht einmal annähernd warm wurde, wenn er mit mir auf den Decken lag. Er schlüpfte unter die Decken, so weit er kam, schnurrte zwischen meinen Füßen und erzeugte Wärme wie ein winziger Heizer. Scarlett und Vashti merkten nicht immer, was da unten steckte. Sie sprangen aufs Bett zu mir und landeten oft direkt auf Homers Kopf. Homer war noch ein Kätzchen gewesen, als er den anderen unabsichtlich auf dem Kopf gesprungen war, und er tat es schon lange nicht mehr. Jetzt war er an der Reihe, sich zu wundern. *Warum wissen meine Schwestern nicht, wo ich mich befinde? Wieso wissen alle fast immer, wo ich bin, während sie mich manchmal total übersehen?* Immer wieder sprang Homer unter der Decke empört auf die Füße und quäkte vorwurfsvoll.

Ich weiß nicht, ob er es merkte, wenn ich keine Decke benutzte, oder ob er sich einfach weigerte zu akzeptieren, dass sie nicht da war. Wenn ich ohne Decke auf dem Sofa lag, zerrte er jedenfalls frustriert an meinen Kleidern. Wenn ich einen ausreichend schlabberigen Pullover trug, kroch er unter ihn, streckte den Kopf aus dem Kragen meines Hemdes und legte ihn auf meine Schulter. Der Rest seines Körpers schnurrte laut und zufrieden an meiner Brust. Dann las ich ihm aus dem Buch vor, das ich gerade in den Händen hielt, und er schmiegte sich glücklich an meinen Hals, bis er in einen so tiefen Schlaf sank, dass er sogar zu schnurren aufhörte. Alles, was blieb, war das Geräusch seines Atems, der an meinem Ohr pfiff, und das Geräusch der Schneeflocken, die an die Fenster klatschten.

Aber es wurde auch wieder Frühling, so wie es sich gehört, und wenn es etwas Herrlicheres gibt als Manhattan im Frühling, dann habe ich es nie gesehen. Ich war in einer Blumenstadt aufgewachsen (*Florida* bedeutet im Spanischen *Land der Blumen*), aber die Blüten, mit denen Bäume, Büsche und Blumenbeete in New York City übersät waren, blendeten mich. Es war, als wären sie alle an einem einzigen Tag unerwartet dem Nichts entsprungen. Die Luft war jetzt weniger trocken, Homers Pelz verlor seine statische Elektrizität, und Scarlett machte ihm fast fröhlich neben mir auf dem Sofa Platz. Nur Vashti saß sehnsüchtig vor dem Fenster und betrachtete den Horizont und die sonnendurchfluteten Straßen.

Nanu?, schien sie zu fragen. *Kein Schnee mehr?*

19 EIN LOCH IM HIMMEL

*Wir weinten und erhoben die Hände zum Himmel
angesichts dieser schrecklichen Szene,
denn wir wussten nicht, was wir tun sollten.*
Homer, *Odyssee*

Es gibt frühe Herbsttage in New York, die so atemberaubend schön sind, so erfüllt von der Verheißung der herbstlichen Pracht, die noch kommen soll, dass sich das Geld und die Mühe, die ganze Anstrengung und Raserei lohnen, die man braucht, nur um in Manhattan zu leben. Die Blätter sind noch grün und die Luft ist noch nicht kühl, aber auch nicht mehr heiß. Sie ist so frisch, dass sie den braunen Industriesmog aufsaugt, der im Juli und August an feuchten Tagen über der Skyline schwebt. Sie wird dann so kristallklar, wie Gott es immer gewollt hat.

Am Morgen eines solchen Tages, gegen Viertel nach acht, stand ich vor einem leeren Futternapf, einem noch leereren Schrank und einem Dilemma. Normalerweise fütterte ich die Katzen mit einem hochwertigen Trockenfutter (Vashti litt neuerdings an einer Lebensmittelallergie, und die einzigen Marken die keine Symptome auslösten, waren natürlich die teuersten), ergänzt durch eine Dose Feuchtfutter vom selben Produzenten (ich hatte gelernt, dass das teuerste Feuchtfutter bei Homer die geringsten Blähungen hervorrief). Gelegentlich gab ich ihnen eine Dose mit dem preiswertesten Futter, das ich fand, weil meine Katzen das billige Zeug mochten – mit der Inbrunst eines Kindes, das viel lieber Junkfood isst als die gesünderen, selbst zubereiteten Mahlzeiten der Mutter. Aber ich hatte momentan nichts zur Hand, nicht einmal eine Dose Thunfisch, die sich im Notfall als delikates Schnellgericht geeignet hätte.

Ich konnte zu dem kleinen Feinkostgeschäft auf der anderen Straßenseite laufen und die Näpfe füllen, bevor ich zur Arbeit ging. Der Laden führte zwar nicht die Marke, die ich haben wollte, aber ich konnte eine kleine Packung eines ziemlich guten Produkts kaufen, das der empfindlichen Vashti nicht schadete und uns einen oder zwei Tage lang über Wasser hielt.

Oder ich konnte ein paar Stunden bis zur Mittagspause warten, in die Tierhandlung gehen, die näher am Broadway lag, das bessere Futter kaufen und zurück in mein Apartment laufen, um die Katzen zu füttern. Mein Büro war nur eine Straße von meiner Wohnung und nur drei Straßen von diesem Geschäft entfernt, und ich hatte diese Rundreise oft genug gemacht. Da ich so nahe bei meinem Büro wohnte, wollte ich nicht einmal fünf Minuten zu spät kommen. Meiner Meinung nach hatte ich keine Ausrede, wenn ich nicht jeden Morgen pünktlich um neun das Büro betrat. Deshalb beschränkte ich diese Katzenfutterrennen mitten in der Woche gewöhnlich auf die Mittagspause. Außerdem besuchte ich meine Katzen gern in der Mittagszeit. Das war so ungefähr der einzige Luxus, den mein Leben in New York zu bieten hatte, und für die Katzen, vor allem für Homer, waren diese spontanen Begegnungen immer eine Freude. Letztlich überzeugte mich der völlig leere Futternapf. Manchmal ließ ich sie mit wenig Futter zurück, wenn ich zur Arbeit ging, aber sie waren nie ganz ohne Futter gewesen. Vashti saß neben dem Napf und quiekte bittend, aber unmissverständlich. *Gar kein Futter?*, schien sie zu fragen. *Willst du uns wirklich ganz ohne Futter zurücklassen?* Seufzend, weil ich die Vorräte am Wochenende nicht aufgefüllt hatte (auch die Streu wurde gefährlich knapp), griff ich nach meiner Handtasche und brach auf.

Die Straße vor meinem Apartment im Finanzbezirk war eine der ältesten in New York und so schmal, dass ich sie mit weniger als fünf Schritten überqueren konnte. Vor der Kasse des Lebensmittelgeschäfts hatte sich eine lange Schlange gebildet, wie immer am Morgen, wenn die Leute, die von neun bis fünf arbeiteten, nach ihrem Kaffee gierten, als wäre er ein Schluck süßes Leben. Aber die Schlange bewegte sich recht schnell, und kaum 15 Minuten später befand ich mich wieder in meiner Wohnung.

Ich hatte eben die ganze Packung Futter in den Napf geleert, als ich ein gewaltiges, dumpfes *WUMM!* hörte. Eigentlich spürte ich es eher, wie die Schwingungen eines Lautsprechers, wenn der Bass voll aufgedreht ist. Mein Etagenhaus wackelte leicht, und ein paar Stückchen Trockenfutter fielen aus dem Napf auf den Boden. Scarlett und Vashti flitzten so schnell unters Bett, als habe jemand sie an einem Strick gezogen. Homer sprang auf und blieb vor mir stehen. Seine Nackenhaare sträubten sich, und er schnupperte in die Luft, während seine Ohren sich von einer Seite zur anderen bewegten. Er knurrte die unsichtbare Bedrohung warnend an, was immer es sein mochte. *Halt dich zurück,* sagte das Knurren. *Bleib uns vom Hals …*

»Keine Angst, Kleiner«, sagte ich und streichelte ihm den Rücken. »Das war nur eine Fehlzündung. Du brauchst deine Mama nicht zu beschützen.«

Homer gefiel die Sache nicht. Ich hatte keine Ahnung, warum, aber sie gefiel ihm nicht. Er rannte von einer Ecke des Raumes zur anderen, immer noch mit gesträubtem Fell und gespitzten Ohren, wie ein Grenzwächter. Immer wieder kam er zu mir und knurrte weiter. Scarlett und Vashti waren ebenso verstört und weigerten sich, auch nur ein Schnurrhaar unter dem Bett hervorzustecken. Als ich sie herausgelockt hatte, zeigte die Uhr eine oder zwei Minuten vor neun. Anscheinend würde ich mich doch ein paar Minuten verspäten – zum ersten Mal, seit ich meinen Job in New York angetreten hatte.

Ich hatte meine Handtasche über die Schulter gehängt, als das zweite *WUMM!* kam und unser Haus wieder erschütterte. Diesmal ließen die Katzen sich nicht beruhigen. Mein Apartment war eine Eckwohnung mit Fenstern, die nach Norden und Osten gingen, und Homer sprang auf den Sims des westlichsten Nordfensters und fauchte wild.

Unser Haus war immer von Verkehrslärm umgeben, und gebaut wurde auch immer. Weil die Straßen so schmal waren – wie tiefe Schluchten, umringt von Gebäuden, die 30, 40, 50 Stockwerke hoch waren –, hörten sich all diese belanglosen Geräusche lauter an, als sie wirklich waren, sogar hoch oben im 31. Stock, wo ich wohnte. Darum machte ich mir keinerlei Sorgen, außer um die nervösen Katzen. Ich ließ sie nur ungern in diesem Zustand allein, aber was sollte ich tun? Auf jeden Fall konnte ich nicht meinen Chef anrufen und ihm mitteilen, dass ich mir einen Vormittag freinehmen wollte, weil meine Katzen unruhig waren.

Also ließ ich sie allein. Homer fauchte immer noch am Fenster, Vashti und Scarlett kauerten unter dem Bett.

In der Eingangshalle meines Gebäudes war es still, als ich drei Hosen in die Maschine steckte, die chemisch reinigte, und zur Haustür ging. Tom, der Portier, winkte mir normalerweise fröhlich zu, aber an diesem Tag telefonierte er mit gedämpfter und nervöser Stimme. Sein Gesicht hatte einen gequälten Ausdruck, und ich erinnerte mich daran, dass ich ein flüchtiges Mitgefühl für ihn empfand, als ich vorbeiging. Tom war ein netter Mann. Ich hoffte, dass sein Gesprächspartner keine schlimmen Nachrichten für ihn hatte.

Die Straße vor dem Gebäude war so belebt wie zuvor, als ich hinausgerannt war, um Katzenfutter zu kaufen. Überall standen Menschen – auf Gehsteigen, in Eingängen und mitten auf der Straße. Aber jetzt war die Straße kein summender Bienenkorb mehr wie in der Stoßzeit vor knapp einer Stunde. Die Leute standen wie erstarrt da. Niemand sprach. Niemand rührte sich. Es war, als wären Wachsfiguren aus einem Museum zum Leben erwacht, auf die Straße gegangen und dann einfach stehen geblieben, um wieder ihre wächsernen Posen einzunehmen. Das einzige Geräusch, das ich hörte, klang wie die Sirenen von tausend Feuerwehrfahrzeugen, die einander überlagerten und darum wetteiferten, ihre Panik als Erste in die frühherbstliche Luft hinauszuschmettern.

Die Ruhe und Stille auf dieser Straße in Manhattan – im Herzen des Finanzbezirks und während der Hauptverkehrszeit – löste bei mir zum ersten Mal an diesem Tag beklemmende Furcht aus, obwohl ich noch nicht wusste, warum. Alle schauten in dieselbe Richtung – nach Westen. Natürlich wollte ich wissen, was sie so fesselte, und drehte mich um.

Das World Trade Center brannte.

Die Türme waren in das makellose Blau des Morgenhimmels eingraviert und standen in Flammen. Sie überragten alles und schienen anderthalb Meter von mir entfernt zu sein, nicht fünf Häuserblocks. Schwarzer Rauch quoll nach oben, Glasscherben und Schutt flatterten hinunter, anmutig wie Herbstlaub. Dann sah ich etwas, was nicht sein konnte. Es war einfach unmöglich. Und doch sah ich – einen brennenden Menschen, der aus einem der höchsten Stockwerke fiel. Er fiel nicht in eleganten Spiralen wie der Schutt, sondern im Sturzflug, schnurgerade hinunter.

Mein Magen zog sich zu einem schmerzhaften, trockenen Klumpen zusammen, und ich würgte. Auf einmal war ich froh, dass ich nicht gefrühstückt hatte.

Die Menschen in meiner Umgebung hatten es ebenfalls gesehen, und viele von ihnen drehten sich um und packten den Arm ihres Nachbarn oder begruben das Gesicht an seiner Schulter. Die steifen, automatischen Reaktionen auf diese Geste ließen darauf schließen, dass sich einige dieser Körperkontakte zwischen Fremden abspielten.

Ich wollte niemanden anfassen, und ich wollte nicht, dass jemand mich anfasste. Menschliche Kontakte wären unbestreitbar real gewesen, als hätte ich zu jemandem *Zwick mich* gesagt, um herauszufinden, ob ich träumte. Stocksteif, als wäre ich aus Holz geschnitzt, ging ich eine Straße weiter zu meinem Büro.

Mein Telefon blinkte und klingelte unablässig. Meine Kollegen unterhielten sich leise. Sie standen in Zweier- oder Dreiergruppen an den Fenstern unseres Büros und starrten hinüber zum World Trade Center. *Ein Flugzeug ist hineingeflogen. Ein kleines Flugzeug. Aber wieso hat der Pilot es nicht gesehen … hat wohl die Orientierung verloren … ein Unfall … ein entsetzliches Unglück …*

Die Fenster hinter meinem Schreibtisch waren dem World Trade Center zugewandt. Der schwarze Rauch schoss immer noch nach oben. Ich sah Hubschrauber durch den Qualm torkeln, kreisen … kreisen. Hubschrauber waren für Paranoide schon immer ein Symbol für die Allmacht der Regierung, weil sie geschickt und bedrohlich durch Filme über gemeine Verschwörungen oder entartete futuristische Gesellschaften geistern. Jetzt schien es mir, als hätte ich nie zuvor etwas derart Hilfloses wie diese Hubschrauber gesehen. Sie glichen neugeborenen Vögeln, die ständig aus dem Nest gestoßen werden. *Sie können unmöglich landen,* dachte ich. *Wie wollen sie diese Leute herausholen?*

Mein erster Anruf galt meiner Mutter. Ich verspürte das absurde Bedürfnis, jemandem mitzuteilen, dass es mir gut ging – obwohl es mir offensichtlich gut ging. Den Menschen im World Trade Center war etwas zugestoßen, nicht mir.

Kaum hörte ich die Stimme meiner Mutter übers Telefon, fühlte ich mich besser. »Schau nicht rüber«, riet sie mir. Gehorsam zog ich die Jalousie herunter.

Danach rief ich Tony in Miami an, der am Fernseher saß. »Sie sagen, es waren Terroristen«, rief er.

»Mach keine Witze«, erwiderte ich sofort – und damit wollte ich nichts verdrängen. Ich meinte es wirklich so. Terroristen? Wer konnte etwas so Absurdes glauben? Die Leute, die solche Theorien aufstellten, gehörten zum gleichen Schlag wie jene, die glaubten, die Regierung verstecke kleine grüne Männchen in der Wüste von New Mexico. »Das waren bestimmt keine Terroristen. Es war ein Unfall.«

»Gwen, sie haben zwei riesige Passagierflugzeuge absichtlich in diese Gebäude geflogen«, beharrte Tony. »Ich sehe *in dieser Sekunde* eine Reportage in den Nachrichten.«

Die Beschallungsanlage in unserem Bürogebäude, die uns auf Feuerwehrübungen und defekte Aufzüge hinwies, begann zu spucken und zu krachen. Die Stimme des Sicherheitsbeamten im Erdgeschoss, der mich jeden Morgen mit »Hallo! Guten Morgen, Miss!« begrüßte, meldete sich mit jamaikanischem Akzent. Diesmal klang er angespannt und einfach schrecklich. Unser Gebäude werde geräumt, sagte seine Stimme, und es werde heute nicht mehr geöffnet. Wir sollten ruhig zur Nottreppe gehen und das Haus so schnell wie möglich verlassen.

»Ich muss gehen«, sagte ich zu Tony. »Ich ruf dich später an, okay?« Es war irgendwie seltsam, mich vor dem Auflegen so formell höflich von meinem Freund zu verabschieden, obwohl die Stimme des Sicherheitsbeamten – wenn auch nicht seine Worte – uns soeben befohlen hatte, um unser Leben zu rennen.

Eine Kollegin namens Sharon blieb vor meinem Schreibtisch stehen. Sie war ein paar Jahre älter als ich und eine der leitenden Partnerinnen der Firma. Wir hatten bei einigen Projekten zusammengearbeitet und freundliche Worte gewechselt. Aber wir waren noch nie außerhalb des Büros zusammen gewesen. »Sie wohnen hier in der Nähe, nicht?«

»Ja, eine Straße weiter«, sagte ich.

»Kommen Sie doch mit zu mir«, sagte sie. »Ich will über die Brooklyn Bridge gehen und ein Zimmer im Brooklyn Marriott mieten. Wir könnten dort etwas trinken und Leute anrufen, damit sie rüberkommen.« Als ich zögerte, fügte sie hinzu: »Sie wollen doch sicher nicht wenige Straßen von alldem entfernt allein zu Hause sitzen.«

Ich hatte halb daran gedacht, Andrea anzurufen oder einen der wenigen Freunde, die ich seit meinem Umzug gefunden hatte. Vielleicht hatte man ja auch sie aus ihren Büros geschickt. Aber ich hätte bis in den Norden der Stadt fahren müssen, um sie zu treffen, und ich hielt es für unklug, in dieser Situation die U-Bahn oder den Bus zu benutzen. Das andere Ende der Brooklyn Bridge war viel näher als beispielsweise das Zentrum von Manhattan.

Außerdem wollte ich nicht zu weit von meinen Katzen entfernt sein. Ohne wirklich daran zu denken, ging ich von der vagen Vermutung aus, das Feuer werde noch eine Weile wüten und dann gelöscht werden, dann werde man die Toten einsammeln, und die Trauer – die abgrundtiefe, unberechenbare Trauer – werde beginnen.

Aber ich wusste auch, dass ich in mein ruhiges Apartment zurückkehren und mich an die warmen, pelzigen Körper meiner Katzen schmiegen wollte, sobald all das geschah.

Deshalb war es eine Erleichterung, als Sharon die Initiative ergriff und mich einlud. Sie war im Grunde nicht meine Chefin, aber sie gehörte zu den Leuten, denen ich verantwortlich war. Und vor allem hatte sie ihr Leben lang in New York gewohnt. Sharon würde besser als ich wissen, was zu tun war.

Wir gingen ein paar Straßenblöcke weiter zur Brooklyn Bridge. Niemand aus dem Büro schloss sich uns an, und mir kam der Gedanke, dass Sharon mich nicht beiläufig eingeladen hatte, sondern dass sie auf mich aufpassen wollte – aus Gründen, die nichts mit unserer noch flüchtigen Bekanntschaft zu tun haben konnten. Natürlich waren wir nicht als Einzige auf die Idee gekommen, Manhattan zu verlassen. Die Brooklyn Bridge war eine solide Mauer aus Menschen. Sie war für Fahrzeuge geschlossen, und die Leute kletterten über das Geländer, anstatt den weiten Weg zum Eingang für Fußgänger zu gehen. Hilfreiche Hände zogen sie hinauf.

Wenn man bedenkt, dass Tausende von Menschen auf der Brücke waren, herrschte dort eine seltsame Stille. Das Wort *Terroristen* war in fast jedem gemurmelten Gespräch zu hören, und ich war inzwischen weit davon entfernt, an dieser Theorie zu zweifeln. Dann fragte jemand in unserer Nähe: »Was ist, wenn sie die Brücke sprengen?«

Das war eine groteske Idee. Eine Vorstellung, dass jemand die Frechheit haben konnte, die Brooklyn Bridge in die Luft zu jagen, dass sie aus der Skyline von New York verschwinden könnte, war abwegig. Das klang fast wie die Pointe eines schlechten Witzes.

Dennoch war es unmöglich, diesen Gedanken zu verdrängen, Sharon und ich versuchten uns abzulenken, indem wir darüber sprachen, wie groß die Chance war, ein Zimmer im Brooklyn Marriott zu bekommen. Dann überlegten wir, wen wir zu uns einladen sollten. Sollten wir unterwegs Alkohol kaufen oder die sicherlich extrem hohen Preise an der Hotelbar zahlen? Wir wendeten dem World Trade Center den Rücken zu und sahen nichts als Tausende von Menschen und unseren Zufluchtsort Brooklyn vor uns. Solange wir gingen und wie normale Leute über normale Themen redeten, war die Welt erträglich.

Beißender Rauch lag in der Luft. Eine Frau in unserer Nähe hinkte ein wenig und klagte mit gezwungenem Humor (»Sind wir nicht tapfer?«), sie hätte bequemere Schuhe angezogen, wenn sie gewusst hätte, dass sie so weit würde laufen müssen. Sharon und ich lächelten mitfühlend und wollten eben antworten, als ein Mann vorbeirannte und schrie: »*Sie haben das Pentagon in die Luft gejagt! Sie haben das Pentagon in die Luft gejagt!*«

Wir hörten ein gewaltiges Krachen und Stöhnen. Die Brücke zitterte, und wir spürten, wie die Schwingungen von den Fußsohlen aus an den Beinen hinaufkrochen. Sie sprengen die Brooklyn Bridge! *Sie sprengen die Brooklyn Bridge!* Leute begannen zu kreischen und zu weinen und zu rennen und zu drängen, sie prallten mit anderen zusammen und stießen sie um, und die Nachfolgenden rannten über die Gestürzten hinweg, und Sharon und ich hielten einander fest, um das Gleichgewicht zu bewahren. Ich wollte ebenfalls schreien, aber in meiner Lunge war keine Luft. Nirgendwo war Luft. Die Brooklyn Bridge explodierte, löste sich auf, und ich stand auf ihr!

Jeder Muskel und jede Sehne meines Körpers strengte sich an, um vor mir zu fliehen. Das einzige, was meinen Körper zurückhielt, war die harte Barriere meiner Haut, die sich eisern weigerte, vorwärtszugehen. Meine Hände und Beine bebten, als mein Körper verzweifelt versuchte, aus meiner Haut zu springen und wegzulaufen.

Eine Vision blitzte vor meinen Augen auf. Sie stammte nicht aus meinem Leben, sondern aus Schwarz-Weiß-Filmen über den Holocaust, die ich gesehen hatte. Ich sah eine Gruppe von alten jüdischen Männern, die in einer Reihe vor einer Mauer standen. Jeder hielt seinen Nachbarn an der Hand, und sie sprachen das Gebet, das alle Juden vor ihrem Tod sprechen sollen. Ich hörte sie so deutlich wie alles andere in meiner Umgebung. Dann hörte ich, wie meine Stimme – als wäre sie von mir getrennt und befände sich außerhalb meiner selbst, stumpf und unkenntlich – mit ihnen rezitierte: *Schema Jisrael, Adonai Eloheinu, Adonai Ehchad …*

Dann blieben alle abrupt stehen, als wären wir mit einer zentralen Energiequelle verbunden und jemand hätte den Stecker gezogen. Wir hatten gemerkt, dass die Brücke sich nicht auflöste und nicht mitten durchbrach, um uns in den East River stürzen zu lassen. Wie auf Kommando drehten wir den Kopf und schauten zurück auf die Stadt, aus der wir flüchteten.

Einer der Türme des World Trade Centers brach in sich zusammen. Innerhalb von Sekunden war von ihm nichts mehr zu sehen außer einem rauchenden Loch in der Skyline, deren Teil er gewesen war. Der Qualm des Feuers war schwarz gewesen, aber die Trümmerreste schimmerten beige. Sie hingen in gelassener Vollkommenheit in der strahlend blauen Luft, wie die Nachgeburt eines Feuerwerks.

»Es ist okay«, sagte ich zu Sharon. »Es ist okay. Das ist nur der Turm, der zusammenbricht.«

Es war albern, das zu sagen. Was konnte weniger »okay« sein als der Kollaps des World Trade Centers? Und doch, in diesem Augenblick *war* es okay – nicht nur weil es bedeutete, dass die Brooklyn Bridge nicht gesprengt worden war, sondern auch, weil es *einen Sinn ergab.* Gebäude brennen, und dann brechen sie zusammen. Wie lautet der Ausdruck? *Bis auf die Grundmauern abgebrannt.* Ich hatte so etwas nie zuvor gesehen, hatte diesen Ausdruck aber oft gehört. *Die Feuerwehr konnte nicht verhindern, dass die Lagerhalle bis auf die Grundmauern abbrannte.* Das geschah andauernd, alle wussten es, und es ergab einen Sinn.

Natürlich ergab es keinen Sinn. Der Gedanke, den mein bereits überaktives Gehirn in der nächsten Millisekunde produzierte, lautete: *In diesem Gebäude waren Menschen.* Wenn es noch Hoffnung gegeben hatte, sie zu retten, dann war sie jetzt dahin. Erneut begann ich wie im Reflex zu beten. Diesmal murmelte ich den Kaddisch der Trauernden: *Jitgadal w'jitkadasch schemae raba …*

Eine Kugel aus Rauch schwebte einen Augenblick in der Luft wie eine Kobra, die hin und her schwankt und ihre Opfer mit den Augen hypnotisiert. Wir schauten gebannt zu. Dann begann die Kugel zu sinken und breiter zu werden. Sie wurde zu einer undurchsichtigen Wolke aus Ruß und Schutt, die mehrere Straßenblöcke weit alles verschluckte, was ihr in den Weg kam: Vögel und Bäume und Menschen und Häuser.

Und das Gebäude, in dem immer noch meine Katzen waren.

Mein Körper folgte der Richtung, in die mein Kopf bereits zeigte, und ich begann mich durch die Menge zu drängen, die jetzt mit angstvollen Schreien und entschlossener denn je nach Brooklyn strömte. »Entschuldigen Sie«, sagte ich höflich. »Entschuldigen Sie.« Musste man sich nicht entschuldigen, wenn man mit Leuten zusammenstieß? Sie rempelten mich an, prallten hart gegen mich. Aber das war in Ordnung. Ich verstand sie. Sie mussten in ihre Richtung gehen und ich in meine. Wenn ich geduldig und beharrlich war, würde ich durchkommen. Jedes Mal, wenn ich mit jemandem zusammenstieß, wiederholte ich: »Entschuldigen Sie.«

Sharon packte mich am Arm. »Gwen!«, schrie sie. »Was machen Sie denn? Wir müssen da lang!« Sie deutete energisch auf Brooklyn.

»*Lassen Sie mich los!*« Ich führte nun einen doppelten Kampf, einmal gegen ihren Griff und zum anderen gegen die Menge, die mich nicht nach Manhattan durchlassen wollte. »Meine Katzen sind dort!«

»Gwen!«, schrie sie wieder. Sie packte mich mit beiden Händen an den Schultern und schüttelte mich ein wenig. Ich fragte mich mit unbeteiligtem und analytischem Interesse, ob sie mich ohrfeigen würde. War ich hysterisch? Ich *fühlte* mich nicht hysterisch. Trotz meiner Panik und meines Gekreisches fühlte ich mich vollkommen klar. Sharon deutete noch einmal auf den verbliebenen Turm, der gefährlich schief stand. »Gwen, der andere Turm wird jeden Moment einstürzen. *Sie können nicht zurück zu Ihren Katzen gehen!* Wir müssen weiter!«

Kaum hatte sie das gesagt, begann der zweite Turm zu implodieren. Menschen vergruben das Gesicht in den Händen, bedeckten die Augen, schluchzten und jammerten. Ich fühlte mich irgendwie hohl, als ich mit trockenen Augen zusah, wie ein zweites beigefarbenes Aschemonster mit dem ersten verschmolz. Ich hatte den Fuß der Brücke erreicht, und von der Stadt war nichts mehr zu sehen.

»Ihren Katzen geht es gut«, sagte Sharon. »Sie sind in Ihrer Wohnung und in Sicherheit. Das verspreche ich Ihnen.«

Zerbrochene Fenster, dachte ich. *Zerbrochene Fenster und eine blinde Katze.*

»Sie lassen niemanden von dieser Brücke runter und zurück in den Finanzbezirk gehen«, fuhr Sharon fort. »Diese Brücke hat nur eine Richtung, und in die müssen wir gehen!«

Natürlich. Ich hatte eine dumme Entscheidung getroffen, eine unvernünftige, katastrophale, unvorstellbar törichte Entscheidung, schon als ich den ersten Schritt auf die Brücke tat und meine Katzen zurückließ. Sie waren allein und ohne Schutz, und das war meine Schuld, meine Schuld, meine Schuld.

»Wir kümmern uns darum, wenn wir in Brooklyn sind«, sagte Sharon mit einem verzweifelten Unterton in der Stimme. »Wir rufen an, finden jemanden in Ihrem Gebäude, *und alles ist in Ordnung.*«

Wir drehten uns um und gingen erneut nach Brooklyn. Diesmal gab es keine Diskussion darüber, was wir tun würden, wenn wir das Hotel erreichten. Ohne darüber zu reden, hatten wir den Plan geändert. Unser einziges Ziel bestand jetzt darin weiterzugehen, bis die Rußwolke uns nichts mehr anhaben konnte, die sich innerhalb weniger Minuten wütend auf uns herabsenkte. Bald konnten wir kaum noch sehen und atmen. Wir zogen unsere Blusen aus und banden sie um den Kopf, um die Luft zu filtern. Mit dem Teil meines Verstandes, der abgestumpft und losgelöst war, dachte ich daran, wie erstaunlich es war, dass wir uns eben noch in einer der technisch am weitesten fortgeschrittenen Städte der Welt befunden hatten und eine Minute später zu den unzähligen Flüchtlingen gehörten, die im Laufe der Geschichte zu Fuß vor dem Tod geflohen waren.

Unsere Haut und unsere Haare waren grau von der Asche, als wir das andere Ende der Brücke erreichten. Trotzdem steckten wir immer noch in der dunklen Wolke. Wir gingen meilenweit. Der Rhythmus meiner Schritte hallte in meinem Kopf wider. *Meine Katzen. Meine Katzen. Meine Katzen meine Katzen meine Katzen.* Irgendwo in Brooklyn – ich wusste nicht, wo wir gerade waren – stand ein Mechaniker vor einer Garage und reichte den Menschen Operationsmasken, wenn sie vorbeigingen. Wir nickten ihm dankend zu, weil wir nicht mehr reden konnten. Der Rauch hatte unsere Kehlen entzündet.

Schließlich waren wir so weit gegangen, dass Sharon meinte, wir könnten ebenso gut in ihre Wohnung in Bay Ridge gehen, die von unserem Ausgangspunkt an diesem Morgen gut zehn Meilen entfernt war. »Sie bleiben bei mir«, sagte sie. Ich war ihr dankbar, aber es war ehe eine intellektuelle Dankbarkeit als eine emotionale. Ich wusste, dass Sharon nett zu mir war. Wohin hätte ich gehen, wo hätte ich schlafen sollen, wenn sie nicht gewesen wäre? Trotzdem fühlte ich mich innerlich unbeteiligt. Welche Rolle spielte es, wo ich hinging, und wo ich blieb? Wichtig war nur, wie ich zurückgehen konnte.

Ich wollte meine Mutter anrufen und ihr sagen, dass es mir gut ging, und ich wollte in meinem Apartmenthaus anrufen. Aber unsere Handys funktionierten nicht. »Das Büro meiner Mutter ist in der Nähe meiner Wohnung«, sagte Sharon. »Dort können wir das Festnetz benutzen.«

Wenn Sharons Armbanduhr stimmte, war es fast zwei Uhr Nachmittags, als wir Bay Ridge erreichten. Wir waren fast fünf Stunden unterwegs gewesen. Jetzt waren wir weit genug von Lower Manhattan entfernt, um Blicke auf uns zu ziehen, weil wir von Kopf bis Fuß mit grauer und beigefarbener Asche bedeckt waren. Die Straßen waren breit und sauber, die Menschen verhielten sich normal. Ich bemerkte die Ordnung und die Blicke wie durch einen Schleier. Mit mir hatte das alles nichts zu tun. Es geschah rings um mich her, und ich war mit der Dinge bewusst, aber ich konnte nicht an ihnen teilhaben und nicht emotional darauf reagieren. Es war, als säße ich auf dem Rücksitz eines Taxis und als husche die Welt vorbei, ohne dass ich irgendetwas außerhalb des Autos beeinflussen konnte.

Ebenso unbeteiligt sah ich zu, wie Sharons Mutter ihre Tochter an sich riss und tränenreich umarmte, als wir ihr Büro betraten. Eine andere Frau, die dort arbeitete, führte mich diskret in ein leeres Büro. »Dort ist ein Bad, wenn Sie sich säubern wollen«, sagte sie zögernd. Ich trug ein ärmelloses Hemd, eine Caprihose und vorn offene Sandalen, und die Asche bedeckte mich so gründlich, dass das eine nicht vom anderen zu unterscheiden war.

Zuerst rief ich in der Grundschule meiner Mutter an. »Gott sei Dank«, hauchte die Telefonistin, als ich meinen Namen nannte. »Ihre Mutter ist im Lehrerzimmer. Einige Kollegen sitzen bei ihr. Ich lasse ihr ausrichten, dass Sie am Telefon sind.«

Eine Weile hörte ich Warteschleifenmusik. Auch das war bizarr – denn warum existierte so etwas Banales immer noch? Dann war meine Mutter am Telefon und weinte. Sie weinte so heftig, dass sie nicht sprechen, nicht einmal atmen konnte. Ihre Schluchzer hörten sich eher wie ein ununterbrochenes, schmerzhaftes Heulen an, als würde ihr etwas mit brutaler Kraft aus dem Leib gerissen.

Ich hatte an diesem Tag keine einzige Träne geweint und wollte auch nicht weinen. Wenn ich zu weinen anfing, würde ich zusammenbrechen, und das Wichtigste war jetzt, dass mein Kern nicht auch noch zerbrach. Doch alle Tränen, die ich nicht geweint hatte, sammelten sich in meiner Kehle an und würgten mich, und meine Stimme war belegt, als ich wiederholte: »Mama, weine nicht. Mir geht es gut. Mir geht es gut, Mama. Weine nicht.«

Eine der anderen Lehrerinnen übernahm das Telefon. »Sagen Sie mir, wohin Sie gehen«, sagte sie ruhig. »Wir sagen es ihr.«

Ich erklärte ihr, dass ich bei meiner Freundin Sharon übernachte und ihr später die Telefonnummer durchgeben würde. Als wir aufgelegt hatten, versuchte ich, die Rezeption in meinem Wohnblock anzurufen. Keine Antwort. Ich probierte es mit den Apartments und Handys der wenigen Mieter, die ich kannte. Niemand meldete sich. Niemand war zu erreichen. So erlosch die einzige Hoffnung, die ich noch gehabt hatte: dass jemand in meinem Gebäude antworten und sagen würde: *Du liebe Güte, wie dumm von Ihnen, sich Sorgen zu machen. Hier ist alles in bester Ordnung!*

Zerbrochene Fenster, dachte ich. *Zerbrochene Fenster und eine blinde Katze.*

Sharon und ich gingen ein paar Straßen weiter zu ihrer Wohnung, einem gemütlichen, mit Pflanzen und Sonne gefüllten Zweizimmerapartment. Sofort schalteten wir den Fernseher ein. Sharon hatte recht gehabt. Nicht nur die beiden Türme des World Trade Centers waren zusammengebrochen, sondern auch alle Gebäude auf dem Platz rund um das World Trade Center.

Manhattan war unterhalb der Vierzehnten Straße vollständig mit Barrikaden abgeriegelt, bewacht vom Militär. Nur Soldaten, Polizisten, Feuerwehrleute und Rettungskräfte durften durch. Es war sinnlos, über zerbrochene Fenster nachzudenken. Das war negatives Denken. Ich musste einfach glauben, dass mein Gebäude unversehrt war. Den Katzen ging es bestimmt gut. Ich hatte sie mit reichlich Futter und Wasser zurückgelassen, und für sie war es nicht anders, als wenn ich mich über Nacht auf einer Geschäftsreise befunden hätte. *Morgen,* dachte ich, *würde ich bestimmt bei ihnen sein.*

Wie wussten, dass wir duschen oder essen oder etwas tun sollten, aber Sharon und ich konnten uns nicht vom Bildschirm lösen. Der Sender übertrug die Handynachrichten der Menschen, für die das Geröll der kollabierten Gebäude zur Falle geworden war. »*Ihre letzten Worte*«, betonte der Reporter. Der Schmerz war unerträglich, und Sharon holte mit grimmiger Miene zwei Flaschen Wodka.

Ich trank, wie ich noch nie getrunken hatte. Ich wollte trinken, bis die Flasche die gleichen Schmerzen empfand wie ich, bis das Zimmer sich drehte und ich meinen Namen vergaß. Ich wollte trinken, bis ich das Bewusstsein verlor. Und zum Glück gelang es mir.

20   12. SEPTEMBER 2001

> *Ich nahm einen Sack voller Vorräte mit,*
> *denn ich ahnte, dass ich jemandem begegnen würde,*
> *der sehr stark war und weder Recht noch Gesetz achtete.*
> Homer, *Odyssee*

Am nächsten Morgen hätte ich eigentlich mit einem bösen Kater aufwachen müssen. Stattdessen fühlte ich mich klarer und zielstrebiger denn je. Es war, als hätte mein Geist die Stunden der Bewusstlosigkeit genutzt, um für mich Probleme zu lösen, damit ich nach dem Aufwachen nur noch die notwendigen Maßnahmen treffen musste.

Nach einem kurzen Blick in die Nachrichten wusste ich, dass Lower Manhattan immer noch abgesperrt und verbarrikadiert war. Nur das Militär und die Rettungskräfte kamen hinein. Die Straßen unterhalb der Vierzehnten waren für Autos gesperrt, und die U-Bahnen und Busse fuhren dort nicht – obwohl der Rest der Züge und Busse in der Stadt und in ihrer Umgebung im Großen und Ganzen den Fahrplan einhielt.

Das bedeutete, dass ich zu Fuß die größten Chancen hatte. Ich fuhr Sharons Computer hoch, studierte eine Karte der U-Bahn-Linien und fand drei verschiedene Routen, die mich so nahe an das abgesperrte Gelände heranbringen würden, wie es mit öffentlichen Verkehrsmitteln derzeit möglich war.

Aus den Nachrichten erfuhr ich außerdem, dass es in Lower Manhattan weder Strom noch Wasser gab. Falls ich zu meinen Katzen durchkam, war es wohl vernünftig, sie aus der Wohnung zu holen, selbst wenn das Gebäude intakt war. Wir vier konnten nicht ewig in einem Apartment leben, in dem es kein Wasser gab und das ich nur erreichen konnte, wenn ich im Treppenhaus 31 Stockwerke hinaufstieg. Ich beschloss, meinen Freund Scott anzurufen und ihn zu fragen, ob er uns ein paar Tage aufnehmen konnte. Scott war vor Kurzem von Miami nach Philadelphia gezogen. Die Stadt ist mit dem Zug in einer Stunde von New York zu erreichen, und man braucht nicht einmal umzusteigen. Er gehörte zu den Freunden, die man in Krisenzeiten anruft, und war unter meinen Bekannten der Einzige, der genug Platz für uns vier hatte, da er allein eine Dreizimmerwohnung in einem Reihenhaus bewohnte. Ich schrieb seinen Namen auf den Zettel mit meinen U-Bahn-Routen, und neben den Namen schrieb ich *Streu und Futter*, denn ich wollte ihn auch bitten, diese Dinge vor unserer Ankunft zu kaufen. Das Geld würde ich ihm später zurückgeben.

Natürlich war es möglich, dass Scott uns nicht aufnehmen konnte, zumindest nicht ein paar Tage lang. Oder es gab wieder Strom, dann wäre es unvernünftig gewesen, die Katzen nach Philadelphia zu bringen. In diesem Fall brauchte ich Vorräte, die ich womöglich in meinem Viertel nicht bekommen würde, falls alle Geschäfte geschlossen waren. Ich fand noch ein Blatt Papier und füllte es mit einer Liste der Sachen, die ich kaufen musste. Außerdem nahm ich mir vor, so viel Bargeld abzuheben, wie mir meine Bankkarte erlaubte. Bargeld war meiner Erfahrung nach in einer Krise immer eine gute Idee.

Meine letzte Notiz erinnerte mich daran, die zuständigen Behörden anzurufen und mich zu erkundigen, ob jemand eine Rettungsaktion für Haustiere in der Nähe des Gebietes plante, das alle Fernsehsender jetzt »Ground Zero« nannten. Unten auf dem

Bildschirm des Fernsehers blinkte eine Notrufnummer. Ich rief mehrere Male an, hörte aber nur das Besetztzeichen. *Wahrscheinlich ist es besser so,* dachte ich. *Die Regierung soll sich um die Menschen kümmern, ich kümmere mich um meine Katzen.*

Sharon schlief schon, als ich den Kopf in ihr Zimmer steckte. Ich kritzelte eine Nachricht auf einen Zettel und heftete ihn an den Badezimmerspiegel, damit sie wusste, was ich vorhatte. Dann zog ich meine schmuddeligen Kleider wieder an, nahm ihre Schlüssel und meine Handtasche und verließ das Haus.

Der Tag war klar und schön wie der vorige. Nach dem langen Fußmarsch rechnete ich mit einem Muskelkater, aber meine Muskeln bewegten sich so geschmeidig und im Einklang mit meinen Gedanken, als hätten auch sie nur auf das Erwachen am Morgen gewartet, um Pläne in die Tat umzusetzen. Ich ging eine Weile die Straße entlang, die wohl die Hauptstraße von Bay Ridge war. Dann entdeckte ich eine große Drogerie. Dort kaufte ich billige Jeans, zwei T-Shirts, Unterwäsche, billige, aber robuste Leinenschuhe, Socken, eine Zahnbürste, ein Deodorant, einen großen Beutel Katzenfutter einer unbekannten Marke (Vashti musste eben ein paar Tage lang allergischen Juckreiz aushalten), eine Taschenlampe und Batterien sowie den größten Rucksack, den sie hatten.

Es war anstrengend, meine Ladung zurück in Sharons Wohnung zu schleppen, aber ich war so zufrieden mit mir, dass ich das kaum bemerkte. Die ersten Schritte meines Planes hatten mich meinen Katzen schon näher gebracht. Ich hatte das Gefühl, dass sie bereits halb gerettet waren.

Der Zug war an diesem Morgen überfüllt, aber nicht unerträglich voll. Vielleicht hatten viele Leute, die in der Stadt arbeiteten, einen freien Tag. Mir fiel ein, dass mein Büro gezwungenermaßen ebenfalls geschlossen bleiben würde. Noch seltsamer als einen unerwarteten freien Mittwoch fand ich jedoch jene Leute, die zur Arbeit gingen. Es war unvorstellbar, dass es in derselben Welt, in der die rauchenden Ruinen des ehemaligen World Trade Centers lag, Menschen gab, die gewöhnlichen Tätigkeiten nachgingen – die sich für die Arbeit umzogen, Kaffee kochten oder belegte Brote für ihre Kinder einpackten. Der gestrige Tag war irreal gewesen. Heute hatte ich das Gefühl, dass etwas geschehen würde, was ich schon immer vorausgesehen hatte, und die Leute, die normale, alltägliche Dinge erledigten, benahmen sich seltsam.

»Sie sind verrückt«, sagte Sharon unverblümt, als ich ihr nach der Rückkehr von der Drogerie meinen Plan erläuterte. »Hören Sie, was die Nachrichten sagen: Dort brechen immer noch Häuser zusammen.«

»Ein Grund mehr, jetzt hinzugehen«, erwiderte ich.

Sharon redete noch eine Weile auf mich ein. Sie meinte, man dürfe nicht in die Sperrzone hinein und es gebe keine Schleichwege. Ich dürfe gern bei ihr bleiben, wenigstens bis Freitag. Bis dahin gehöre ihr Gästezimmer mir. Sie wollte die Stadt unbedingt verlassen – viele Leute wollten das – und mit ihrer Mutter ein Wochenende außerhalb verbringen.

Das hätte mich interessieren sollen, weil ich im Grunde obdachlos war. So viel ich wusste, waren die Sachen, die ich an diesem Morgen gekauft hatte, mein einziger Besitz auf der Welt. Aber das war ein langfristiges Problem, mit dem ich mich jetzt nicht befassen wollte – das hätte mich nur rührselig gemacht und von meinen Sofortmaßnahmen abgelenkt. Ich hatte bereits Scott angerufen, und er war gern bereit, mich und meine drei

Katzen zu beherbergen, falls ich es für erforderlich halten sollte, sie zu evakuieren. Heute war erst Mittwoch, und am Freitag würde ich Sharons Apartment längst verlassen haben.

Sharon bestand darauf, dass ich Zweitschlüssel mitnahm, falls ich am Nachmittag zurückkehren und sie bereits unterwegs sein sollte. »Wenn ich mich zu meinen Katzen durchschlagen kann«, erklärte ich, »komme ich wahrscheinlich nicht zurück.«

Sharon zuckte mit den Schultern. »Dann geben Sie mir die Schlüssel nächste Woche im Büro zurück.«

Mein Rucksack stand im Zug vor meinen Füßen, neben einer Einkaufstüte mit den Dingen, die nicht mehr in ihn hineingepasst hatten. Alles zusammen wog wahrscheinlich knapp zehn Kilo. Aber es war nicht so schwer zu tragen, weil der größte Teil des Gewichts auf meinem Rücken lag.

Der Zug überquerte die Manhattan Bridge auf seinem Weg in die City. Er raste so schnell aus der unterirdischen Dunkelheit ins Sonnenlicht, dass ich zusammenzuckte. Es war, als wiederhole sich mein gestriger Fußmarsch. Südlich der Brooklyn Bridge war eine Rauchwand zu sehen, und sogar im Zug und aus dieser Entfernung konnte ich sie riechen. Ich wandte mich vom Fenster ab.

Der Zug brachte mich bis zu Vierzehnten Straße. Ich hatte mir Manhattan nie als Ort mit einem spezifischen, allgegenwärtigen Geruch vorgestellt. Nun aber lag der beißende Gestank des Schutts auf dem Ground Zero überall in der Luft, jedenfalls am Rande der Innenstadt, wo ich mich befand. Ich dachte an Homer, seine empfindliche Nase und seinen ungewöhnlich scharfen Ohren. Was er wohl von den Gerüchen und Geräuschen hielt? Er war dem Gebiet viel näher, in dem immer noch Feuer brannte und Gebäude kollabierten. Vermutlich hatten Scarlett und

Vashti weniger Angst, weil sie aus den Fenstern schauen konnten. Zumindest waren sie in der Lage, einen Zusammenhang zwischen den visuellen Eindrücken und dem Lärm und Gestank herzustellen. Das war bestimmt weniger furchterregend.

Oder nicht? Ich verstand so viel mehr als sie, und selbst ich konnte mir nicht aus allem einen Reim machen.

Hör auf damit, befahl ich mir selbst. *Das bringt doch nichts.*

Die Kreuzungen der Vierzehnten Straße waren verbarrikadiert, sodass Fahrzeuge nicht durchkamen. Aber eine Handvoll Leute schaffte es zu Fuß oder auf dem Fahrrad. Es kam mir merkwürdig vor, dass die Welt, auf der die Trümmer der beiden Türme lagen, auch die Heimat von Menschen war, die ein ganz normales Leben führten. Im Grunde gibt es zwei Welten: eine auf der Nordseite der Barrikaden, wo Menschen in schicken Straßencafés Kaffee schlürfen, wo Autos und Taxis ungeduldige Passagiere zu den Geschäften und Büros brachten – und eine auf der anderen Seite, wo keine Autos fuhren und nur wenige hartnäckige Fußgänger zu finden waren. Ich zog die Riemen meines Rucksacks an, packte meine Einkaufstüte fester und schloss mich ihnen an.

Ich ging südwärts und ostwärts im Zickzack durch die Straßen. Der Rauchpilz, der einst das World Trade Center gewesen war, diente mir als Kompass. Die Geschäfte waren geschlossen und verlassen. An den Schaufenstern klebten Zettel und Plakate, die über Nacht aufgetaucht waren. *Wer hat meinen Sohn gesehen?,* fragten sie flehentlich. *Wir wissen nicht, wo unsere Tochter ist. Sie arbeitet im World Trade Center.* Lächelnde Gesichter auf Fotos schauten mich an. Einige der Gesuchten trugen den formellen Hut, der bei Schulabschlussfeiern üblich ist, andere waren in ihren Flitterwochen oder auf Angelausflügen mit der Familie fotografiert worden. *Kennen Sie meinen Mann? Haben Sie etwas von meiner Schwester gehört? Wenn Sie etwas wissen, rufen Sie bitte … an. Bitte rufen Sie … an. Bitte rufen Sie … an.* Es war eine Reise durch die Unterwelt, und die Schatten der Toten umringten mich.

Ich schaffte es bis zur Canal Street, bevor mich Soldaten anhielten, die den improvisierten Grenzübergang bewachten, den ich passieren musste, wenn ich weitergehen wollte. Die jungen Männer in den olivgrünen Uniformen und mit den Maschinengewehren quer über der Brust waren höflich und einigermaßen mitfühlend. Sie nannten mich Ma'am, wollten mich aber keinesfalls passieren lassen.

»Das ganze Gelände ist gesperrt, Ma'am«, erklärten sie mir. »Wir dürfen niemanden durchlassen.«

»Aber ich wohne dort«, bettelte ich. »Und meine Katzen sind –«

»Tut mir leid, Ma'am«, beharrten sie. »Wir dürfen niemanden hineinlassen.«

Ein Pritschenwagen mit Männern und Frauen, die Kameras bei sich hatten, wurde durchgewinkt. »Aber Sie lassen doch Leute hinein!«, protestierte ich.

»Das sind Journalisten, Ma'am.«

Als ich merkte, dass ich keine Chance hatte, ging ich über die Canal Street nach Osten. Am nächsten Kontrollpunkt probierte ich es erneut.

»Ich bin Journalistin«, sagte ich ohne Zögern.

Die jungen Wachtposten musterten mich mit höflicher Skepsis. Ihre Blicke streiften meine Jeans, den Rucksack und das verschwitzte Gesicht. »Dürfen wir Ihren Presseausweis sehen, Ma'am?«

»Äh …« Mein Mut schwand. »Wissen Sie, er steckt ganz unten im Rucksack, und ich …«

»Tut mir leid, Ma'am«, musste ich mir wieder sagen lassen. »Wir dürfen niemanden durchlassen.«

»Aber …«

Ihre Mienen blieben unnachgiebig. »Bitte treten Sie von der Absperrung zurück, Ma'am.«

Ich ging weiter in der Hoffnung, eine Nebenstraße zu finden, eine winzige Gasse, die man in der Eile und Verwirrung übersehen hatte – oder, wenn das schiefging, einen mitfühlenden Soldaten. Aber ich hatte kein Glück. Als ich am Morgen Bargeld abgehoben hatte, war mir eine vage Idee gekommen. Ich war bereit, Leute zu bestechen, wenn es sein musste. Aber ich traute mich nicht, es zu versuchen. Und ich wollte auch nicht wirklich wissen, ob einer der Soldaten korrupt war. Es wäre beängstigend gewesen zu erfahren, dass die Leute, die uns jetzt beschützten, kleine Bestechungen annahmen.

Es ist nicht so schlimm, redete ich mir ein. *Du hast den Katzen genug Futter und Wasser gegeben, zumindest für heute. Und morgen bist du bestimmt wieder zu Hause.*

Ich schob den Gedanken an zerbrochene Fensterscheiben entschlossen beiseite. Den ganzen Morgen war ich zwischen Fotos von Toten herumgegangen, aber meine Katzen lebten noch. Wenn nicht, würde ich das nicht spüren? Sie waren am Leben, und es ging ihnen gut, und mein Plan war ein guter Plan, und er würde uns morgen vereinen. Bis morgen würden sie es aushalten.

Ich kehrte enttäuscht, aber noch nicht verzweifelt in Sharons Wohnung zurück. Das war nur ein unbedeutender Rückschlag.

Ich konnte immer noch versuchen, jemanden in meinem Gebäude zu erreichen, und selbst wenn niemand da war, würde ich am nächsten Tag auf jeden Fall hineinkommen.

»Versuch es mal bei den Tierschutzorganisationen ASPCA oder PETA«, schlug Andrea vor, als ich sie am Nachmittag anrief. »Ich bin sicher, sie organisieren Rettungsaktionen für Haustiere.«

Ich war wütend auf mich selbst, weil ich nicht schon längst auf diese Idee gekommen war. Als Einwohnerin von Miami hatte ich genug Wirbelstürme erlebt, um zu wissen, dass es immer Tierschutzgruppen gab, die Menschen nach Katastrophen halfen, ihre Haustiere zu bergen.

Ich rief die ASPCA an, und jemand antwortete nach dem ersten Klingelton. Meine Hoffnung stieg, als ich meine Situation erklärte, und die Frau am anderen Ende sagte: »Ja, wir arbeiten mit den örtlichen Behörden zusammen, um Haustiere zu retten. Geben Sie mir Ihre Daten, und jemand ruft Sie zurück.«

»Mein Name ist Gwen Cooper«, sagte ich, »und ich –«

»Moment mal, Sie sind Gwen Cooper?«, unterbrach mich die Frau. »Gwen Cooper in der John Street?«

Ja, ich war Gwen Cooper in der John Street. Aber woher wusste sie das? *Es sei denn,* dachte ich, *es hatte noch eine Katastrophe gegeben, die nur* mein *Gebäude betraf, und man hatte eine Liste der Mieter, denen man die Nachricht bringen musste, und –*

»Ihr Tiersitter … Garrett? … hat uns den ganzen Morgen angerufen. Er weiß nicht, ob Sie tot oder lebendig sind, und er ist ganz aufgeregt. Er möchte, dass Sie ihn anrufen. Er sagt, er dürfte laut Vertrag in Notfällen Ihr Apartment betreten, und er werde den Vertrag vorlegen, falls man ihm den Zugang verweigere. Er hat Futter, Wasser und Streu, und er versucht, mit dem

Fahrrad durchzukommen. Er sagt: *Ich lasse meinen Kumpel dort nicht im Stich.«*

Die Topfpflanze von Sharons Telefon verschwamm und verdoppelte sich. Immer, immer wieder waren die Leute bereit, für Homer alles zu tun. Meine Katzen hatten mich oft daran erinnert, wie gut Menschen sein können. Jede von ihnen war am Leben, weil irgendjemand eine gute Tat für ein kleines, hilfloses Wesen vollbracht hatte – sogar der vierschrötige Mechaniker, zu dem ich in all den Jahren in Miami gegangen war, oder meine Mutter, die Katzen angeblich gar nicht mochte.

»Ich rufe ihn an«, versprach ich der Frau bei der ASPCA. »Vielen Dank für die Nachricht.«

Ich musste mich erst eine Minute sammeln, ehe ich Garrett anrufen konnte. Meine Dankbarkeit sprudelte in Form wirrer Sätze heraus, die nur eine geduldige Person wie er verstehen konnte. Ich wollte etwas von meinen Gefühlen übermitteln, ich wollte ihm erklären, was es für mich bedeutete, dass jemand an mich und meine Katzen gedacht hatte – jemand, den ich seit den schrecklichen Ereignissen gestern vergessen hatte.

»Natürlich«, murmelte Garrett, wann immer ich eine Pause machte, um Luft zu holen. »*Natürlich.* Das weiß ich, glauben Sie mir. Das verstehe ich ... Ich tue alles, was ich kann ... Ich rufe Sie an, wenn ich hineinkomme ...«

Garrett war nicht der Einzige, der an Homer und mich dachte. Als ich meine Mailbox-Nachrichten abrief, hatte ich den Eindruck, dass alle, die ich jemals getroffen hatte, wissen wollten, ob es mir gut ging: alte Freunde aus Miami und die Freunde, die ich inzwischen in New York gefunden hatte. »Wie willst du deine Katzen holen?«, fragten sie. »Ich habe ein Fahrrad ... Ich kenne jemanden bei den Rettungskräften ... Ich kenne jemanden im Büro des Bürgermeisters … Ich kann dir Geld schicken … hilft dir Geld weiter? Was können wir tun? Homer ist mein Kumpel, mein Junge. Wir werden ihn holen. Wir holen ihn, Gwen, du wirst schon sehen …«

Es war immer noch Tag eins nach der Katastrophe, und überall keimte Hoffnung. Jemand würde zu den Katzen durchdringen. Wir brauchten keine Angst zu haben.

Der nächste Morgen war eine Wiederholung des Morgens davor. Wieder versuchte ich, in den Finanzbezirk zu gelangen. Wieder wurde ich abgewiesen. Ich wusste, dass mindestens drei Personen ebenfalls versuchten, Homer, Scarlett und Vashti zu Fuß oder mit dem Fahrrad zu erreichen, aber es war unwahrscheinlich, dass jemand Erfolg haben würde, wo ich gescheitert war.

Nach meinen Berechnungen würde das Futter, das ich den Katzen am Dienstagmorgen gegeben hatte, etwa anderthalb Tage reichen. Das bedeutete, dass ihnen das Futter jetzt langsam ausging. Größere Sorgen machte ich mir wegen des Wassers. Die Luft in New York war viel trockener als in Miami, und einerlei, wie gut ich die Wasserschale gefüllt hatte, sie würde innerhalb von 24 Stunden leer sein. Ich hatte gehört, dass Menschen nicht länger als zwei oder drei Tage ohne Wasser überleben können, aber ich wusste nicht, wie lange eine Katze durchhält.

»Na ja, wenn sie müssen, können sie doch aus der Toilette trinken, oder?«, fragte Andrea.

»Nein«, erwiderte ich beklommen. »Ich schließe den Deckel immer, damit Homer nicht hineinfällt.« Insgeheim schwor ich mir, den Toilettendeckel von nun an stets offen zu lassen.

Der Donnerstag war der erste Tag nach dem 11. September, an dem ich echte Panik empfand. Ich fürchtete um das Leben der Katzen, aber auch der Gedanke daran, was sie durchmachen mussten, war unerträglich. Sie waren noch nie so lange allein gewesen, ohne dass jemand sich um sie gekümmert hatte, und sie waren noch nie so lange ohne frisches Futter und Wasser gewesen. Das Katzenklo war seit Montagabend nicht mehr gesäubert worden und befand sich inzwischen bestimmt in einem schrecklichen Zustand. Sie würden das nicht verstehen – sie würden glauben, ich ließe sie absichtlich hungern und dursten und unter den furchtbaren Geräuschen und Gerüchen des Ground Zero leiden.

Ich weiß nicht, in welchem seelischen Zustand ich am Spätnachmittag gewesen wäre, wenn mich nicht die ASPCA angerufen hätte. Das Gebiet galt jetzt endlich als so stabil, dass man Bewohnern erlauben wollte, am nächsten Tag ihre Wohnungen kurz zu betreten und ihre Haustiere zu holen. »Präsident Bush wird morgen auf dem Ground Zero eine Rede halten«, warnte mich die Frau von der ASPCA. »Sie werden also einen Lichtbildausweis brauchen, um belegen zu können, dass Sie im Viertel wohnen.«

Ich hatte immer noch meinen Führerschein aus Miami. Bisher hatte ich mir nicht die Mühe gemacht, ihn auszutauschen, weil ich nicht mehr mit dem Auto fuhr und der Führerschein nicht abgelaufen war. Für normale Zwecke war er also gut genug. Einen New Yorker Führerschein zu beantragen war mir lästiger vorgekommen als alles andere. Aber ich hatte in meiner Handtasche ein Scheckheft mit meinem Namen und meiner New Yorker Anschrift, und ich hoffte, beides zusammen sei ein ausreichender Nachweis dafür, dass ich war, wer ich zu sein behauptete, und dass ich wohnte, wo ich zu wohnen behauptete. Zudem würde eine Gruppe von ASPCA-Helfern als Begleitung mit Sicherheit helfen und mir einen Identitätsnachweis vielleicht sogar ersparen.

Sharon verließ die Stadt am Freitagmorgen. Ich überreichte ihr die Zweitschlüssel und versuchte, während einer stürmischen Umarmung meine Dankbarkeit für diese letzten paar Tage auszudrücken. »Viel Glück«, sagte sie an meiner Schulter. »Rufen Sie mich an, wenn Sie Ihre Katzen haben.«

Ich telefonierte mit Scott und bat ihn, sich darauf einzurichten, dass wir vier heute Abend definitiv eintreffen würden. Jetzt war die Logik meiner Situation unangreifbar: Ich würde New York am Abend verlassen, weil ich keine andere Bleibe mehr hatte. Aber ich würde die Stadt nicht ohne meine Katzen verlassen. Also würde ich meine Katzen an diesem Tag bekommen.

Koste es, was es wolle.

Die Frau von der ASPCA hatte mich zu einem Gebäude von der Größe eines Flugzeughangars in den Chelsea Piers geschickt. Die Chelsea Piers sind ein riesiger Unterhaltungs- und Allzweckkomplex am West Side Highway mit Bars, Restaurants, einem Eislaufplatz, einer Bowlingbahn, Schlagtunnels für Baseballspieler und mehreren Hallen, die groß genug für Handelsmessen sind. Seit dem 11. September benutzte man das Gelände als Hilfsklinik für Überlebende und für Rettungskräfte, die sich auf dem Ground Zero verletzt hatten. Der Eislaufplatz diente als provisorische Leichenhalle.

Bevor ich zu den Chelsea Piers ging, versuchte ich ein letztes Mal, meine Katzen allein zu erreichen. Ich kam bis zur Haltestelle am Rathaus der Linie 6, wenige Häuserblöcke von meiner Wohnung entfernt. Doch als ich die Stufen hinaufstieg, hielten mich Soldaten an und verlangten einen Lichtbildausweis. Ich zeigte ihnen meinen Führerschein aus Florida und mein Scheck-buch, konnte sie aber nicht dazu überreden, mich durchzulas-sen. Zögernd stieg ich erneut in den Zug und fuhr in den Nor-den der Stadt.

Ich fand die ASPCA sofort, als ich die Chelsea Piers erreicht hatte, und hinterließ meinen Namen und meine Anschrift an einem Tisch vorn im Raum. Sie hatten Lower Manhattan in Zonen eingeteilt, die sie jeweils mit Gruppen von Bewohnern aufsuchen wollten. Der Himmel war grau geworden, und es war eiskalt an diesem Morgen. Alle meine warmen Kleider befanden sich zusammen mit meinen Katzen in meinem Apartment. Die Frau, die meinen Namen und meine Adresse notierte, bemerk-te, dass ich in meinem T-Shirt zitterte, und schickte mich in ei-nen anderen riesigen Raum, gefüllt mit Kisten voller gespende-ter Kleider. Ich suchte mir ein übergroßes Flanellhemd aus und zog es über mein T-Shirt und die Jeans. Dann schlüpfte ich noch in einen robusten Anorak. Die Sachen passten nicht ganz, wür-den mich aber wenigstens warm halten.

Dann kehrte ich ins Wartezimmer zurück und setzte mich auf einen Plastikstuhl. Meinen Rucksack und meine Einkaufstüte stellte ich neben mich. Dutzende von anderen Haustierbesitzern waren da und tauschten mit trostloser, gedämpfter Stimme ihre Geschichten aus. Ein Mann sagte, er kenne jemanden, der bis zu seiner Haustür gekommen sei, aber der Portier habe seinen Posten verlassen und die Tür hinter sich verriegelt. Der Betrof-fene besaß keinen Schlüssel für die Haupttür – wer brauchte den schon, wenn es im Gebäude einen Portier gab? Er war so weit gekommen und stand am Ende doch vor verschlossener Tür.

Ich wohnte ebenfalls in einem Haus mit Portier. Trotz mei-ner sorgfältigen Planung und Voraussicht hatte ich nie daran gedacht, dass ich womöglich nicht durch die Haustür kommen würde. Die Furcht, die bereits in meinem Magen wütete, steigerte sich um das Dreifache.

Wir alle waren nervös. Wir wussten nicht, ob wir in unsere Wohnungen hineinkommen und was wir dort vorfinden würden. Also lenkten wir uns ab, so gut es ging. Wir tauschten Fotos von unseren Tieren aus und erzählten einander Anekdoten über ihren Mut oder ihre Feigheit, über ihre Vorlieben und Abneigungen, über die Marotten, die sie für uns real und einzigartig machten. »Das ist Gus, und das ist Sophie«, sagte eine Frau und zeigte mir einen Schnappschuss von zwei Border-Collie-Mischlingen. »Unsere Kinder sind einfach verrückt nach ihnen.« Ihr stolzes Lächeln schwand. »Sie waren noch nie so lange allein. Ich weiß nicht, wie unsere Kleinen reagieren, wenn den Hunden etwas zugestoßen ist.«

»Es geht ihnen bestimmt gut«, beruhigte ich sie. »Ganz sicher.«

Ich zeigte ihr Bilder meiner Brut. Wie die meisten Leute staunte sie über Vashtis Schönheit und lachte über Scarletts Hochnäsigkeit, als ich ihr davon erzählte. »Armes Ding«, sagte sie mitleidig, als sie Homers Foto sah. »Armer kleiner Kerl. Er hat bestimmt panische Angst.«

»Er ist der zäheste kleine Bursche, den Sie je gesehen haben«, sagte ich zu ihr. »Einmal hat er einen Einbrecher aus meinem Apartment gejagt.« Ich erzählte ihr die Geschichte von dem Einbruch und bemerkte, dass mein Publikum wuchs. »Tiere können sich viel besser anpassen, als wir es für möglich halten. Für ihn ist das bestimmt kein Problem.« Die Leute nickten, und ich betete darum, das ich recht hatte.

Die Zeit in der Vorhölle der Haustierhalter schlich dahin.

Ab und zu kam eine Frau oder ein Mann von der ASPCA und verkündete, dass sie jetzt einen bestimmten Straßenzug aufsuchen wollten. Dann trat eine kleine Gruppe von Tierbesitzern mit ihren Führerscheinen in der Hand aufgeregt vor. Manchmal hörten wir Drohungen wie: »Jeder, den wir in ein Gebäude bringen und der ohne Haustier herauskommt, wandert sofort in den Knast.« Anscheinend gaben einige Leute nur vor, Haustiere zu haben, und wollten in Wahrheit ihre Laptops oder Geschäftspapiere holen. »Das ist kein Scherz, Leute. Wir werden von Polizisten begleitet, und wenn Sie Ihr Gebäude ohne ein Haustier verlassen, bringen die Beamten Sie *unverzüglich* ins Gefängnis.«

Nach zwei Stunden war ich so kribbelig, dass ich es nicht mehr aushielt. Ich glaubte nicht mehr daran, dass sie mich ohne Lichtbildausweis an den Kontrollposten vorbeischmuggeln konnten. Die Menge im Raum hätte eigentlich kleiner werden sollen, aber es sah nicht danach aus. Ich erkannte kein Muster in den Zonen, die sie aufriefen. Bewegten sie sich von Norden nach Süden oder von Osten nach Westen? Ich wusste nur, dass sie meine Zone noch nicht aufgerufen hatten. *Meine ist bestimmt die nächste,* beruhigte ich mich immer wieder. Aber eine weitere Stunde verging, ohne dass ich an die Reihe kam. Irgendwann konnte ich es nicht mehr ertragen. Wahrscheinlich hatte ich größere Chancen, wenn ich es auf eigene Faust versuchte, da ich ohnehin keinen New Yorker Führerschein besaß.

Ich wandte mich nach Osten, bis ich die Siebte Avenue erreichte. Dann ging ich nach Süden. Meinen Rucksack hatte ich geschultert, und vor der Brust hielt ich die große Einkaufstüte mit den Sachen, die zu sperrig für den Rucksack waren. Nach drei Tagen fiel die Tüte allmählich auseinander, und ich musste sie in beiden Armen halten, um nichts zu verlieren. Ich marschierte weiter, bis die Siebte Avenue sich mit der Houston Street kreuzte und zur Varick Street wurde. Dort befand sich ein Kontrollpunkt mit drei Polizeibeamten, zwei jungen und einem etwas älteren. Zum ersten Mal stand ich an einem Kontrollpunkt, der nicht von Soldaten bewacht wurde. Das hielt ich für ein gutes Zeichen.

»Ausweis, bitte«, sagte der ältere Beamte. Ich zeigte ihm meinen Führerschein aus Florida und mein Scheckbuch mit meiner Anschrift in Manhattan. Der Polizist betrachtete die beiden Dokumente zweifelnd. »Wir sollen niemanden ohne Lichtbildausweis durchlassen.«

»Bitte«, sagte ich verzweifelt. »Ich bin erst kürzlich zugezogen. Darum habe ich noch keinen New Yorker Führerschein. Sie können mich durchsuchen. Sie können mich einer Leibesvisitation unterziehen. Sie können mich fesseln wie Hannibal Lecter und mich in einer Schubkarre hinfahren. Ich will nur zu meinen Katzen. Bitte, Sir, bitte, *bitte,* lassen Sie mich rein.«

Die drei sahen einander an. Sie waren Polizisten, nicht Soldaten, und im Gegensatz zu den Soldaten waren sie *von hier.* Dies war ihre Stadt. Und jemand aus ihrer Stadt brauchte Hilfe. Sie sahen auf einen Blick, mit dem Instinkt eines Cops, dass ich keine Bedrohung war.

Trotzdem, Befehl war Befehl.

»Bitte«, sagte ich noch einmal. »Sie haben seit Tagen kein Futter und kein Wasser bekommen. Sie sterben, wenn ich nicht zu ihnen gehe. Ohne mich sterben sie. Bitte, Sir, ich verspreche Ihnen, dass ich niemandem etwas tun will. Ich will nur zu meinen Katzen. Bitte, helfen Sie mir. Alles, was ich brauche, ist jemand, der mir hilft. Ich versuche seit Tagen, sie zu erreichen. Bitte, Sir, bitte helfen Sie mir – bitte, lassen Sie mich rein!«

Ich war auf falsche Tränen vorbereitet, wenn es notwendig sein sollte. An diesem Punkt schreckte ich vor keiner Erniedrigung mehr zurück. Aber nun stellte ich total gedemütigt fest, dass ich nichts vortäuschen musste. Ich gab laute, quälende, echte Schluchzer von mir, die mir die Luft raubten, sodass ich mich zusammenkrümmte. Ich vergrub das Gesicht in der Einkaufstüte, die ich umklammerte. Ich zog einen Ärmel quer über mein Gesicht, um mir die Augen abzuwischen, aber die Tränen rollten weiter. Meine Katzen würden sterben, weil ich meinen Führerschein nicht ausgetauscht hatte. Sie würden wegen eines Führerscheins sterben. Es war so dumm und unmöglich, und doch war es so.

Die drei Polizisten standen da und schauten mich ein wenig unbehaglich an, bis ich mich ausgeweint hatte. Schließlich sprach einer der jüngeren. Er hatte einen leicht spanischen Akzent. »Meine Frau ist total verrückt nach unseren Katzen. Sie würde mich wahrscheinlich umbringen, wenn wir diese Frau nicht reinlassen.«

Ich hob hoffnungsvoll den Kopf. Hatte ich richtig gehört? Hatte ich wirklich und endlich Erfolg?

»Hier sind Bilder von meinen Katzen«, sagte ich und kramte in meiner Handtasche. Ich musste kämpfen, um sie zusammen mit der Einkaufstasche festzuhalten. »Das ist Scarlett, und das ist Vashti.« Ich deutete auf die Tiere. »Und das ist Homer, mein Jüngster.«

Die drei kniffen die Augen zusammen und betrachteten die Fotos. »Der Kleine sieht interessant aus, nicht?«, sagte der ältere Polizist.

»Er ist blind.« Jetzt zog ich alle Register. »Alles Mögliche kann passiert sein – wenn ein Fenster zerbricht, weiß er nicht, dass er nicht hinausspringen darf, und ich wohne im 31. Stock! Und er hat bestimmt schreckliche Angst – er sieht ja nicht, was vor sich geht. Können Sie sich vorstellen, wie eine blinde kleine Katze sich in diesem Lärm fühlt?«

Der ältere Beamte seufzte tief. »In Ordnung«, sagte er. Er trat ein wenig von der Öffnung zwischen den zwei Barrikaden zurück und winkte mich durch. »Gehen Sie.«

»Oh, ich danke Ihnen!« Ich nahm seine Hand zwischen meine Hände und drückte sie. Dann drehte ich mich blind zu den beiden anderen Polizisten um und dankte auch ihnen. Ich rückte meinen Rucksack und die Einkaufstüte zurecht, wischte mir die letzten Tränen von den Wangen und ging an den Barrikaden vorbei.

»*Vaya con dios*«, sagte der jüngere Beamte, als ich vorbeiging. *Gehen Sie mit Gott.*

Ich hielt mich hauptsächlich an die Nebenstraßen, als ich vom West Village in den Finanzbezirk ging. Hätte ich die Hauptstraße benutzt, wäre ich womöglich auf einen weiteren Kontrollpunkt gestoßen und jemand hätte mich nach meinem Ausweis gefragt, ehe er mich hätte weitergehen lassen.

Aber meine Sorgen waren unbegründet. Ich ging mehr als drei Meilen weit, ohne eine einzige lebende Seele zu sehen – keinen Menschen, keine Autos, keine Vögel auf den Bäumen. Es war unheimlich, fast postapokalyptisch, als wäre ich der einzige überlebende Mensch in Manhattan. Ich hatte nie zuvor eine völlig verlassene Straße in New York gesehen und auch nie davon gehört. Einerlei, wie spät es war oder wie ruhig ein Viertel war, immer war jemand oder etwas da – eine Frau, die mit ihrem Hund spazieren ging, ein Mann, der ein durchgehend offenes Geschäft mit Waren versorgte, Lichter in Schaufenstern. Man war nie so weit von einer Hauptstraße entfernt, dass man die Autos nicht hätte hören können, die in der Ferne wie Kometen vorbeizischten.

Aber jetzt gab es nur noch totale Stille. Rauch und Stille.

Der Himmel war immer noch grau, und er schien noch dunkler zu werden, als ich mich dem Ground Zero näherte. Der Rauch wurde so dicht, dass mein Hals brannte und meine Augen tränten. Meine Arme und mein Rücken schmerzten ohnehin so sehr, dass ich es kaum noch aushielt. Einmal stolperte ich über einen Riss im Pflaster und ließ die Einkaufstüte fallen. Als sie aufschlug, hallte das Geräusch wie Kanonendonner von den Mauern der Gebäude wider, und ich fuhr zusammen, obwohl ich wusste, woher der Lärm kam. Die Stille auf den Straßen hatte sich unnatürlich angefühlt, bis etwas sie durchbrochen hatte, und nun schien der Lärm noch unangebrachter zu sein.

Asche bedeckte alles, und sie wurde dicker, je weiter ich nach Süden ging. Die grünen Blätter der Bäume und Büsche und die einst bunten Markisen der Boutiquen und Cafés waren grauweiß getüncht. Sogar die Schaufensterpuppen waren so dick mit Asche bedeckt, dass man sie nicht mehr von den Kleidern unterscheiden konnte, die sie vorführen sollten.

Nach etwa einer Stunde erreichte ich Ground Zero und schloss mich der Welt aus Menschen und Lärm an. Ich hörte das Stöhnen der Lastwagen und der Männer, das metallische Geschnatter der Sprechfunkgeräte und das Bellen der Polizeihunde. Ich hatte Bilder vom Geröll im Fernsehen und in Zeitungen gesehen, dennoch war das Ausmaß der Zerstörung unvorstellbar. Ein riesiges Gebäude war mit Trümmern aus Metall und Beton übersät. Der Schutt stieß immer noch Rauch und gelegentlich

Flammen aus. Winzige Männer, vom Ruß geschwärzt und in Schweiß gebadet, suchten in den Ruinen nach Überlebenden.

Ich sah mir das nicht sehr lange an. Es kam mir irgendwie respektlos vor. Und ich gehörte woanders hin.

Meine Angst nahm zu, als ich um die Ecke zu dem Straßenblock ging, in dem ich wohnte. Was sollte ich tun, wenn mein Gebäude leer und abgesperrt war, so wie es der Mann erlebt hatte, von dem ich im ASPCA-Zentrum gehört hatte? Doch zu meiner unendlichen Freude und Erleichterung stand die Haustür offen – und in der Eingangshalle sah ich Tom, den Portier, und Kevin, den Hausmeister. Ich hatte zahllose Gespräche der halb freundlichen, halb geschäftlichen Art mit ihnen geführt, aber jetzt war ich so glücklich, sie zu sehen, dass ich meine Einkaufstüte fallen ließ und mich in ihre Arme warf. »Sie sind hier!«, rief ich, als sie mich fest umarmten. »Ich kann es nicht glauben, Sie sind wirklich hier?«

»Wir waren nie weg«, sagte Kevin. Ich wusste, dass Kevin eine sehr große Familie hatte – so ungefähr acht Kinder und zwölf Hunde und Gott weiß wie viele Katzen, alle in Queens. »Wenn wir gegangen wären, hätte man uns vielleicht nicht zurückkehren lassen.«

»Damit haben Sie gar nicht so unrecht«, sagte ich und konnte mir ein Grinsen nicht verkneifen.

»Aber wir haben immer noch kein Telefon, keinen Strom und kein Wasser«, sagte Kevin. »Also kann ich Ihnen nicht empfehlen, hier zu bleiben. Zum Glück hängen wir am selben Stromnetz wie die Börse, darum dürften wir in ein paar Tagen wieder versorgt sein.«

»Und das Gebäude selbst?« Meine Stimme klang ängstlich, als ich diese Frage stellte. »Sind die Fenster …?«

Kevins Gesicht wurde weich. Er wusste alles über Homer – er hatte sogar die Befestigung der kindersicheren Schutzvorkehrungen beaufsichtigt, die verhinderten, dass meine Fenster sich so weit öffneten, dass eine kleine, blinde Katze sich hindurchzwängen konnte. »Keine kaputten Fenster«, sagte er sanft. »Homer und Ihren anderen Katzen geht es bestimmt gut.«

»Wir haben eben nach Haustieren gesucht«, fügte Tom hinzu und deutete auf Tragekörbe jeder Art und Größe, die in der Halle herumstanden und jeweils einen Hund oder eine Katze enthielten. »Ab und zu kommen Leute, um sie abzuholen.«

»Nun ja, ich bin hier.« Ich griff in die Seitentasche meines Rucksacks und zog die Taschenlampe heraus. »Sie brauchen mir nur zu zeigen, wo die Treppe ist.«

»Brauchen Sie Hilfe?« Tom sah mich besorgt an. »Sie tragen eine Menge Zeug.«

»Es geht schon«, versicherte ich ihm. »Sie beide müssen sich um die Tiere kümmern, deren Besitzer noch nicht gekommen sind.«

Das Treppenhaus befand sich innerhalb des Gebäudes. Es hatte keine Fenster und war vollständig mit Beton ummantelt. Da es keinen Strom gab, nicht einmal vom Notgenerator, war es darin stockdunkel. Das einzige Licht war der bleiche Ring, den meine Taschenlampe auf den Boden warf.

Ich war so begierig darauf, zu meinen Katzen zurückzukehren, dass ich Schuldgefühle hatte, wenn ich eine Pause einlegte, während ich die 31 Stockwerke hinaufstieg. Meine Arme, meine Oberschenkel und mein Rücken schmerzten unter der Last, die ich trug, und ich war schweißüberströmt. Als ich die 13. Etage erreichte, keuchte ich so heftig, dass ich mich hinsetzen musste, um Atem zu holen. Mein Keuchen hallte laut in der Betonschlucht wider. Ich schraubte die kleine Wasserflasche auf, die Tom mir in die Hand gedrückt hatte, und nippte daran. Allzu viel wollte ich nicht trinken, damit mich nicht ein Krampf noch langsamer machte.

Einige Minuten später setzte ich meinen Aufstieg fort. Im 20. und im 28. Stock musste ich erneut rasten, um Luft zu schöpfen. Meine Beine begannen zu zittern, aber ich war nur noch drei Etagen von meinem Ziel entfernt, und es war sinnlos, mich länger auszuruhen. Als ich ein Schild mit der Aufschrift 31 sah, weinte ich beinahe zum zweiten Mal an diesem Tag – diesmal aus Dankbarkeit.

Meine Finger hatten sich an der Einkaufstüte versteift, und ich hantierte mit den Schlüsseln herum, bis ich sie endlich in das Schloss an meiner Wohnungstür gesteckt hatte. Ich hatte erwartet, dass mir im Inneren Rauch entgegenschlagen würde, und das war auch der Fall. Aber noch größer war der Gestank des Katzenklos, das seit Montagabend nicht mehr gesäubert worden war. Es zerriss mir das Herz. *Arme Dinger,* dachte ich. *Hier drinnen habt ihr die ganze Woche leben müssen!*

Ich fürchtete mich fast davor, das Apartment zu betreten, denn ich wusste ja nicht, was mich erwartete. Doch ein rascher Blick durch die Eingangstür bestätigte, dass nichts beschädigt war. Alles sah so aus, wie ich es am Dienstagmorgen zurückgelassen hatte. Der einzige Unterschied war, dass der Futternapf der Katzen kein einziges Krümel mehr enthielt und die Wasserschale knochentrocken war.

Scarlett und Vashti kuschelten sich auf dem Bett aneinander und sahen kläglich aus, aber sie rissen die Köpfe hoch, als ich eintrat. Homer stand vor den Fenstern. Seine Haltung drückte gespannte Aufmerksamkeit aus, als wäre er wachsam auf und ab gegangen, bevor er den Schlüssel gehört hatte. *Wer ist das? Wer ist da?*

Behutsam stellte ich den Rucksack und die Tüte ab, denn ich wollte ihnen mit lauten oder unnötigen Geräuschen nicht noch mehr Angst einjagen. »Kätzchen«, murmelte ich heiser. »Ich bin da.«

Als Homer meine Stimme hörte, antwortete er mit einem durchdringenden *Miau!* Er legte die Entfernung zwischen uns in zwei Sätzen zurück und sprang mich an. Dann warf er sich mir mit einer Gewalt an die Brust, die mich beinahe aus dem Gleichgewicht brachte. Ich sank zu Boden, um weiteren Missgeschicken vorzubeugen, und Homer vergrub das Gesicht an meiner Brust und an meiner Schulter, so fest er konnte.

»Homer-Bär!«, sagte ich. Als er seinen Namen hörte, rieb er sein ganzes Gesicht heftig an meinen Wangen und schrie erneut *Miau! Miau! Miau!,* unterlegt von einem deutlichen, melodischen Schnurren. So hatte er als Kätzchen geschnurrt, als er gemerkt hatte, dass ich jeden Morgen da war, wenn er aufwachte. »Es tut mir so leid, Kleiner«, sagte ich. Die Tränen in meinen Augen, die er nicht sehen konnte, waren in meiner Stimme zu hören. »Es tut mir so leid, dass ich so lange fort war.«

Vashti näherte sich mir fast scheu, als respektiere sie Homers innige Freude und als wollte sie nicht stören. Sie legte die Vorderpfoten auf mein Bein und quiekte zögernd. Ich nahm auch sie in die Arme. Nur Scarlett blieb reserviert. Sie schaute mich aus verengten Augen düster an, dann wandte sie ihr Gesicht ab. *Seht nur, wer sich endlich aufgerafft hat zu erscheinen.* Doch selbst sie gab einen Augenblick später nach. *Ich nehme an, du bist so schnell gekommen, wie du konntest.* Sie kroch ebenfalls auf meinen Schoß und schlug ausnahmsweise nicht nach den beiden anderen, als sie um ihren Platz rangelte.

»Ich werde euch *nie* wieder so lange allein lassen«, versprach ich ihnen. »Ich werde nie, *nie* zulassen, dass euch etwas zustößt, und ich lasse euch nie wieder so lange allein.« Ich löste Homer von meiner Brust und hielt ihn vor mich, als wollte ich sicherstellen, dass er verstand, was ich sagte, obwohl er es nicht konnte – nicht wirklich.

Trotzdem war ich davon überzeugt, dass er verstand. Irgendwie verstand er immer.

»Ich verspreche es«, wiederholte ich. *»Ich verspreche es euch.«*

Am nächsten Morgen schickte ich Garrett von Philadelphia aus einen Scheck für eine volle Woche Katzenhüten. Einen zweiten Scheck schickte ich der ASPCA.

21   NIEMAND IST SO BLIND

Ich werde mein Leben lang kein so guter Mann wie er.
Homer, *Odyssee*

Meine Freunde in Miami waren nach dem 11. September einhellig der Meinung, dass ich wieder nach Florida ziehen sollte. Zweifellos war das Leben in New York jetzt so schwer, wie ich es mir vor meinem Umzug grüblerisch dachte, als ich mir ausmalte, was schlimmstenfalls passieren könnte. Der Rauch und die Ruinen auf dem Ground Zero verpesteten die Luft monatelang. Heute noch denke ich unwillkürlich an meinen ersten Herbst in New York, wenn ich Brandgeruch wahrnehme. Vor allem Homer litt darunter, und es dauerte Monate, bis er aufhörte, in der Wohnung herumzustreifen und sich verdrießlich über etwas zu beklagen, was nicht zu identifizieren war, aber eine bleibende, wenn auch mäßige Angst auslöste. Der Lärm der Kipplaster und Hubschrauber hörte nie auf und machte Homer ebenfalls schreckhaft. Der frühe Abend war für ihn immer der Höhepunkt des Tages gewesen, weil ich dann von der Arbeit nach Hause kam. Jetzt aber geriet er jedes Mal, wenn ich die Wohnung betrat, so in Ekstase – sogar wenn ich nur über die Straße ins Lebensmittelgeschäft gegangen war –, dass es mehrere Minuten dauerte, bis ich mich von ihm befreien, meine Tasche abstellen und den Mantel aufhängen konnte.

Vielleicht wäre ich in ein anderes Stadtviertel gezogen, aber zwei Monate nach dem 11. September verlor ich meinen Job. Meine Firma kämpfte ums nackte Überleben, denn unsere wichtigsten Kunden waren die großen Banker und Makler rund um das World Trade Center gewesen, die der Terroranschlag schwer getroffen hatte. Es war aussichtslos, hier ohne den Brief eines Arbeitgebers ein Apartment zu bekommen, selbst wenn ich genug Geld für die Kaution, die Mietvorauszahlung und die Umzugskosten gehabt hätte.

Die gesamte Wirtschaft schlitterte in eine Rezession, und ich brauchte acht Monate, um eine neue Stelle zu finden. Wie vor ein paar Jahren, als ich mich bemühte, im Marketingsektor Fuß zu fassen, suchte ich unermüdlich nach freiberuflicher Arbeit. Die bekam ich schließlich in der Marketingabteilung von AOL Time Warner. Dort arbeitete ich 50 Stunden in der Woche ohne Zusatzleistungen und ohne Aussicht auf eine langfristige Beschäftigung. Ein schreckliches Jahr lang hatte ich keine Krankenversicherung. An manchen Tagen lebte ich, wie meine Großmutter es gern ausdrückte, von Senfbrötchen ohne Senf. Trotzdem bezahlte ich irgendwie die Miete und die Rechnungen des Tierarztes.

Seltsamerweise unterstützten meine Eltern meinen Entschluss, in New York zu bleiben, am tatkräftigsten, obwohl sie sich der Gefahren bewusst waren, mit denen das Leben in Manhattan jetzt anscheinend verbunden war: Sie wussten, wie wichtig der Umzug für mich gewesen war, wie ausweglos mir mein Leben in Miami auf der persönlichen und beruflichen Ebene zuletzt vorgekommen war. Sie waren stolz darauf, dass ich selbst unter widrigen Umständen nicht mit eingezogenem Schwanz zurück nach Hause kroch.

Eines hatte ich im Laufe der Jahre von Homer gelernt: Wenn man in einer schwierigen Lage keinen Ausweg sieht, bedeutet das nicht, dass es keinen Ausweg gibt. Außerdem hatte ich gelernt, wie wichtig Ausdauer ist. Homer und ich gaben nicht so leicht auf. Und als die Monate vergingen, entdeckte ich noch einen Grund dafür, wenn irgend möglich in New York zu bleiben.

New York war die Stadt, in der Laurence Lermann lebte.

Ich begegnete Laurence einen Monat vor dem 11. September zum ersten Mal. Er war eng mit Andreas Verlobtem Steve befreundet. Für Steve war er am College der »große Bruder« gewesen, und sie hatten derselben Studentenverbindung angehört. Zudem war er einer seiner Trauzeugen bei der bevorstehenden Hochzeit.

Dieser August vor dem 11. September war für mich wohl einer der angenehmsten Monate seit meinem Umzug. Mein Arbeitsplatz war noch sicher, ich fand mich auf den Straßen von Manhattan allein zurecht, und meine Katzen hatten sich mit den großen Veränderungen, die ich uns allen zugemutet hatte, offenbar vollständig versöhnt. Homer empfand eine besonders starke Zuneigung zu dem Pizzalieferanten, der mindestens zweimal im Monat zu uns kam. An diesem Nachmittag hatte er Homer eine Dose Thunfisch geschenkt, als er meine kleine Pastete mit etwas fettarmem Käse und Soße gebracht hatte. Damit erwarb er sich Homers lebenslange Gunst.

So ging ich an diesem Abend in bester Stimmung zu der Party, auf der ich Laurence traf. Ich war bereit, weitere Mitglieder in meinen wachsenden New Yorker Freundeskreis aufzunehmen.

Wir besuchten die Geburtstagsfeier eines gemeinsamen Freundes auf einem geteerten Hausdach unter dem warmen Sommerhimmel Manhattans. Ich erinnerte mich noch sehr gut daran, dass Laurence bei Steve stand, als ich ihn zum ersten Mal sah. Von Weitem hatte ich den Eindruck, dass die beiden in ein lebhaftes Gespräch vertieft waren. Laurence trug Bluejeans, einen schwarzen Gürtel, ein weißes Button-Down-Hemd mit hochgekrempelten Ärmeln und schwarze Slipper. Während er sprach, gestikulierte er energisch mit dem Unterarm und beugte sich angespannt vor. Es sah aus, als würden die beiden sich streiten – aber Steve lachte, und das Gesicht seines Gesprächspartners drückte augenzwinkernden Humor aus.

»Erinnerst du dich an Laurence?«, fragte mich Andrea, und ich erinnerte mich dunkel an überaus witzige Bemerkungen – oder an Bemerkungen, die Andrea überaus witzig fand, als sie mir davon erzählte und dabei so heftig lachte, dass sie kaum Luft bekam. Immerhin räumte sie ein, dass die Pointen an Reiz verloren, wenn Laurence die Geschichten nicht selbst erzählte.

Mehrere seiner engen Freunde waren ebenfalls anwesend. Zwei von ihnen waren Komiker von Beruf, und einer wurde in den nächsten paar Jahren ziemlich berühmt. Es gab an diesem Abend gewiss keinen Mangel an Humor, lustigen Geschichten und amüsanten Bemerkungen. Einige Witze und Geschichten, die andere erzählten, habe ich Wort für Wort im Gedächtnis behalten, aber was Laurence sagte, habe ich vollständig vergessen. Ich weiß nicht einmal, ob er mir die Hand schüttelte, als man uns einander vorstellte, oder ob er mir nur freundlich zuwinkte.

Aber ich erinnerte mich genau daran, dass ich Laurence für den lustigsten Gast hielt, wahrscheinlich für den lustigsten Menschen, den ich je getroffen hatte. Leute kamen und gingen, kleine Gesprächskreise bildeten sich und lösten sich auf, aber ich wich die ganze Nacht keinen Zentimeter von Laurences Seite.

Doch er war nicht nur humorvoll. Einige besonders lustige Menschen sind von Natur aus Schauspieler, und so unterhaltsam sie auch sein mögen, man hat das Gefühl, für sie nur Publikum zu sein. Alles, was sie sagen, haben sie anscheinend schon unzählige Male zu anderen gesagt, und insofern haben ihre Gesprächspartner sehr wenig Einfluss auf ihren Gedankenstrom. Aber Laurence hörte mindestens ebenso gern zu, wie er redete. Er stellte Fragen und brachte andere dazu, etwas über sich selbst zu erzählen. Wenn man mit ihm plauderte, hielt man sich bald für einen amüsanteren Menschen, als man je geglaubt hatte. Laurence sprach gern schnell. Er war schlagfertig, und es war erstaunlich, wie flink sein Geist und sein Mund arbeiteten. Doch selbst wenn er es eilig hatte, seinen Gedanken Ausdruck zu verleihen, fiel er niemandem ins Wort. Er konzentrierte sich ganz auf seine Gesprächspartner, und wenn man sich plötzlich umsah, merkte man, dass sich eine kleine Gruppe versammelt hatte, um zuzuhören. Laurence stand nicht unbedingt im Mittelpunkt einer Gesellschaft, aber er war immer derjenige, der eine Gruppe interessant machte.

Einer seiner großen Vorzüge war seine Stimme. Es war eine tiefe, volle Stimme mit dröhnender Resonanz, als enthielte sein Brustkorb eine Echokammer. Sie hatte einen rauen, rauchigen Unterton, und wenn er etwas Lustiges sagte, schien sie alles Lachen der Welt einzuschließen. Es war eine Stimme, die grollen konnte wie ein Löwe und dann plötzlich zu einem vertraulichen Murmeln wurde, das sofort ein Gefühl der Gemeinsamkeit auslöste. Viel später erzählte Laurence mir von dem Jahr, das er als Twen in Schweden verbracht hatte. Er arbeitete damals im ersten Rock-and-Roll-Sender Stockholms als DJ, nachdem die Regierung den Rundfunk liberalisiert hatte. Überall, wohin er ging, und sei es nur zu McDonald's, um Pommes zu essen, riefen die Leute aufgeregt: »Sie sind doch dieser Laurence vom Radio!« Es war ein typisches Detail in seiner Lebensgeschichte – er hatte eben eine Stimme, die man nie vergaß, wenn man sie einmal gehört hatte.

Zwischendurch zeigte Andrea auf Laurences Freundin, die ein paar Meter von uns entfernt an einem mit Snacks beladenen Picknicktisch stand. Es war eine schwüle Nacht, und ich trug eines dieser Trägertops mit tiefem Ausschnitt. Ich weiß noch, dass ich mich über Laurences Freundin wunderte. An ihrer Stelle wäre ich sofort eingeschritten, wenn er stundenlang mit einer freizügig gekleideten Frau ohne Anhang geplaudert hätte, die niemand je gesehen hatte.

Aber ich kann ehrlich sagen – zumindest was meine Absichten anbelangt –, dass ich an diesem Abend keine Bedrohung für Laurences Freundin war. Als ich erfuhr, dass er eine Freundin hatte und seit über vier Jahren mit ihr zusammen war, kam ich gar nicht erst auf falsche Gedanken. Ich hatte mich nie für Männer interessiert, die in festen Händen waren. Für mich war das ungeteilte Interesse an mir eine der größten Tugenden, die ein Mann haben konnte. Sie dürfen das egoistisch nennen, wenn Sie wollen, aber diese Einstellung half mir, eine ganze Reihe von Beziehungen schmerzlos zu beenden, die sich in einer Sackgasse befanden.

Ich war immer noch ziemlich neu in New York, und es wäre mir fast inzestuös vorgekommen, sofort mit einem Freund des Verlobten einer meiner besten Freundinnen zu flirten. Wer wusste schon, wie eine solche Beziehung sich entwickeln würde. Außerdem wollte ich Andreas und Steves Hochzeitsfreude nicht trüben. In einer Stadt mit 8 Millionen Einwohnern gab es bestimmt andere Möglichkeiten. Dann war da noch der Altersunterschied. Laurence ist fast neun Jahre älter als ich. Das gilt zwar im Allgemeinen nicht als Hinderungsgrund, aber ich brauchte kein Buch wie *Die Kunst, den Mann fürs Leben zu finden* zu konsultieren, um zu kapieren, dass ein fast 40-jähriger Mann, der nie verheiratet war, nicht allzu scharf auf die Ehe sein konnte.

Das Einzige, was ich theoretisch noch weniger mochte als einen gebundenen Mann, war ein Mann, der zwar zu haben war, den ich aber eines Tages zu einer lebenslangen Bindung überreden musste.

Ich hatte mich nie für eine Frau gehalten, die auf ein bestimmtes Aussehen festgelegt war. Aber wenn ich zurückblickte, wird mir bewusst, dass die meisten meiner Freunde – ich meine jene, denen es ernst war – mehr oder weniger in das gleiche Schema passten. Sie waren groß und hager, sahen unterernährt aus und hatten dunkles Haar, eine große Nase und Ohren, die wohl etwas zu weit abstanden. Diese Männer waren literarische oder künstlerische – oder wenigstens frustrierte literarische oder künstlerische – Typen, mit denen ich lange, komplizierte Diskussionen über Bücher und Politik führte. Sie waren schüchtern und etwas ängstlich, und es überraschte sie immer, dass eine so gesellige Frau wie ich sich ebenso für Bücher und Politik interessierte wie sie.

Laurence hatte einen voluminösen Brustkorb und kurze, stämmige Beine, die aussahen, als bestünden sie aus Gusseisen. Ich hätte sie Ringerbeine genannt. Seine Augen waren blau, und manchmal, wenn er ein Hemd in einem bestimmten hellblauen Farbton trug, hätte man geschworen, nie etwas noch Blaueres gesehen zu haben. Seine Gesichtszüge konnte man schwer beschreiben, weil sie so dynamisch waren. In meinen Fotoalben finden Sie eine Serie von Bildern, auf denen ich immer gleich lächle. Dennoch wird das Lächeln im Laufe der Jahre älter. Ich habe Hunderte Fotos von Laurence gesehen, aber keine zwei, auf denen er genau den gleichen Gesichtsausdruck hat. Seit unserer ersten Begegnung schaute ich ihm gern ins Gesicht, aber es war so symmetrisch, dass ich seine Züge lange Zeit nur schwer deuten konnte. Seine Gedanken und sein Gesicht bewegten sich derart schnell, dass ich das Gefühl hatte, dieser Herausforderung nicht gewachsen zu sein.

Natürlich setzte ich mich nicht hin und erstellte eine Liste der Gründe, aus denen Laurence und ich kein Paar werden konnten. Ich versuche nur zu erklären, warum ich Laurence trotz des starken ersten Eindrucks, den er auf mich gemacht hatte, sofort und fast unwiderruflich in die Kategorie »Freunde, aber nicht mehr« einordnete. Meine Gründe dafür waren im Wesentlichen unbewusst. Als unsere Freundschaft enger wurde und die Leute gelegentlich fragten, warum wir kein Paar seien – sie fragten wirklich –, war ich immer ein wenig überrascht. Sahen sie denn nicht, dass wir beide dafür bestimmt waren, gute Freunde zu sein?

Es war eine Freundschaft, die sich anfangs langsam entwickelte. Ich wusste schon nach unserer ersten Begegnung, dass ich eng mit ihm befreundet sein wollte, dass er zu den Menschen gehörte, mit denen ich jeden Tag reden und die ich regelmäßig treffen wollte. Aber das klappte nicht von Anfang an.

Zum einen war Laurence ein Mann, der noch fast alle Freundschaften pflegte, die er seit seiner Kindergartenzeit geknüpft hatte. Darum brauchte er nicht wirklich weitere Freunde. Und natürlich war da auch noch seine Freundin. So harmlos meine Absichten auch gewesen sein mögen, ich war nicht so naiv zu glauben, dass eine enge und übereilte Freundschaft mit einer ledigen Frau, die er sozusagen vor fünf Minuten getroffen hatte, keinerlei Reibungen verursachen würde. Man lebt nicht mit drei Katzen zusammen, ohne etwas über Revierverhalten zu lernen. Laurence und ich trafen uns von Zeit zu Zeit bei Gruppenessen oder aus irgendeinem besonderen Anlass und führten lebhafte Gespräche, bei denen wir viel lachten. Hinterher bedauerte ich immer, dass ich ihn nicht öfter sah. Aber das war alles. Andrea und Steve heirateten im Mai 2002, und als wir uns für das Hochzeitsfoto aufstellten, sagte Laurence zu mir, ich sähe in meinem Brautjungfernkleid wunderschön aus. Danach bekam ich ihn an diesem Abend nicht mehr zu sehen.

Ein paar Wochen später trennten sich Laurence und seine Freundin. Ich verpasste Homer gerade seine monatliche Pediküre (die immer eine Tortur war, weil er sich viel heftiger sträubte als Vashti und Scarlett), als Laurence mich anrief und fragte, ob ich mit ihm einen Indie-Film anschauen wolle, der ihn schon lange interessierte. Laurence war ein echter Filmliebhaber mit enzyklopädischem Wissen, aber er gehörte nicht zu den Leuten, die nur trockene Daten über Regisseure, Drehbuchautoren oder Schauspieler aller jemals gedrehten Filme ausspuckten. Er hatte ein scharfes Auge für Kameraeinstellungen, Handlungen und Charaktere. Die Art und Weise, wie ein Regisseur Glasscherben aufnahm, die aus einem zerbrochenen Fenster fielen, konnte ihn begeistern. Und er liebte alle, sogar die albernen Filme, die lächerlichen Komödien oder Revolverstreifen, die gehemmte Intellektuelle oft meiden. Es gefiel mir, dass Laurence auch albern sein konnte – genau wie ich. Und es gefiel mir, dass er so viel über Dinge wusste, von denen ich sehr wenig wusste. Ich lernte viel von ihm.

Laurence war Autor und Lektor einer bekannten Fachzeitschrift für die Filmindustrie. Es gehörte zu seinen Aufgaben, Schauspieler und Regisseure zu interviewen. Viele von ihnen galten als lebende Legenden, und sie hatten Regale, die mit allen Preisen unter der Sonne gefüllt waren. Wer sich die Aufzeichnungen der Gespräche anhörte, merkte, wie gern diese Leute sich mit Laurence über Filme unterhielten. Sie lachten oft und sagten immer wieder: »Oh, das ist eine gute Frage, die mir noch niemand gestellt hat.« Interviews, für die ursprünglich 15 Minuten eingeplant waren, dauerten meist anderthalb Stunden oder länger.

Ich war überglücklich, als Laurence mich anrief und mit mir einen Film anschauen wollte, und ich unterrichtete Andrea über diese Entwicklung. Erst nach dem Film, als wir im East Village in einem marokkanischen Restaurant saßen, kam mir der Gedanke, dass er dieses Treffen vielleicht als Verabredung betrachtete. Aber er versuchte nicht, mich zu küssen oder meine Hand zu halten, und er machte keinerlei sonstige Avancen. Deshalb schlug ich mir diese Idee aus dem Kopf. Ich glaube, das gelang mir deshalb so gut, weil ich es wollte. Für mich war Laurence ein potenzieller Kumpel, kein potenzieller fester Freund, und mir lag zu sehr an unserer Freundschaft, als dass ich sie wegen des banalsten aller Gründe – wegen einem verpatzten Date – aufs Spiel gesetzt hätte, noch bevor sie richtig begonnen hatte.

Ich war mir so sicher, dass es zwischen uns nicht klappen würde, dass ich mir nicht einmal die Frage stellte. Wir waren beide keine Kinder mehr, und wie viele erfolgreiche Beziehungen hatten wir bereits hinter uns? Dieses Risiko wollte ich nicht eingehen – nicht mit Laurence.

In den folgenden drei Jahren wurde unsere Freundschaft tiefer und irgendwann war sie so eng, wie ich es mir erträumt hatte. Wir telefonierten mehrere Male am Tag, jeden Tag, und trafen uns mindestens einmal in der Woche – was sehr aufschlussreich ist, wenn man bedenkt, wie hektisch das Leben in New York sein kann. Mit niemandem sprach ich so oft, und niemanden sah ich so oft wie Laurence, nicht einmal Andrea. Als ich Anfang 2003 endlich eine feste Anstellung in der Marketingabteilung der Firma bekam, die *Rolling Stone* und *Us Weekly* veröffentlichte, informierte ich zuerst Laurence darüber, nicht Andrea.

Laurence war wohl der erste Mensch, der in meinem Erwachsenenleben eine wichtige Rolle spielte, ehe er Homer begegnet war. Das war nicht so geplant, sondern hatte eher etwas mit den Realitäten des Lebens in New York zu tun. South Beach ist eine kleine Stadt (mit einer Fläche von gut zweieinhalb Quadratkilometern), in der man Freunde zu jeder gewöhnlichen und ungewöhnlichen Stunde besucht, nur um mit ihnen herumzuhängen. Manhattan ist eine riesige Stadt, die von ihren Einwohnern Effizienz und Vorausplanung verlangt. Hier begegnet man Leuten an vereinbarten Orten, anstatt sich bei einem Bekannten zu treffen und dann auszugehen. Gelegentlich besuchte mich jemand in meiner Wohnung, um sich mit mir die Zeit zu vertreiben oder einen Film anzuschauen, aber das waren Freunde, deren Apartments kleiner und weniger bequem waren als meines. Laurence besaß eine enorm große Wohnung, bei Weitem die gemütlichste unter meinen Bekannten. Wenn wir uns gemeinsam bei einer Pizza oder einer Flasche Wein auf einem Sofa entspannen wollten, gingen wir immer zu ihm.

Außerdem war es nicht so wichtig, dass Laurence Homer begegnete, denn ich hatte ja nicht vor, ihn zu *heiraten*.

Außerdem gingen wir meist zusammen aus. Laurence war in Brooklyn geboren und in New Jersey aufgewachsen. Nach seinem Examen am College war er fast sofort nach Manhattan gezogen. Er liebte New York sehr, und deshalb verdonnerte ich ihn dazu, mir alle touristischen Attraktionen zu zeigen, die ich unbedingt sehen wollte. Wir fuhren nach Ellis Island, wo ich amtlich bestätigt fand, wann meine Urgroßeltern in den USA angekommen waren, und wir stiegen auf die Freiheitsstatue und auf das Empire State Building. Dann besuchten wir die Spelunken in West Village, wo einige unserer Lieblingsschriftsteller vor hundert Jahren gezecht und sich zu Tode getrunken hatten. Im Museum für moderne Kunst überraschte mich Laurence mit seinem profunden Wissen. Er wusste viel mehr über moderne Kunst als ich. Er war auch Theaterfan und besorgte Eintrittskarten für *Heinrich V.* im Lincoln Center ebenso wie für *Sock Puppet Showgirls* in der City. Letzteres war, wie der Name andeutet, eine Handpuppenversion des Films *Showgirls*. (Ein Hinweis für kluge Leute: Solange Sie noch keine Handpuppen beim Stangentanz gesehen haben, kennen Sie die wahre Herrlichkeit des Live-Theaters nicht.)

Jetzt sagen Sie wahrscheinlich: *Na schön … aber dieser Musterknabe hatte doch wohl ein paar Fehler. Ganz so idyllisch war es bestimmt nicht, oder?*

Tja, ich habe die traurige und feierliche Pflicht, Ihnen mitzuteilen, dass Laurence Lerman ein leidenschaftlicher Sammler war. Er lebte seit fast 20 Jahren allein in einer mietpreisgebundenen Dreizimmerwohnung, die bis an die Dachsparren vollgestopft war. Er hatte Stapelweise Zeitungen, Zeitschriften, Comics und Actionfiguren. Er besaß das Programmheft für jedes Schauspiel, das er seit seiner Ankunft in New York gesehen hatte, den Kartenabriss für jedes Konzert, das er seit der Mittelschule besucht hatte, und ein Zündholzheftchen aus jedem Restaurant, in dem er während der letzten zwei Jahrzehnte gegessen hatte. Einmal wog ich zum Spaß alle seine Zündholzheftchen und kam auf gut sieben Kilo. »Das Zeug ist wahrscheinlich feuergefährlich«, sagte ich zu ihm, und bald darauf begann ich, ihn Templeton zu nennen, nach der sammelwütigen Ratte in *Schweinchen Wilbur und seine Freunde.*

Aber ich möchte auch nicht verschweigen, dass Laurence eine Menge Platz hatte und dass die weitaus meisten Sachen ordentlich in Schränken und Schubladen verstaut waren. Er gehörte nicht zu den Verrückten, die zwischen turmhohen Abfallhaufen leben. Sein Apartment war untadelig sauber, und kein Besucher wusste, dass all dieses Zeug da war, es sei denn, er zeigte es ihm.

Dennoch, ich bin eine Leseratte und neige zu Metaphern. Darum kam mir der Gedanke, dass Laurence innerlich – buchstäblich oder im übertragenen Sinn – keinen Platz für einen anderen Menschen in seinem Leben hatte.

Außerdem hatte er ein Furcht einflößendes Temperament, was nicht einmal seine besten Freunde bestreiten würden. Er wurde nicht oft wütend, aber seine Wut war tödlich. Sie entsprang einer tiefen, körperlichen Quelle, und er ging auf Widersacher los wie ein Stier. Normalerweise hätte man ihn nicht für einschüchternd gehalten, und soviel ich weiß, hat er nie jemanden geschlagen. Aber ich habe Männer vor ihm zurückweichen sehen, die doppelt so schwer waren wie er, weil sie instinktiv um ihr Leben fürchteten, wenn er wütend wurde. Seine tiefe, dröhnende Stimme, die ich so liebte, wurde zur grausamen Waffe, wenn ihn jemand zornig machte. Sie erreichte eine markerschütternde Lautstärke, und er konnte sehr böse Worte sagen, wenn er besonders aufgebracht war. Da er mit unfehlbarer Sicherheit wusste, welche Fragen andere am liebsten beantworten würden, wusste er auch intuitiv, welche Bemerkungen andere am meisten verletzten – und das nutzte er aus.

Ich fand es leichter, einen Einbrecher in meiner Wohnung zu stellen, als Laurence die Stirn zu bieten, wenn er schlecht gelaunt war. Die Abneigung gegen laute »Szenen« war tief in mir verwurzelt, und meine Reaktion bestand darin, mich kühl zurückzuziehen, wenn wir wirklich einmal wütend aufeinander waren, was allerdings selten vorkam. »Offenbar«, erklärte ich dann mit ruhiger Stimme – bewusst etliche Dezibel leiser als er –, »bist du jetzt nicht in der Lage, vernünftig darüber zu reden.« Dann ging ich.

Ich finde, dass ich lediglich versuchte, »konstruktiv« zu diskutieren, nicht unlogisch und wirr. Laurence würde in gespielter Missbilligung seufzen und einwenden, es mache einfach keinen Spaß mit mir zu streiten. Was könnte langweiliger sein als jemand, der nicht zurückbrüllt, wenn einem nach Brüllen zumute ist?

Aber wenn wir uns beruhigt hatten, wollten wir unbedingt hören, was der oder die andere zu sagen hatte. Mit Laurence zu streiten oder das Gefühl zu haben, dass ich irgendwie seine gute Meinung von mir getrübt hatte, war für mich schmerzhafter als ein Streit mit anderen Menschen.

Eines muss man Laurence lassen: Wenn er zu weit gegangen

war, musste ihn niemand darauf hinweisen, und man musste ihn nie zu einer Entschuldigung drängen. Wenn Laurence wusste, dass er recht hatte, war er niemals bereit, sich zu entschuldigen, nur damit man ihn wieder mochte. Aber wenn er wusste, dass er im Unrecht war, kam seine Reue sofort, und kein falscher Stolz hinderte ihn daran, sich auszudrücken. Andererseits bettelte er nie um Vergebung. Laurence wusste genau – ohne dass er meines Wissens bewusst darüber nachdenken musste –, in welchem Umfang er unrecht hatte und welche Buße angemessen war. Darüber hinaus galt: *Nimm meine Entschuldigung an oder lass es bleiben!*

Ich glaube, dieser totale Verzicht auf Heuchelei – seine innere Unfähigkeit, etwas zu tun oder zu sagen, nur damit man ihn gern hatte oder ihm verzieh oder sich eine bestimmte Meinung von ihm zuzulegen – machte Laurence letztlich zu dem Menschen, der er war. Deshalb war er kein Kerl, sondern ein *Mann*. Anthony Trollope, einer meiner Lieblingsautoren, schrieb einmal: »Das wichtigste Merkmal [der Männlichkeit] lässt sich nur negativ beschreiben: Männlichkeit ist nicht mit Heuchelei vereinbar.«

Laurence war von Natur aus unfähig, etwas grundlegend Falsches oder Unmännliches zu tun. Dieser Tugend entsprangen alle seine anderen guten Eigenschaften: Er konnte lustig sein, ohne je widerwärtig zu werden, er konnte reden, ohne ein Gespräch beherrschen zu wollen, und er konnte geduldig zuhören. Er war nicht im Entferntesten neidisch auf die Erfolge und Leistungen anderer Menschen. Er teilte seine Zeit, sein Geld und seinen Besitz großzügig mit anderen, aber niemand war jemals so töricht, ihn ausnutzen zu wollen.

Ich musste immer wieder über das Gleichgewicht dieser Kräfte nachdenken. Ich würde mich nie so instinktiv richtig verhalten wie Laurence. Genau diese Fähigkeit respektierte und bewunderte ich im Laufe der Jahre am meisten an ihm.

Natürlich war ich in ihn verliebt. Und natürlich war ich die Letzte, die es merkte. Als wir seit drei Jahren befreundet waren, schien mich jeden Tag jemand zu fragen, warum wir beide kein Paar seien. Ich zögerte jedes Mal, diese Frage zu beantworten, aber nicht aus Schüchternheit oder weil ich das Offensichtliche leugnen wollte. Was Verliebtheit anbelangte, hatte ich so meine Erfahrungen: Man trifft jemanden, fühlt sich sofort zu ihm hingezogen, lernt ihn besser kennen und findet heraus, ob es sich um echte Zuneigung handelt oder um eine Illusion, die nach ein paar Wochen schwindet. Die andere Möglichkeit hatte ich nie erlebt: Man lernt jemanden kennen und merkt dann, dass man von ihm mehr als Freundschaft erwartet. Deshalb merkte ich nicht, dass genau das mit mir passierte.

Wahrlich, niemand ist so blind wie jene, die nicht sehen wollen.

Dann, an einem Sonntagnachmittag im Spätsommer, als Laurence und ich auf der sandigen Terrasse eines Grillrestaurants in den Chelsea Piers Hotdogs und *Piña Colada* genossen, sagte er zu mir, er verabrede sich mit einer Frau – und meine Welt brach zusammen.

Sicher, wir hatten in den vergangenen drei Jahren nicht auf Verabredungen mit anderen verzichtet. Es hatte bei mir mehrere Verehrer und Beinaheunfälle gegeben, und ich hatte Laurence in allen Einzelheiten davon erzählt. Doch als ich nun darüber nachdachte, fiel mir auf, dass er nie mit mir über die Frauen gesprochen hatte, mit denen er ausging. Natürlich hatte ich nicht erwartet, dass er die ganze Zeit zölibatär lebte. Um die Wahrheit zu sagen, hatte ich kaum darüber nachgedacht. Für mich war es selbstverständlich, dass es für einen Mann wie Laurence schwer war, eine Frau zu finden, die ernsthaftes Interesse in ihm wecken konnte. Und ich hatte angenommen, dass er mit mir darüber reden würde, falls es doch passieren sollte.

Nun war es passiert, und er redete darüber.

Mein erster Gedanke war, dass unsere Tage als Freunde gezählt waren. Es war schwer vorstellbar, dass eine Freundin seine enge Freundschaft mit Leuten wie mir dulden würde. Aber dann hasste ich mich selbst, weil ich nur an mich dachte, anstatt mich über das Glück meines Freundes zu freuen. Doch sobald ich an *Glück* im Zusammenhang mit Laurence und einer anderen Frau dachte, fühlte ich Leere im Kopf und im ganzen Körper. Es war eine Art Schockzustand wie nach einem Autounfall.

Ich versuchte, das alles vor Laurence zu verbergen und so zu tun, als wäre alles normal. Aber ich glaube nicht, dass ich damit großen Erfolg hatte, denn er küsste mich an diesem Tag sanfter als sonst auf die Wange und setzte mich in ein Taxi, das mich nach Hause brachte.

In dieser Nacht begann die Schlaflosigkeit, und sie dauerte Wochen. Der arme Homer, der schlief, wenn ich schlief, und – so schien es mir – nicht schlief, wenn ich nicht schlief, bekam sehr wenig Ruhe. Ich gewöhnte mir an, ab und ab zu gehen, und Homer folgte mir pflichtbewusst auf Schritt und Tritt, und umkreiste mich langsam in unserer Einzimmerwohnung. Ich hatte ein schlechtes Gewissen, weil ich ihn seiner Nachtruhe beraubte, aber es gab so vieles, worüber ich nachdenken musste, und es wäre sinnlos gewesen, acht kostbare Stunden mit Schlaf zu vergeuden.

Ich versuchte, meine Sorgen mit Vernunft zu bekämpfen, mir einzureden, dass ich Laurence jetzt nur deshalb für mich haben wollte, weil er eine andere umwarb. Das war ein Klischee der schlimmsten Sorte, und obendrein war ich egoistisch. Ich war verwöhnt und selbstsüchtig und daran gewöhnt, dass Laurence mir seine ungeteilte Aufmerksamkeit schenkte, und es war eindeutig diese Aufmerksamkeit – nicht der Mann –, nach der ich mich plötzlich so sehnte.

Doch als sich eine schlaflose Nacht an die andere reihte, begriff ich – so klar, dass ich mich schockiert fragte, warum ich es nicht schon früher gemerkt hatte –, dass ich jeden Mann, mit dem ich in den vergangenen drei Jahren ausgegangen war, gegen Laurence abgewogen und für zu leicht befunden hatte. Keiner war so humorvoll wie Laurence, keiner so klug, keiner so männlich und stark.

Wer zwei Augen im Kopf hatte, wusste längst, was mich an diesen Männern wirklich störte: dass sie nicht Laurence waren. Ich glaubte, sie anhand ihrer eigenen Vorzüge zu bewerten, doch in Wahrheit hatte ich sie wegen der unverzeihlichen Sünde zurückgewiesen, nicht der Mann zu sein, in den ich bereits verliebt war.

Vielleicht wurde mir deshalb so spät klar, dass ich ihn liebte, weil er äußerlich nicht mein Typ war. Er war nicht mager und gelehrt wie die Männer, mit denen ich normalerweise ausging. Dann dachte ich an Homer. Homer lebte in einer Welt ohne Sehvermögen, und für ihn spielte es keine Rolle, wie Menschen und Dinge aussahen.

Ich könnte diese Worte nun hübsch verpacken und behaupten, ich hätte von Homer gelernt, dass Liebe blind ist, dass sie nicht immer darauf Rücksicht nimmt, wie jemand aussieht.

Aber das stimmt nicht. Das Aussehen ist wichtig. Einerlei, wie angenehm ich das Leben für Homer machen konnte und wie glücklich er sich fühlte, eines konnte ich ihm niemals geben: die Freude, die nur das Augenlicht uns schenkt. Wir halten es oft für selbstverständlich, dass ein Blick in das Gesicht eines geliebten Menschen uns mehr als alles andere aufmuntern kann.

Nein, ich hielt das Aussehen nicht für belanglos. Ich erkannte, dass ich am glücklichsten war, wenn ich Laurence ansah. Manchmal, wenn wir uns irgendwo treffen wollten, fiel er mir mitten in einer Menschenmenge auf, selbst wenn er noch ein gutes Stück entfernt war. Wenn ich sein Gesicht sah, und sei es nur von Weitem, lachte ich – nicht weil er lustig aussah oder sich lustig benahm, sondern weil es mich glücklich machte, sein Gesicht zu sehen, so glücklich, dass ich einen Teil dieses Glücks in Form von Lachen ausgießen musste, sonst wäre mir schwindelig geworden.

Ich hatte ein Geschenk bekommen. Es gab etwas, was ich mit meinen Augen sehen konnte und was mich jedes Mal mit Freude erfüllte. Nicht jeder Mensch hatte so viel Glück.

Trotzdem hatte ich keinen Grund, jetzt auf einmal anzunehmen, dass Laurence jemals daran interessiert sein würde, sich ganz an jemanden zu binden. Und ich hatte noch weniger Grund zu der Annahme, dass ich dieser Jemand sein konnte. Nun gab es diese andere Frau – Jeannie, Jeanette oder so ähnlich hatte Laurence sie genannt. So viel ich wusste, hatte auch Laurence uns beide immer nur für gute Freunde gehalten. Hatte er darüber nachgedacht? Ich war mir ziemlich sicher, dass er darüber nachgedacht hatte, aber das war vor drei Jahren gewesen. Woher sollte ich wissen, was er jetzt von mir hielt?

Würde unsere Freundschaft zerbrechen? Davor hatte ich am meisten Angst. Sollte ich versuchen, seine Geliebte zu sein, nur um ihn ganz zu verlieren? Ich hatte keine Ahnung, was ich dann tun würde. Dennoch war ich kaum noch imstande, mit ihm zu reden, seit er mir von dieser Frau erzählt hatte. Vielleicht war es beängstigend, einen Schritt nach vorn zu tun, aber zurückzugehen war unmöglich, und auch ein Stillstand wurde bald zu einer unrealistischen Alternative.

Auch das hatte ich von Homer gelernt: Manchmal muss man blind springen, um zu bekommen, was man haben will.

In den letzten drei Jahren hatte ich einiges über Beziehungen gelernt, und jetzt wurde mir bewusst, dass ich die meisten Einsichten Homer verdankte. Er hatte mir beigebracht, dass die Liebe eines Menschen, der an mich glaubte und an den ich glaubte, mich zu den unwahrscheinlichsten Abenteuern inspirieren konnte. Irgendwann hatte ich mir eingeredet, Laurence und ich seien dazu verdammt, keine dauerhafte Liebe zu finden – zumindest nicht miteinander –, denn bei anderen hatten wir sie ja auch nicht gefunden. Homer war der lebende Beweis dafür, dass düstere Vorhersagen über potenzielles Glück nichts weiter waren als eine Chance, Binsenweisheiten zu widerlegen. Hätte Homer nicht scheu und ängstlich sein sollen? War es ihm nicht bestimmt gewesen, vielleicht zu überleben, aber nie ein außergewöhnliches Leben zu führen? Und doch – kannte ich jemanden, der mitten im Alltag so fröhlich sein konnte wie Homer?

Ja, einen Menschen dieser Art kannte ich – Laurence. Wie Homer hatte er etwas Unerschütterliches an sich. Er konnte sich sogar in den aufreibendsten, profansten Momenten des täglichen Lebens freuen. Das war nicht nur eine Gabe, die mir imponierte, sondern auch eine, die ich mir selbst wünschte. Vielleicht waren Laurence und Homer deshalb zum wichtigsten Inventar meines Lebens geworden.

Es gab nur logische Argumente dafür, dass Laurence und ich versuchen sollten, ein Paar zu werden. Ich hatte ja auch nur logische Gründe dafür gehabt, ein blindes Kätzchen zu adoptieren. Das bewies doch, dass wir unser Glück bisweilen genau dort finden, wo wir es am wenigsten erwarten. Gleich nach meiner ersten Begegnung mit Homer begann ich, anders über meine Beziehungen zu denken. Als ich ihn traf und seinen Mut und sein Glückspotenzial erkannte, verstand ich, dass man nicht nach Gründen suchen sollte, etwas unendlich Wertvolles aus seinem Leben zu verbannen, nachdem man es in jemandem entdeckt hat. Man nimmt sich vielmehr vor, stark zu sein und sein Leben darauf aufzubauen, einerlei, was geschieht.

Dadurch wird man zu dem, was man bewundert.

Und vor allem hatte Homer mich gelehrt, dass große Risiken große Freude in sich bergen. Ich war mit Jungen ausgegangen, seit ich 15 gewesen war, und während dieser ganzen Zeit hatte ich nie so etwas wie eine Liebeserklärung ausgesprochen, es sei denn, der andere erklärte sich zuerst. Der mögliche Lohn war mir nie das Risiko wert gewesen. Laurence ging mit einer anderen Frau aus, und ich hatte jetzt weniger Gründe denn je anzunehmen, dass ich größere Angst vor dem Erfolg als vor dem Scheitern hatte. Es war ein erschreckender Gedanke, nach dem Telefon zu greifen und einen einzigen Anruf zu tätigen, der, wenn alles so ausging, wie ich hoffte, mein ganzes Leben umkrempeln würde. Aber wer nicht bereit ist, seine Furcht zu überwinden, wird nie bekommen, was zu besitzen sich lohnt.

Auch das hatte Homer mir gezeigt.

Also schloss ich an einem Sonntagmorgen Anfang Oktober die Augen und sprang. Das heißt, ich rief Laurence an und offenbarte ihm meine Gefühle.

»Hör zu«, sagte ich, »ich muss dir etwas sagen, und es ist in Ordnung, wenn du anders darüber denkst, aber …« Ich machte eine Pause, weil ich nicht wusste, wie ich fortfahren sollte. Plötzlich war ich zu weit vorgedrungen, um einen Rückzieher zu machen, aber ich hatte keine Ahnung, wo ich landen würde. »Ich glaube … ich glaube, ich empfinde mehr als Freundschaft für dich. Und ich mache dir keine Vorwürfe, wenn du diese Gefühle nicht erwiderst …«

»Doch«, unterbrach mich Laurence. »Das tue ich. Es war immer so.«

Wir redeten lange – nein, wir lachten mehr, als wir redeten, und wir gaben nur wenige zusammenhängende Sätze von uns. Es war ein Gespräch, das uns in diesem Moment unvermeidlich vorkam. Dennoch war es unglaublich, dass es stattfand.

»Weißt du«, sagte ich, »es könnte richtig peinlich für uns werden, wenn es zwischen uns nicht klappt. Wegen Andrea und Steve meine ich.«

»Daran habe ich auch gedacht«, erwiderte Laurence ernst. »Und es gibt nur eine Lösung dafür.«

»Und die wäre?«, fragte ich.

»Wir müssen bis ans Ende unseres Lebens bis über beide Ohren ineinander verliebt bleiben.«

Nach etwa einer Stunde legten wir auf. Vorher vereinbarten wir, uns am folgenden Abend nach der Arbeit zu treffen. Ich nahm mir vor, gründlich über meine Garderobe nachzudenken. Und ich musste Andrea anrufen. Sie musste so bald wie möglich von dieser neuen und überraschenden Wendung erfahren (obwohl sie vermutlich nicht sehr überrascht sein würde).

Doch ganz plötzlich stellte ich fest, dass ich zu erschöpft war, um über das alles nachzudenken. Homer und ich gingen zu Bett und schliefen durch bis zum Montagmorgen.

22   EIN LOBGESANG AUF VASHOWITZ

Möge der Himmel dir alles gewähren, was dein Herz begehrt —
einen Gemahl, ein Haus und ein glückliches, friedvolles Heim —,
denn nichts ist besser auf dieser Welt als ein Mann und eine Frau,
die gleichen Sinnes sind.
Homer, *Odyssee.*

Ich war immer der Meinung gewesen, dass ein Paar, das zusammenwohnen will, ein neues Zuhause suchen sollte. Es ist nicht gut, wenn sie zu ihm zieht oder umgekehrt. Diese Einstellung hatte ich mir vor Jahren zugelegt, etwa um die Zeit, als ich in Jorges Haus ein- und später wieder auszog. Meiner Erfahrung nach können Menschen so revierbewusst sein wie Katzen, und es ist am besten, Streitereien wie *In diesem Schrank habe ich immer … (bitte füllen Sie die Lücke aus) aufbewahrt* von vornherein zu vermeiden.

Das war theoretisch ein vernünftiger Grundsatz, aber er berücksichtigte nicht das erste Gebot des Immobilienmarktes in Manhattan: Du sollst keine mietpreisgebundene Dreizimmerwohnung mit zwei Bädern und Balkon ablehnen. Laurence zahlte eine geringere Miete als ich für mein kleines Apartment und hatte mehr als doppelt soviel Platz. Als wir beschlossen, eine Wohnung zu teilen, war es selbstverständlich, dass ich und meine Katzen zu ihm ziehen würden.

Trotzdem waren Laurence und ich ein volles Jahr lang ein Paar, bevor ich einzog. Kurz nach meiner Erleuchtung *(Ich bin in Laurence Lerman verliebt)* hatte ich begonnen, einen Roman über South Beach zu schreiben. Ich kann Ihnen nicht sagen, warum ich eines Morgens aufwachte und fest davon überzeugt war, dass ich im Leben nichts lieber tun wollte als schreiben (nun ja, die vier Kündigungen innerhalb von zwei Jahren hatten mich von den Vorteilen der Selbstständigkeit überzeugt). Ich weiß auch nicht, warum ich stur blieb, obwohl alle Leute, die ich in der Branche kannte, mich warnten: Nichts sei unwahrscheinlicher als eine unbekannte Autorin, die einen Verlagsvertrag für ein *Buch* bekommt – außer eine unbekannte Autorin, die einen Verlagsvertrag für einen *Roman* bekommt.

Aber ich hatte von Homer längst gelernt, dass »unwahrscheinlich« etwas völlig anderes ist als »unmöglich«. Nach vielen Monaten – und ich weiß nicht wie vielen ablehnenden Briefen (bei 20 hörte ich auf zu zählen) – fand ich eine Agentin, und mein Buch wurde zu einem richtig professionellen Projekt. Da ich meinen Vollzeitjob beibehielt, brauchte ich gut ein Jahr für einen Entwurf, und in dieser Zeit – in der Laurence geduldig las, kritisierte und später jedes Wort noch einmal las – waren wir beide der Meinung, dass es für mich zweckmäßiger war, zuerst meinen Roman zu vollenden, ehe ich umzog.

Allerdings wäre es irreführend zu behaupten, allein mein South-Beach-Roman hätte unserem gemeinsamen Glück im Wege gestanden. Die Wahrheit ist: Laurence war nicht begeistert von der Aussicht, mit drei Katzen zu leben.

In unserem ersten Jahr als Paar hatten wir zahllose Wortgeplänkel, aber nur einen einzigen handfesten Streit – und dabei ging es um die Katzen. »Müssen es denn *drei* sein?«, fragte er eines Tages, etwa im sechsten Monat unserer Liebesbeziehung. Wenn er erreichen wollte, dass ich kalt und unnachgiebig wie ein zugefrorener Teich wurde, hätte er die Frage nicht besser formulieren können. »Ich weiß nicht, ob ich es mit drei Katzen aushalte.«

»Nun, es sind aber drei«, erwiderte ich. »Es waren immer drei, und es werden immer drei bleiben. Wenn du irgendwelche Illusionen à la *Sophies Entscheidung* hast, kannst du sie dir aus dem Kopf schlagen.«

Das war und blieb der einzige Augenblick, in dem ich halbwegs davon überzeugt war, dass Laurence und ich kein Paar sein konnten. Ich hatte immer gewusst, dass er Katzen nicht mochte (er bestand allerdings empört darauf, er habe nichts gegen Katzen, sondern er bevorzuge Hunde). Aber ich war der Meinung, dass niemand mich wirklich liebte – dass niemand behaupten konnte, mich glücklich machen zu wollen –, der auch nur daran dachte, mich in unerträgliches Elend zu stürzen, indem er von mir verlangte … was eigentlich? Sollte ich entscheiden, welche meiner Katzen ich am wenigsten liebte, und sie in fremde Hände geben? Oder in ein Tierheim stecken? Ich hatte Verständnis dafür, dass nicht jeder mit drei Katzen zusammenleben will, aber ich fand, Laurence – der mich seit *drei vollen Jahren* gut kannte, als wir ein Paar wurden – hätte sich das früher überlegen können. Wäre ich in seine Wohnung spaziert und hätte ihn mit einer anderen Frau im Bett erwischt, wäre ich auch nicht fester davon überzeugt gewesen, dass ich seinen Charakter völlig – *völlig* – falsch eingeschätzt hatte.

Seit dem Tag, an dem Homer zu mir gekommen war, hatte ich tief im Inneren darauf gewartet, dass eine vielversprechende Beziehung in die Brüche ging, weil mein Partner nicht bereit war, mit drei Katzen zu leben. Ich hatte immer gewusst, dass es passieren würde, und die einzige Überraschung war, dass es so lange gedauert hatte.

Laurence und ich stritten stundenlang, bis wir schließlich bei seinem Kernproblem landeten. »Du kommst immer zu mir«, sagte er. »Du lässt mich nie in dein Apartment. Vielleicht ist es so furchtbar, mit drei Katzen zu leben, dass ich es nicht sehen soll. Oder du willst mich nicht an deinem Leben teilhaben lassen.«

Jetzt hatte er mich erwischt. Es stimmte, dass ich Laurence nie in meine Wohnung eingeladen hatte. Bevor wir richtig zusammen waren, gab es keine zwingenden Gründe dafür. Jetzt waren wir zwar ein Paar, aber ich machte mir Sorgen um unsere Beziehung, ich wollte einfach keinen Fehler machen. Und ich hatte schreckliche Angst davor, dass ich Laurence verlieren würde, wenn die vier einander nicht mochten. Aber mein schlauer Plan, dieses Risiko zu vermeiden, indem ich Laurence und die Katzen voneinander fernhielt, war offensichtlich fehlgeschlagen. Ich verstand, warum es Laurence schwerfiel zu glauben, dass ich den Rest meines Lebens mit ihm verbringen wollte, wenn ich ihm nicht einmal erlaubte, eine Nacht bei mir zu verbringen.

Also vereinbarten wir einen Besuch über Nacht. Er hätte nicht schlimmer verlaufen können. Scarlett hatte sich am Morgen nach einem allzu begeisterten Sprung ein Bein verstaucht und hinkte vor dem Neuankömmling noch griesgrämiger fort als sonst. *Er glaubt vermutlich, dies sei ein Pflegeheim für blinde und lahme Katzen,* dachte ich. Vashti pinkelte in Laurence Reisetasche. Homer war ein Leben ohne Türen gewöhnt – die einzige Tür in meinem Apartment war die zum Bad, die immer offen stand. Als Laurence ins Badezimmer ging und die Tür hinter sich schloss, setzte sich Homer vor die Tür und heulte. Er kauerte sich nieder und schob ein Bein bis zur Schulter durch den Spalt zwischen der Tür und dem Fußboden. Der Anblick der körperlosen Pfote mit ausgestreckten Krallen war, wie Laurence berichtete, »Furcht einflößend«.

»Wollt ihr mir das Leben schwer machen?«, fragte ich die Katzen verzweifelt, als Laurence am nächsten Morgen gegangen war. »Könnt ihr euch nicht *eine Nacht* zusammenreißen?«

Ihre einzige Antwort bestand darin, dass sie sich zufrieden schnurrend auf mir niederließen. *Gott sei Dank, dass der Kerl weg ist.*

Dennoch ging alles gut, weil Laurence nunmehr davon überzeugt war, dass ich diese lästigen Kreaturen wider jede Vernunft lieben *musste,* wenn ich bereit war, sie zu ertragen. Nach dieser Nacht änderte er seine Einstellung. Er liebte mich, und ich liebte die Katzen, also … nun ja, er konnte sie wahrscheinlich nicht lieben, aber er würde sie erdulden.

Laurence hatte nach der Highschool kein Haustier mehr gehabt (seine Eltern hatten einen Hund). Immerhin kümmerte er sich gelegentlich um Minou, den Kater seines Vermieters, wenn der Mann nicht in der Stadt war. Minou näherte sich seinem 20. Lebensjahr und war, wie der Vermieter versicherte, so alt geworden, weil er zu fies zum Sterben war.

Minou war keine gesellige Katze. Manchmal, wenn Laurence ihn hütete, sprang er auf die Computertastatur, während Laurence schrieb (übrigens hielt ich Homer für den Koautor meines Romans, weil er so oft auf meinem linken Knie saß, wenn ich arbeitete). Ansonsten blieb Minou meist für sich. Laurence sagte, er vergesse mitunter, dass sich eine Katze in seiner Wohnung befinde.

Wenn man mit drei Katzen lebt, besteht das Hauptproblem darin, dass immer eine Katze *da* ist, wie Laurence mir oft unter Schmerzen erklärte, nachdem wir vier bei ihm eingezogen waren. Für mich war die Allgegenwart meiner Katzen selbstverständlich geworden, und ich wollte es gar nicht anders haben. Warum Haustiere halten, wenn sie nicht da sind? Aber es stimmt, dass Laurence und ich nie allein waren, obwohl sein Apartment größer war als jede Wohnung, in der wir vier seit ziemlich langer Zeit gewohnt hatten. Mindestens eine Katze war immer in der Nähe.

Anfangs fiel es niemandem leicht, sich anzupassen. Aber Scarletts Haltung war am pragmatischsten. Ihrer Meinung nach gab es auf der Welt zwei Arten von Lebewesen: Mama – zuständig für Futter, Liebe und gelegentliche Disziplin – und andere Katzen. Was Scarlett betraf, war sie die älteste Katze im Haushalt, und darum hatten die anderen ihr zu gehorchen. Laurence mochte eine größere Katze sein als die meisten anderen, aber auch er war nur eine Katze, und weil er – wie Scarlett annahm – bei *uns* eingezogen war, oblag es ihr, ihm seine Grenzen aufzuzeigen: wo er sitzen durfte, wie nahe er ihr kommen durfte und so weiter. Dass es ihm nicht erlaubt war, sie zu berühren oder anzusprechen, verstand sich von selbst.

Scarletts Lieblingsmethode beim Durchsetzen der Hackordnung war schon immer ein zorniger Pfotenhieb gewesen. Wenn Laurence den Flur entlangging und ihr zu nahe kam, bekam er einen Schlag ab. Wenn sie im Flur lag und Laurence über sie hinwegsteigen wollte, haute sie ihm eine runter. Und wenn sie auf der Sofalehne hinter meinem Kopf saß und Laurence sich neben mich setzte und sie unabsichtlich streifte, schlug sie ebenfalls nach ihm.

Es war ärgerlich genug für Laurence, sich in der Wohnung, die seit 20 Jahren ihm gehörte, plötzlich wie ein Eindringling vorzukommen. Aber wer von einer aggressiven Katze zerkratzt wird, reagiert instinktiv ablehnend. Und es ist geradezu beängstigend, wenn man mitten in der Nacht in einem stockdunklen Gang stolpert und unsichtbare »Klauen« (Laurence bestand darauf, sie so zu nennen), einem die Haut aufschürfen. Es nützte Laurence nichts, dass er viel größer war als die Katze, weil er sie natürlich nicht verletzen wollte. Was sollte er denn tun – mit ihr kämpfen? Ich bin sicher, dass er sich diese Frage oft stellte.

Ich tat mein Bestes, um zu vermitteln. Aber Katzen sind schwer erziehbar, und Scarlett war keine Ausnahme. Klapse mit einer zusammengerollten Zeitung hätten vielleicht bei einem Hund gewirkt, aber nicht bei ihr. Das hätte sie nur noch feindseliger und angriffslustiger gemacht – selbst wenn ich bereit gewesen wäre, es zu versuchen (das war ich nicht).

Da Laurence mit einer Hündin aufgewachsen war, die Prügel bekam, wenn sie »böse« war, hatte er den Eindruck, dass ich überhaupt nichts unternahm, um die Situation zu ändern. Aber das stimmte nicht. Ich dachte lange darüber nach, wie ich das Leben mit Scarlett für Laurence erträglich machen kannte – und wenn die Lösung länger auf sich warten ließ, als ich mir wünschte, dann nur deshalb, weil ich mich nie zuvor in einer solchen Lage befunden hatte. Ich hatte vor Scarletts Schmusephase erst bei Melissa und dann bei meinen Eltern gewohnt. Damals war sie damit zufrieden gewesen, sich zu verstecken, wenn ich nicht im Hause war. Jetzt wollte sie immer bei mir sein, und es wäre ihr am liebsten gewesen, wenn alle anderen sich verdrückt und sie mit mir allein gelassen hätten.

Der einzige Ort, an dem Laurence und ich sicher sein konnten, von Scarlett und ihren Krallen verschont zu bleiben, war das Schlafzimmer. Laurence hatte darauf bestanden, dass dieses

Zimmer eine »katzenfreie Zone« blieb. Er sagte, er wolle keine Katzenhaare auf dem Bett haben, und ich bin sicher, dass das stimmte (auch ich war froh, dass nur der kurzhaarige Homer unter der Decke geschlafen hatte, sodass sich zwar auf dem Bett Haare angesammelt hatten, aber nirgendwo sonst). Aber ich bin auch sicher, dass er keine Lust hatte, abends mit drei Katzen um einen Platz neben mir zu kämpfen. Das war ein fairer Kompromiss, aber die abrupte Verbannung der Katzen aus meinem Bett löste größere Trennungsängste aus, als ich hätte vorhersehen können. Immerhin hatten alle drei ihr Leben lang jede Nacht zumindest eine Zeit lang bei mir geschlafen.

Scarlett war erbost über ihre Vertreibung, und das ließ sie uns spüren. Sie setzte sich vor die Tür und miaute laut, sobald ich abends ins Schlafzimmer ging. Und wenn ich die Tür nicht prompt öffnete, schob sie eine Pfote unter die Tür und rüttelte fast wütend an ihr. *Mach die Tür auf! Sofort!* Ich glaube, die Vorstellung, in einem Raum mit mir allein zu sein, ohne andere Katzen, war Scarletts Vorstellung vom Nirwana. Jetzt hatte sie die Chance, die herrlichen Tage ihrer Jugend neu zu erleben – wenn sie jemand eingelassen hätte. Einerlei, wie sehr ich mich bemühte, sie zu verscheuchen, oder wie oft Laurence brüllte: »Jetzt ist es aber genug!«, Scarlett ließ sich weder abschrecken noch trösten. Ihr unaufhörliches Miauen vor der Schlafzimmertür ging Laurence noch mehr auf die Nerven als ihre ständigen Hiebe.

Eines Tages lösten sich beide Probleme auf einmal. Laurence blieb meist mehrere Stunden länger auf als ich, und er gewöhnte sich an, den Katzen spätabends eine kleine Dose Futter zu geben, nachdem ich zu Bett gegangen war. Das Futter lenkte Scarlett ab, und wenn sie satt war, schien sie vergessen zu haben, dass ich sie verlassen hatte. Sie rollte sich auf dem Wohnzimmerteppich oder in einem Schrank, den sie mochte, zusammen und schnurrte sich zufrieden in den Schlaf.

Und als Laurence anfing, die Katzen zu füttern, verstand Scarlett anscheinend, dass er eindeutig *keine* Katze war und derselben Kategorie angehörte wie ich. Mit der Zeit respektierte sie ihn auf ihre Weise. Ich will nicht behaupten, dass die beiden sich gern hatten, aber sie schien zu denken: *Ich mag dich nicht, und du magst mich nicht. Aber ich nehme dein Futter an und lasse dich in Ruhe.* Offenbar fand sie, Laurence müsse ihr dankbar für dieses Zugeständnis sein, und wie jeder Katzenbesitzer Ihnen bestätigen wird, hatte sie recht damit.

Homer unterschied sich natürlich von Scarlett so sehr, wie das bei Katzen nur möglich war. Er war immer zu neuen Freundschaften bereit. Doch zum ersten Mal in seinem Leben hatte er vor jemandem Angst – und dieser Jemand war Laurence.

Ich glaube, das lag zum Teil an Laurences lauten, dröhnendem Bariton. Seine Stimme war einer der Vorzüge, die ich an ihm liebte, aber für Homer klang sie wohl wie die Donnerstimme Gottes, denn seine Ohren waren viel empfindlicher als die aller anderen in der Wohnung.

Außerdem war Laurence der erste Mensch, der geraume Zeit mit Homer verbracht hatte, ohne sich mit ihm anfreunden zu wollen. Alle anderen hatten keine Mühe gescheut und wollten Freunde der »armen kleinen« blinden Katze sein. Unter den Menschen, die ich zu einem Teil meines Lebens gemacht hatte, war Laurence der Einzige, der die Katzen zwar zu ihren Bedingungen akzeptierte, aber nicht bereit war, ihnen entgegenzukommen. Er ließ sich beispielsweise nicht auf alle viere nieder, um Homer auf dessen Ebene kennenzulernen. Er dachte sich keine Spiele aus, die ihm und Homer hätten gefallen können. Und er entzog sich dem »Einführungsritual«, das Homer verlangte, bevor er sich von einem neuen Menschen streicheln ließ. Laurence war es egal, ob er Homer streichelte oder nicht. Hätte Homer es gewünscht, wäre Laurence gern darauf eingegangen, aber wenn Homer seine Ruhe haben wollte, war es Laurence ebenfalls recht.

Im Grunde schätzte ich diese Eigenschaft bei Laurence. Er wollte weder sich selbst noch mir noch anderen Leuten beweisen, dass er ein guter Mensch war, weil er ein »besonderes« Verhältnis zu meiner »besonderen« Katze hatte. Laurence hielt Homer nicht einmal für blind, denn als er sah, wie mühelos und energisch Homer herumstreifte, akzeptiert er es als Tatsache, dass Homer im Wesentlichen wie jede andere Katze war. Er war sogar der erste und einzige Mensch, der genau das tat, was ich von allen anderen immer verlangt hatte. Er behandelte Homer so, als wäre er ganz normal.

Homer hingegen konnte nicht verstehen, warum diese Person sich keine Mühe gab, sein Freund zu werden. Homer glaubte, Menschen seien nur dafür da, mit ihm zu spielen, und wenn jemand dazu nicht bereit war, musste er ihn für feindselig halten. Darum lief er in diesen ersten paar Monaten verängstigt weg, wenn Laurence sich ihm näherte. Es zerriss mir das Herz, wenn ich sah, dass der tapfere, unerschütterlich optimistische Homer sich nach all diesen Jahren doch noch vor jemandem fürchtete.

Ich glaube, Homer hatte nur dann keine Angst vor Laurence, wenn dieser in der Küche war. Die beiden hatten eine ähnliche Vorliebe für Truthahnscheiben aus dem Feinkostgeschäft, und wenn Homer hörte, dass Laurence den Kühlschrank öffnete, um sich ein Sandwich zu machen, kam er angerannt, egal, wo er sich gerade aufhielt. Dann legte sich seine Furcht vorübergehend. Er senkte seine Krallen in Laurences Hosenbein und kletterte wie auf einer Strickleiter nach oben auf die Küchentheke, wo er den Kopf ganz im Wachspapier vergrub, in das die Truthahnscheiben verpackt waren, um wenigstens ein kleines Stück zu ergattern.

Laurence traute sich nicht, Homer von seinem Bein zu pflücken, aber er traute sich auch nicht, ihn wegzuschubsen oder auf den Boden zu setzen. Deshalb bekam Homer oft mehr Truthahn ab als er selbst. Das ging so weit, dass Laurence, wenn er sich ein Sandwich machen wollte, zuerst zum Spültisch ging und den Hahn voll aufdrehte, um das Öffnen der Kühlschranktür zu übertönen. Dann schlich er sich mit dem Truthahn und dem Brot in sein Badezimmer, schloss die Tür und drehte dort den Hahn auf. Es war eine raffinierte und erfolgreiche Methode, Homer vom Truthahn fernzuhalten. Aber es war wohl kaum eine angenehme Methode, belegte Brote zu machen.

»Das ist doch kein Leben«, sagte Laurence einmal.

Nein, das war es nicht. Aber Laurence war ein erwachsener Mann, Homer kannte das Wort *Nein,* und ich sah keinen vernünftigen Grund für das ganze Theater. »Homer weiß genau, was das Wort *Nein* bedeutet«, erklärte ich Laurence, »und du musst dir angewöhnen, es auszusprechen. »Dann fügte ich hinzu: »Für Homer ist es ebenso frustrierend wie für dich. Er versteht nicht, warum du nicht *Nein* sagst, ihm aber auch keinen Truthahn gibst.«

Natürlich wusste ich, dass Homer im Unrecht war, und mein klares *»Nein! Nein, Homer!«,* das keinen Widerspruch duldete, brachte ihn oft zur Räson. Aber ich war nicht immer da. Laurence und die Katzen mussten in gewissem Umfang auch allein miteinander auskommen.

Trotzdem gab es Tage, an denen ich ein so schlechtes Gewissen hatte, dass ich nicht wusste, was ich tun sollte. Niemand war glücklich – nicht die Katzen, nicht Laurence und bestimmt nicht ich, die Ursache des ganzen Schlamassels. »Du und Laurence liebt einander«, sagte Andrea, als ich sie um Rat fragte. »Ja, es ist schwer für ihn und die Katzen. Aber was kannst du dagegen tun? Sie müssen sich erst noch aneinander gewöhnen. Laurence will trotzdem lieber mit dir leben als ohne dich.«

Vielleicht. An manchen Tagen war ich mir nicht so sicher.

Leider war der Truthahn nur die Spitze des Anpassungseisberges. Homer war »schwatzhaft« wie immer – er war bei Weitem die gesprächigste meiner Katzen –, und wenn er wach war, unterhielt er sich ständig mit mir. Er miaute immer noch *Los, spielen wir!* oder *Ich habe schon lange keinen Thunfisch mehr bekommen* oder *Warum kümmerst du dich nicht um mich?* »Was ist los mit dieser Katze?«, fragte Laurence dann erschöpft und spulte seinen Film zum dritten Mal zurück, weil er mehrere Minuten eines Dialogs verpasst hatte.

Andererseits war es fast so unangenehm, wenn Homer sich still verhielt. Manchmal stand Laurence mitten in der Nacht auf und ging ins Bad. Dann taumelte er mit halb geschlossenen Augen den Flur entlang, der ihm so vertraut war, dass er sich blind darin zurechtfand. Nun aber konnte ich beinahe sicher sein, seine Schulter hart gegen eine Wand prallen zu hören, gefolgt von einem lauten »*Verdammt!*« und dem erschrockenen *tipp, tipp, tipp* von Katzenpfoten, wenn Homer durch den Flur huschte. Er schlief gern im Flur, und er kam nie auf die Idee, Laurence mit einem *Miau* zu warnen. Leider war er im Dunkeln nicht zu sehen, und Laurence stolperte spätnachts immer wieder über ihn. Homer konnte nicht zwischen einem taghellen und einem finsteren Gang unterscheiden. Er wusste nur, dass Laurence manchmal über ihn stolperte und manchmal nicht, aus rätselhaften Gründen und unvorhersehbar. Laurence »Tritte« (natürlich trat er Homer nie absichtlich) und sein Aufschrei bestätigten nur, was Homer bereits vermutetet: dass Laurence ihn nicht mochte. Laurence war davon überzeugt, dass Homer aus bloßer Sturheit im Flur schlief, weil er genau wusste, dass Laurence über ihn stolpern würde. Ich kaufte ein paar Nachtlichter für den Flur. Das schien zu helfen, aber der Waffenstillstand, den ich dadurch herbeiführte, war bestenfalls brüchig.

Obwohl Homer sich scheu verhielt, wenn Laurence in der Nähe war, blieb er ein Schelm, und in der neuen Wohnung winkten ihm endlose Abenteuer. Nichts liebte er mehr, als Ordnung in Chaos zu verwandeln, und es gab so vieles zu erklettern und zu erforschen, mehr als in dem Einzimmerapartment, in dem wir so lange gewohnt hatten. Laurence und ich konnten Homer nicht davon abhalten, Bücherregale oder den DVD-Player zu besteigen und Berge von säuberlich geordneten Büchern und DVDs auf den Boden zu werfen. Besonders gnadenlos ging er mit den Schränken um, in denen Laurence Schachteln mit Zeitungen, Fotos, Plakaten, Zündholzheftchen und Briefen von Freunden in Übersee aufbewahrte. Der sorgsam konservierte Geruch von 40 Jahren lockte Homer an wie Sirenengesang. Laurence hatte einen großen Teil seines … Mülls … weggeworfen, um Platz für mich zu schaffen. Trotzdem war noch eine unglaubliche Menge übrig. Es gab so viel Zeug hier, mit dem man spielen konnte! Wie hatte Homer jemals ohne den ganzen Kram glücklich und erfüllt leben können?

Er pflegte zu warten, bis niemand in der Nähe war. Dann schob er eine Schranktür mit einer Pfote auf, sodass er die

Schachteln schonungslos plündern konnte. Er zog Papiere und Dinge aller Art heraus, kaute darauf herum, warf sie in die Luft oder zerfetzte sie mit den Krallen, je nachdem, worauf er gerade Lust hatte. Ich weiß nicht mehr, wie oft Laurence und ich abends eine Wohnung vorfanden, die wie der Schauplatz eines Verbrechens aussah. Ein Wirbelsturm schien alte College-Zeugnisse und herumgereichte Zettel aus der Highschool im ganzen Wohnzimmer verstreut zu haben, und mittendrin hockte Homer und wandte unseren vorwurfsvollen Gesichtern sein unschuldiges Gesicht zu, als wolle er sagen: *»Hallo, Leute! Seht mal, was ich gefunden habe!*

Ich kaufte Zwirn, und wir banden die Schranktüren damit zu (es hatte mich nie besonders gestört, wenn Homer in meine Schränke eindrang). Wir dachten uns komplizierte Knoten aus, die Homer schließlich doch an seinen Missetaten hinderten. Aber wenn Laurence zum Beispiel rasch eine Zeitschrift herausholen wollte, für die er 1992 einen Artikel geschrieben hatte, fummelte er ungeduldig an den Knoten herum und presste in angespannter Stille, die Bände sprach, die Lippen zusammen.

Trotz all der neuen Dinge blieb Homer ein Gewohnheitstier. Er wollte immer noch ständig auf mir oder eng neben mir sitzen, und es musste immer noch auf der linken Seite sein. Wenn Laurence zufällig links von mir auf dem Sofa saß, irrte Homer in der Wohnung herum und »klagte«, so laut seine Lungen es zuließen. Wie ein blinder Mensch – der zwischen einer Dose Erbsen und einer Suppendose unterscheiden kann, weil beide immer genau am gleichen Platz stehen – fand sich Homer, so neugierig und abenteuerlustig er auch sein mochte, in seiner Umwelt zurecht, weil manche Ereignisse immer nach genau dem gleichen Schema abliefen. Homer wusste, wo er sein sollte und was er tun sollte, weil er wusste, wo ich war und was ich tat. Wenn ich auf dem Sofa saß, musste er links von mir sitzen, und wenn das nicht ging, war seine Welt nicht in Ordnung. Aber Laurence verstand nicht, warum ich darauf beharrte, die Plätze zu tauschen, damit meine linke Seite frei blieb. In einer Dreizimmerwohnung war doch wohl so viel Platz, dass jeder sitzen konnte, wo zum Teufel er sitzen wollte, ohne dass andere aufspringen und die Plätze tauschen mussten! Im Ernst – wo war das Problem?

Aber damit nicht genug. Scarlett war nicht die Einzige, die nachts vor der Schlafzimmertür Katzenmusik veranstaltete. Homer wollte sich von Laurence ebenfalls nicht aus meinem Bett verdrängen lassen, und wenn es um seine Rechte ging, war er hartnäckiger als sie. Auch er schrie also in der Nacht an der Tür, doch im Gegensatz zu Scarlett jammerte er, wann immer ich ins Zimmer ging – sei es, um nachmittags ein Nickerchen zu machen, sei es, um die Bettwäsche zu wechseln oder eine halbe Stunde lang ungestört in einem Roman zu lesen. Sobald ich morgens die Augen öffnete, hörte ich Homers tapsende Schritte im Flur, und Sekunden später schrie er an der Tür.

Das war erstaunlich, weil ich morgens nicht immer zur gleichen Zeit aufstand und auch keinen Wecker benutzte (wer so großen Wert auf Pünktlichkeit legt wie ich, wacht meist ohne Wecker rechtzeitig auf). An einem Werktag erwachte ich vielleicht morgens um fünf oder halb sechs, am Wochenende um neun oder sogar später. Aber es war nie Homer, der mich aufweckte. Erst wenn mir nach einer oder zwei Minuten bewusst wurde, dass ich wach war, hörte ich Homers Schritte, die sich dem Schlafzimmer näherten. Ich habe keine Ahnung, woher er wusste, dass ich aufgewacht war. Hörte er vielleicht, dass ich anders atmete, während er im Flur fest schlief? Obwohl Homer ein so scharfes Gehör hatte, kam mir das unwahrscheinlich vor. Aber dass er Bescheid wusste, war unbestreitbar. Innerhalb weniger Tage war meine Angewohnheit, kurz aufzuwachen und dann noch einmal für eine Stunde einzunicken, ein Ding der Vergangenheit. Es war schlimm genug, wenn Homer nachts, während Laurence noch auf war, jämmerlich vor der Tür schrie – aber es war noch schlimmer, wenn Laurence um fünf Uhr morgens von einer heulenden Katze geweckt wurde. Also grapschte ich ein Kissen und eine Decke aus dem Schrank und ging zum Sofa, wo Homer sich dann – außer sich vor Freude – an mich schmiegte, während ich eindöste, bis ich bereit war, mit meinem Tagesablauf zu beginnen.

Als ich Homer zu mir genommen hatte, überlegte ich eine Weile, ob ich ihn »Ödipus« oder kurz »Eddie« nennen sollte. Der Dichter Homer war blind, aber der tragische Held Ödipus verlor seine Augen. Doch Melissa fand, es sei gemein, ein augenloses Kätzchen Ödipus zu taufen (obwohl sie es für eine gute Idee gehalten hatte, ihn »Socket« zu nennen). Darum hatte ich diesen Gedanken fallen lassen.

Trotzdem hatte ich es jetzt mit einem »umgekehrten Ödipus« zu tun. Er hatte seine Mutter ganz für sich allein gehabt, und nun war aus dem Nichts diese Vaterfigur aufgetaucht und versuchte, ihm seine Mutter wegzunehmen. Ich begann daran zu zweifeln, dass ich die Kluft zwischen den beiden jemals würde überbrücken können.

Erstaunlicherweise brachte Vashti die Rettung und löste alle meine Probleme – ausgerechnet Vashti, die nie aggressiv war (allenfalls passiv-aggressiv), nie die Krallen benutzte, nie ihre Stimme erhob und nie ihren Kopf durchsetzen wollte. Sie wählte dafür die einfachste Methode, die man sich vorstellen kann: Sie sah Laurence an und verliebte sich tief, hoffnungslos und unwiderruflich in ihn.

Vashti war mit Männern stets besser ausgekommen als mit Frauen (abgesehen von mir natürlich). Sie ließ sich gern streicheln, mochte Koseworte und hatte nichts dagegen, wenn man ihr sagte, wie hübsch sie sei. Am meisten freute sie sich, wenn diese Zuwendung von einem Mann ausging. Doch alle Männer, die zu uns kamen, hatten nur Augen für Homer gehabt, und es lag Vashti nicht, sich jemandem aufzudrängen.

Jetzt war da ein Mann, der sich, wie Vashti scharfsinnig mutmaßte, anscheinend überhaupt nicht für Homer interessierte. Gewiss, er schien sich für keine Katze zu interessieren, aber vielleicht hatte sie doch eine Chance bei ihm.

Sie sprang nicht sofort auf seinen Schoß. Aber wenn die beiden anderen Katzen nicht in der Nähe waren – und da wir jetzt in einer so großen Wohnung lebten, war Vashti wie durch ein Wunder bisweilen mit uns allein –, hüpfte sie auf meinen Schoß und bestand darauf, sanft und süß, dass ich sie streichelte. Sie versuchte nicht, Laurence ebenfalls dazu zu bewegen. Aber wenn ich sie streichelte, schaute sie ihn mit herzerweichender Bewunderung an. *Es war genau die Art von Blick,* dachte ich oft, *den Männer eines Tages in die Augen einer schönen Frau sehen wollen, und den sie in ihren Tagträumen vorwegnehmen. Siehst du, dass ich viel netter bin als die beiden dort?«,* schien Vashti zu sagen. *Und ich mag dich sooo viel mehr, als sie dich je mögen werden.*

Vashti faszinierte Laurence. Manchmal ertappte ich ihn dabei, wie er sie mit fast dem gleichen Blick ansah. »Sie ist wirklich schön, nicht?«, sagte er oft. »Sie hat ein perfektes kleines

Gesicht. Ich glaube nicht, dass ich je eine so schöne Katze gesehen habe.«

Ich weiß nicht genau, wie es dann weiterging und wer den ersten Schritt tat. Aber eines Abends kam ich nach Hause und sah Vashti auf dem Schoß von Laurence sitzen. Er streichelte sie und sagte: »Du bist ein hübsches Mädchen, nicht wahr? Bist du nicht ein hübsches, hübsches Mädchen?«

Er hörte auf zu schmeicheln, als er mich sah – aber Vashti blieb fast eine Stunde lang auf seinem Schoß. Ein andermal kam ich aus der Dusche und traf Laurence beim Frühstück an. »Laurence!«, sagte ich. »Weißt du, wie lange ich gebraucht habe, ihnen beizubringen, dass sie am Tisch nicht betteln dürfen?«

Laurence sah schuldbewusst aus. »Aber sie ist so hübsch, und sie mag mich.«

Nun ja, Laurence war nicht der erste betörte Mann, der sich so herausredete.

Als die Monate vergingen und Laurence immer zugänglicher wurde, blühte Vashti auf. Sie schien ihre zweite Kindheit zu erleben und war verspielt wie seit Jahren nicht mehr. Sie flitzte durch die Wohnung – aber nie wild, weil sie immer eine Lady blieb –, schlug allerdings heftig auf alles ein, was irgendwo herabhing, oder brachte Laurence Papierschnitzel, damit er sie ihr zuwarf. Das hatte sie mit mir zum letzten Mal gemacht, als sie ein paar Monate alt gewesen war. Sie pflegte sich jetzt auffallend gründlich und duldete nicht einmal die winzigsten Fussel in ihrem langen weißen Pelz. Und sie quiekte wütend und eifersüchtig, wenn sie mich und Laurence bei Zärtlichkeiten erwischte. Dann kam sie angerannt und tätschelte ihm das Bein, als wolle sie sagen: *He, hast du vergessen, dass ich hier bin?* Laurence hatte enormen Spaß daran und inszenierte oft ein kunstvolles

Schauspiel: In der Hoffnung, die entrüstete Vashti werde uns eine Szene machen, umarmte und küsste er mich, während sie zusah.

»Du hast ja keine Ahnung, wie sehr es mir gefällt, wenn du mich benutzt, um die Katze eifersüchtig zu machen«, sagte ich.

Scarlett und Homer waren immer noch lieber mit mir allein, aber Vashti war nie glücklicher gewesen. Davon war ich so angetan, dass ich Laurence noch ein bisschen mehr liebte.

»Sie haben alle ihre eigene Persönlichkeit, meinst du nicht?«, bemerkte Laurence einmal. »Ich wusste, dass jeder Hund seinen eigenen Charakter hat. Aber bei Katzen ist mir das nie aufgefallen. Ich glaube, das ist der Grund, warum ich sie früher nie mochte.«

Ich war ein winziges bisschen verblüfft. Wie konnte jemand übersehen, dass Katzen *selbstverständlich* Individuen sind? Wie Laurence war ich mit Hunden aufgewachsen, doch wenn ich eine Katze mit nach Hause gebracht hatte, war mir immer klar gewesen, dass sie anders war als andere Katzen.

Aber wenn Laurence diese Erleuchtung brauchte, um mit den Katzen warm zu werden, sollte es mir recht sein.

Es dauerte nicht lange, bis Laurence nicht nur die Unterschiede zwischen den Katzen bemerkte, sondern sie sogar widerstrebend respektierte. »Ich kann Scarlett verstehen«, meinte er eines Tages. »Sie will einfach ihre Ruhe haben, und dafür habe ich Verständnis. »Als Mann, der fast 20 Jahre lang bewusst allein gelebt hatte, konnte er so etwas natürlich verstehen.

Und als er zum ersten Mal sah, wie Homer anderthalb Meter in die Luft sprang und eine Fliege fing, war er außer sich vor Bewunderung. »Du meine Güte, schau dir diese Katze an!«, rief er. Er war derart beeindruckt, dass er in die Küche lief und ein wenig Truthahn holte, um Homer zu belohnen. »Das ist eine Katze, die weiß, wie man sich bewegt. Ist dir schon aufgefallen, dass er viel geschmeidiger und eleganter geht als andere Katzen?«

Ob mir das aufgefallen ist? Soll das ein Witz sein?

Laurence kaufte verschiedene Arten Maschendraht, damit Homer ungefährdet auf den Balkon gehen konnte. Er hatte beobachtet, dass Homer sehnsüchtig an der Schiebetür stand, wenn wir Scarlett und Vashti gelegentlich hinausließen. (Ich hatte mich jahrelang unwohl dabei gefühlt. Einerseits wollte ich den Katzendamen die Ausflüge ins Freie nicht vorenthalten, andererseits hatte ich ein schlechtes Gewissen, weil ich Homer ausschließen musste.) Leider war das Balkongeländer für Homer kein ernsthaftes Hindernis. »Wenn Homer nur nicht so hoch springen könnte«, sagte Laurence in mitfühlendem und doch anerkennendem Ton. »Diese Katze kann *so hoch* springen.«

Aber Vashti blieb sein Liebling. »He, da kommt die Vashti-Katze!«, rief er fröhlich, wenn sie ein Zimmer betrat, schnurstracks auf ihn zurannte, ihm auf den Schoß sprang und ihre kleine Wange anmutig an seiner rieb.

Sein Lieblingsspitzname für sie – einzig und allein seine Erfindung – war »Vashowitz«. Er nannte sie fast immer so: »Meinst du, die Vashowitz mag diese Katzenminze?«, oder: »Ich glaube, die Vashowitz braucht einen neuen Kratzbaum, sie hat den alten regelrecht durchlöchert.«

Er verwöhnte und umschmeichelte sie derart, dass man meinen könnte, kein Mann vor ihm habe sich je wirklich in eine Katze verliebt.

Eines Tages, etwa ein Jahr, nachdem die Katzen und ich eingezogen waren, brachte Laurence eine Packung Leckerbissen, Marke Pounce, für die Katzen mit. Er wollte wohl Vashti eine

Freude machen, aber die beiden anderen kamen auch nicht zu kurz. Ich fragte mich, ob das Zeug Crack enthielt, denn ich hatte in unserer Wohnung noch nie einen derartigen Drei-Manegen-Zirkus erlebt. Sogar Scarlett setzte sich auf die Hinterbeine wie ein Erdmännchen und bettelte. *Scarlett bettelt!* Sie wollte sich immer noch nicht von Laurence berühren lassen und wich aus, wenn seine Hand ihren Kopf suchte. Aber wenn er nun abends nach Hause kam, schnurrte sie immerhin und rieb sich an seinen Knöcheln.

Laurence gewöhnte sich auch an, neben dem Pounce-Leckereien, die er für Homer gekauft hatte, mit dem Fingernagel leicht auf den Boden zu pochen, sodass Homer wusste, wo sie waren. Bald kroch Homer andauernd auf Laurence herum und schnupperte neugierig an seinen Händen und Taschen. *He, Kumpel? Hast du noch eines von diesen Leckerli?*

Und Vashti … nun ja, Vashti schmeckten die Pounces ebenfalls, aber sie liebte Laurence ohnehin. Daran änderte sich nicht viel.

Laurence drückte niemandem eine Geburtstagskarte in die Hand. Er schickte sie immer mit der Post, weil es seiner Meinung nach viel mehr Spaß machte, eine Karte unerwartet im Briefkasten zu finden, als sie in jemandes Hand zu sehen.

Am ersten Geburtstag, den ich fast ein Jahr nach meinem Einzug bei Laurence feierte, bekam ich zwei Geburtstagskarten per Post. Eine hatte Laurence unter seiner Büroanschrift geschickt. Die Adresse und die Handschrift auf dem zweiten Briefumschlag erkannte ich nicht (später erfuhr ich, dass Laurence einen Kollegen gebeten hatte, ihn zu adressieren). Als ich den Umschlag öffnete, fand ich eine Karte, mit dem Foto von drei

Kätzchen, die fast so aussahen wie Scarlett, als sie klein war. Innen auf der Karte las ich:

Alles Gute zum Geburtstag, Mama! Wir lieben dich, obwohl du uns zwingst, bei einem schrecklichen Mann zu leben.

Unterschrieben war die Karte mit »Scarlett, Vashti & Homer«. Scarlett hatte natürlich mit roter Tinte »unterzeichnet«, und neben Vashtis »Unterschrift« befand sich die Zeichnung eines kleinen Pfotenabdrucks. Das »R« in Homers Namen war seitenverkehrt, und das ganze Wort erstreckte sich über die halbe Seite. Später erklärte mir Laurence, Homers Unterschrift sei *natürlich* nicht perfekt, weil er ja blind sei.

Drei Wochen später machte Laurence mir einen Heiratsantrag. Ich sagte Ja.

Aber es dauerte noch fast zwei Jahre, bis wir verheiratet waren. Ich hatte meinen Roman unter Vertrag, und obwohl ich nicht mehr ganztägig arbeitete, musste ich den Text monatelang überarbeiten und danach noch mehr Zeit für Werbung, Interviews und Reisen opfern. Es wäre viel zu anstrengend gewesen, mitten in diesem Trubel eine Hochzeit zu planen. Also warteten wir ein Jahr, bis das Buch veröffentlicht wurde. Dann begannen wir mit den Vorbereitungen. Aber bis zum Hochzeitstag verging fast noch einmal ein Jahr.

Einige Monate, bevor wir heirateten, kam Laurences Trauzeuge Dave zum Mittagessen zu uns. Dave kannte Laurence seit dem Kindergarten und war natürlich oft in unserer Wohnung gewesen. Aber meist waren andere Leute dabei. Da Scarlett und Vashti sich zurückzogen, wenn uns mehr als drei oder vier Personen besuchten, hatte Dave bisher nur Homer kennengelernt.

Homer erinnerte sich an ihn und begrüßte ihn auf seine gewohnte freundliche, lebhafte Art. *Hallo? Willst du den Wurm für mich werfen?* Scarlett war ebenfalls dabei und lief seltsamerweise nicht weg, um sich zu verstecken. Ich befand mich auf der anderen Seite des Zimmers, als ich sah, dass Dave sie streicheln wollte. »Nein – tu's nicht!«, schrie ich. Zu spät. Daves Hand lag bereits auf ihrem Kopf.

Ich bereitete mich auf das Schlimmste vor und überlegte schon, ob wir noch Pflaster in der Hausapotheke hatten, als ich etwas erlebte, womit ich niemals gerechnet hätte. Scarlett schmiegte den Kopf zärtlich an Daves Hand! Laurence und ich warfen einander erstaunte Blicke zu, dann starrten wir Scarlett an, als hätte sie soeben einen Monolog aus *Hamlet* vorgetragen.

Dave merkte nichts von unserer Verblüffung. Er drehte sich zu Laurence um und fragte: »Übrigens, welches ist eure böse Katze?«

23 VORZEICHEN DER UNSTERBLICHKEIT

Nie war jemand so vom Glück begünstigt wie du,
und niemand wird es je sein, denn wir alle verehren dich.
Homer, *Odyssee*

Sieben Wochen vor der Hochzeit hörte Homer auf zu fressen.

In den letzten Monaten hatte ich den Katzen keinerlei Trockenfutter mehr gegeben, weil Vashtis empfindliches Verdauungssystem – das im Laufe der Jahre noch anfälliger geworden war – es nicht mehr vertrug. Alle drei Katzen waren begeistert von ihrem neuen Speiseplan, besonders Homer, dem das »Fleisch für Menschen« stets besser geschmeckt hatte als den anderen beiden.

Zunächst machte ich mir keine Sorgen, als Homer sich eines Morgens nicht an seinen Schwestern vorbei zum Futternapf drängte, wie er es zuvor immer getan hatte. Nun näherte er sich dem Napf halbherzig, beschnupperte ihn einige Male und zottelte dann fort. Das war ungewöhnlich für ihn, aber ich war seit mehr als zehn Jahren »Katzenmutter« und hatte gelernt, mich über solche Vorkommnisse nicht aufzuregen. Vielleicht hatte er das Aroma einfach satt. Homer war zwar nie pingelig gewesen, aber er wurde allmählich älter – es war so schwer zu glauben, dass er schon elf war! –, und ich wusste, dass manche Katzen im Alter wählerischer werden. Oder war er einfach nicht hungrig? Es gibt kein Gesetz, das einer Katze vorschreibt, jeden Tag zur gleichen Zeit genau die gleiche Menge des gleichen Futters zu fressen. Ich nahm mir vor, den Katzen in einigen Stunden ein Mittagsmahl zu servieren. Dann studierte ich die Angebote und Preise von Lichtdesignern für die Hochzeit.

Als ich den Napf kurz nach eins erneut füllte, diesmal mit einer anderen Futtersorte, weigerte sich Homer wieder zu fressen. Er kam etwas schwerfällig ins Zimmer, beschnupperte das Futter wie schon am Morgen und scharrte neben dem Napf auf dem Boden, so wie er es normalerweise in der Katzentoilette tat.

War mit dem Futter etwas nicht in Ordnung? Vor einiger Zeit hatten sich Haustierbesitzer große Sorgen gemacht, weil in mehreren beliebten Futtermarken giftige Substanzen entdeckt worden waren. Wir waren nicht unmittelbar betroffen gewesen, weil ich wegen Vashtis Allergie und wegen ihrer Darmentzündung seit Längerem ein Spezialfutter kaufte. Aber vielleicht war dieses Futter mit Salmonellen oder Kolibakterien verseucht. Homers Geruchssinn war viel schärfer als der seiner Schwestern, und sein Verhalten schien darauf hinzudeuten, dass ihm ein Geruch nicht gefiel. Möglicherweise witterte er eine Gefahr, die Scarlett und Vashti entgangen war.

Ich nahm alle drei Keramikgefäße weg (obwohl Vashti laut protestierte), leerte sie aus, schrubbte sie gründlich und reinigte sie zweimal im Geschirrspüler. Zwischendurch lief ich in die zwei Straßen entfernte Tierhandlung und kaufte mehrere Dosen Biofutter der Marke Newman's Own. Sie kosteten mehr, als mir lieb war (*He, der Reingewinn wird für gute Zwecke gespendet*, schalt ich mich selbst), aber ich hatte noch nie etwas Negatives über diese Produkte gehört oder gelesen.

Das Futter war neu, und die Näpfe waren steril wie nie zuvor.

Um ganz sicherzugehen, holte ich dennoch drei kleine Schalen, wie Laurence und ich sie benutzten, verteilte das Futter darin und stellte es den Katzen hin.

Diesmal machte sich Homer nicht einmal die Mühe, ins Zimmer zu kommen. Er saß mitten im Flur, während die beiden anderen Katzen an ihm vorbeiliefen. Eine oder zwei Minuten lang schien er nachzudenken, dann trottete er wie ein alter Mann in die entgegengesetzte Richtung, legte sich auf dem Wohnzimmerteppich in die Sonne und bedeckte sein Gesicht sorgfältig mit den Vorderpfoten.

Ich war immer noch entschlossen, nicht in Panik zu geraten, doch nun war ich definitiv besorgt. Mir fiel ein, dass Homer an diesem Tag kein einziges Mal verspielt herumgestreift war. Seit Tagesanbruch war er nur ein paarmal im Flur hin- und hergegangen, oder er hatte geschlafen. Sein Mangel an Energie ließ sich darauf zurückführen, dass er nichts gefressen hatte – ich war ebenfalls nicht sehr munter, wenn ich Mahlzeiten auslassen musste –, aber die Frage war natürlich: Warum fraß er nichts?

Als letzte Rettung rannte ich noch einmal hinaus, diesmal in das kleine Lebensmittelgeschäft auf der anderen Straßenseite, und kaufte eine Schachtel Trockenfutter. Vielleicht hatte Homer plötzlich keine Lust mehr auf Feuchtfutter, er hatte das trockene ja immer mit Begeisterung verdrückt. Ich gehöre zu den Menschen, die zwei Jahre lang das gleiche Frühstück essen können und eines Morgens lieber verhungern würden, als dieses Zeug noch ein einziges Mal in den Mund zu nehmen. Es war durchaus denkbar, dass es Homer ähnlich ging. Da er den ganzen Tag nichts gefressen hatte, kaufte ich eine Schachtel Kitten Chow, denn ich nahm an, das werde er leichter hinunterkriegen als das Futter für ausgewachsene Katzen.

Ich schloss Scarlett und Vashti im Schlafzimmer ein, damit Homer in Ruhe fressen konnte. Dann schüttete ich etwas Trockenfutter in eine kleine Schale, setzte mich neben Homer auf den Teppich und streichelte ihm den Rücken. »Komm schon, Kleiner«, lockte ich ihn. »Mach deine Mama glücklich und iss ein wenig.«

Homer stand unsicher auf, senkte den Kopf und begann, am Trockenfutter zu knabbern. Er fraß mit wenig Begeisterung, aber er fraß. Erst als ich zusah, wie er seinen ersten winzigen Bissen schluckte und sich dann den zweiten holte, wurde mir bewusst, wie besorgt ich gewesen war. Allerdings: Wenn Homer wirklich kein Feuchtfutter mehr mochte und Vashti kein Trockenfutter fressen konnte, würde aus der Fütterung eine verzwickte Prozedur werden – ein Albtraum. Trotzdem war ich so froh, Homer fressen zu sehen, dass mir dieses Szenario eher komisch als mühselig vorkam. *Katzen!,* dachte ich. *Er glaubt wohl, mein Leben drehe sich um seine Leibspeisen.*

Ich lachte und sagte gutmütig-vorwurfsvoll zu Homer: »Dummer Kater! Du hast mir Angst eingejagt!« Ich gab ihm eine kleine Schale Wasser, und nachdem er kurz daran genippt hatte, nahm ich ihm das Futter und das Wasser weg. Ich wollte nicht, dass er auf leeren Magen zu viel fraß und trank, womöglich musste er sich sonst übergeben.

Nachdem ich das Futter im Kühlschrank verstaut hatte, ließ ich die zwei anderen Katzen aus dem Schlafzimmer und setzte mich aufs Sofa. Homer kroch mir nach. Er bewegte sich langsam und bewusst und rieb seinen Kopf an meinem Kinn, ehe er sich in meinen Schoß kauerte. Er schnurrte zwar, aber nur schwach. »Der arme Kerl«, sagte ich zu Laurence, als er an diesem Abend nach Hause kam, »hat schon den ganzen Tag Bauchweh.«

Homer bewegte sich an diesem Abend nicht mehr viel. Aber wann immer er halb wach zu sein schien, lief ich zum Kühlschrank und holte Trockenfutter und Wasser. Er fraß und trank zwar nicht so genüsslich, wie ich es gern gesehen hätte, aber es reichte, um meine schlimmsten Befürchtungen zu lindern. Offenbar hatten seine Selbstheilungskräfte mit ihrer Arbeit begonnen.

»Du bist so gut zu ihm«, sagte Laurence mit ungewöhnlich sanfter Miene. So sah er manchmal aus, wenn wir Freunde besuchten, die eben ein Baby bekommen hatten, und ich das Neugeborene in die Arme nahm. Dann beugte Laurence sich vor, küsste mich auf die Wange, während ich das Kleine wiegte, und murmelte: »Das steht dir gut.«

»Ich liebe ihn«, sagte ich zu Laurence. »Darum bin ich gut zu ihm.«

An diesem Abend ging ich wie so oft vor Laurence schlafen. Darum bat ich ihn, Homer im Auge zu behalten. Als Laurence ein paar Stunden später ins Bett kroch, setzte ich mich müde auf und fragte, wie es Homer gehe. »Ich habe ihm noch ein wenig Trockenfutter gegeben, als die beiden anderen nicht zusahen«, sagte Laurence. »Ich glaube, es geht ihm gut. Er schläft jetzt in einem Schrank.«

In einem Schrank? Homer schlief nie in Schränken. Scarlett und Vashti vergruben sich manchmal gern tief in einen Schrank, sodass niemand sie fand, und dösten. Aber Homer hatte einen harten Tag hinter sich. Wenn er eine Weile allein sein wollte, konnte ich das verstehen.

Am nächsten Morgen wollte Homer gar nichts fressen, nicht einmal Trockenfutter. Nachdem Scarlett und Vashti sich gesättigt hatten, verließ Homer seine kleine Höhle im Schrank gerade lange genug, um ins Badezimmer zu wanken. Sein Gang gefiel mir nicht. Seine Schritte waren zögernd, und er stieß mit dem Kopf immer wieder an Wände und Möbel. So hatte ich ihn noch nie gesehen. Er ging, als wäre er …

Als wäre er blind, dachte ich grimmig.

Homer torkelte in diesem verwirrten Zustand ins Schlafzimmer, kletterte langsam an der Seite des Bettes hinauf und rollte sich auf einem Kissen zusammen. Ich setzte mich neben ihn und streichelte ihm den Rücken. Homer hatte immer – *immer* – darauf reagiert, wenn ich ihn berührte. Er hatte geschnurrt oder sich an meine Hand geschmiegt oder den Kopf gehoben, damit ich ihn unter dem Kinn kratzen konnte. Nun aber rührte er sich nicht. Nicht einmal ein Muskel zuckte.

»Homer?«, sagte ich. Einerlei, wie tief er schlief, er spitzte immer zumindest ein Ohr, wenn er seinen Namen hörte. Aber diesmal reagierte er überhaupt nicht. Es war, als wäre mein Homer, die Katze, die ich mehr als ein Jahrzehnt lang gekannt und geliebt hatte, irgendwo in dieser Hülle von einer Katze gefangen, die jetzt neben mir auf dem Bett lag.

Dies ging über die Symptome eines schlechten Tages oder einer Magenverstimmung hinaus. Sofort rief ich in meiner Tierarztpraxis an. Der Arzt war gerade mit anderen Patienten beschäftigt, wollte mich aber zurückrufen. Ich hinterließ meine Telefonnummer. In der Zwischenzeit konnte ich nichts tun, als auf- und abzugehen und zu warten. Das tat ich fast den ganzen Morgen lang.

Ich hatte keine Ahnung, was für diese drastische Verhaltensänderung bei Homer verantwortlich sein konnte. Gegen Mittag rief ich erneut den Tierarzt an, und wieder blieb der Rückruf aus. Darum beschloss ich, Google zu konsultieren. Ich war sicher, dass es eine absolut harmlose Erklärung für Homers Unpässlichkeit gab, und das kollektive Wissen der Online-Gemeinschaft würde sie mir enthüllen. Also setzte ich mich an meinen Computer und gab den Satz »Katze frisst nicht mehr« ein.

Hier ist ein Tipp für alle Katzenbesitzer. Ich hoffe, Sie nehmen diesen Rat sehr ernst, denn er ist wichtig: Sollte Ihre Katze eines Tages zu fressen aufhören, tun Sie sich selbst einen Gefallen und googeln Sie diesen Satz *nicht*. Ich meine, was ich sage. Vielleicht geraten Sie in Versuchung, es zu tun – aber ich rate ihnen *dringend* davon ab, denn … *o mein Gott!*

Die Liste der Beschwerden, die zu diesem Symptom passten, war ebenso lang wie erschreckend: Nierenversagen, Leberversagen, Magenkrebs, Dickdarmkrebs, Leukämie, Lungenentzündung, Tumore, Gehirntumore, ein Schlaganfall, ein bevorstehender Schlaganfall und so weiter, und so weiter. Die einzige harmlose Erklärung – Zahn- oder Zahnfleischentzündung – war zugleich die Einzige, die ich selbst ausschließen konnte. Homer hatte am Abend zuvor das knackigere Trockenfutter gefressen, nachdem er das weichere Feuchtfutter verschmäht hatte. Außerdem konnte ich in seinem Mund keinen Abszess und keine Anzeichen für eine Entzündung finden. Dass Homer mir erlaubte, in seinem Mund herumzusuchen, ohne ungeduldig zu zappeln, bestätigte ebenfalls, dass hier mehr als eine Zahnentzündung im Spiel war.

Etwa auf Seite drei der Suchergebnisse stieß ich auf Geschichten von Leuten, deren Katzen eines Tages aufgehört hatten zu fressen und am nächsten Tag tot umgefallen waren. An diesem Punkt stieg ich aus. Ich rief noch einmal in der Praxis an, und diesmal bestand ich darauf, mit dem Tierarzt zu sprechen.

»Vorher lege ich nicht auf«, sagte ich mit erstickter Stimme zur Arzthelferin. »Es ist mir egal, wie lange es dauert.«

Allmählich machte ich mich unbeliebt, aber der Arzt meldete sich tatsächlich ein paar Minuten später und stellte geduldig seine Fragen. Ich versuchte, ebenso ruhig und klar zu antworten. Nein, ich hatte kein Blut im Stuhl oder Urin bemerkt. Nein, die anderen Katzen zeigten keine ungewöhnlichen Symptome oder Verhaltensweisen. Ja, alles war offenbar ganz plötzlich gekommen – nur zwei Tage zuvor war Homer noch ausgelassen wie ein Katzenkind gewesen. Ich wusste, dass er am Abend zuvor ein wenig gefressen und getrunken hatte, aber an diesem Tag hatte er mit Sicherheit nichts gefressen, und ich wusste nicht, ob er etwas getrunken hatte.

Zum Schluss bat mich der Arzt, Homer knapp oberhalb der Schulterblätter in die Haut zu zwicken. Ich führte diesen seltsamen Test aus und berichtete, die Haut sei fast sofort wieder glatt geworden, sie sei allerdings nicht sehr elastisch. »Das bedeutet, dass er noch nicht zu sehr dehydriert ist«, erklärte der Tierarzt. »Wäre die Haut nicht zurückgeschnellt, hätte ich Ihnen geraten, ihn herzubringen, damit wir ihn an einen Tropf hängen. Ich glaube, heute hält er noch durch, aber ich möchte, dass Sie ihn gleich morgen früh zu uns bringen. Wenn eine Katze zu lange nicht frisst, droht ein Leberschaden.«

Laurence kam mit Truthahnscheiben, Thunfisch in Dosen und Räucherlachs von der Arbeit zurück – das alles fraß Homer besonders gern. Aber er blieb gleichgültig. Ich riss das Packpapier auf und öffnete die Dose, aber die Geräusche lockten nicht das vertraute Tippeln im Flur hervor. Scarlett und Vashti folgten mir erwartungsvoll ins zweite Schlafzimmer und warteten auf ihren Anteil an den Leckerbissen. Scarlett kletterte aufs Bett und beäugte Homer misstrauisch, während sie das Futter in meiner Hand beschnupperte, das Homer gar nicht beachtete. Er hob nicht einmal den Kopf. *Willst du mich denn nicht ärgern?*, schien sie zu fragen. *Ist das etwa ein Trick?* Homer hatte sich sonst immer derart ungestüm auf Truthahn und Thunfisch gestürzt, dass Scarlett verwundert war. In seiner Aufregung hatte er die beiden anderen sonst rücksichtslos weggeschubst.

Jetzt lag er regungslos da. Hätte ich nicht gesehen, dass sein Brustkorb sich leicht hob und senkte, wäre ich nicht sicher gewesen, ob er noch lebte.

In dieser Nacht schlief ich mit Homer im anderen Schlafzimmer – obwohl »schlafen« nicht ganz das richtige Wort ist, denn ich blieb fast die ganze Zeit hellwach. Ich legte mich auf die Seite, und Homer schmiegte sich an meine Hüfte, als bekomme er mitten im Juli nicht genug Wärme. Ich kuschelte meine Wange an seinen Kopf, umschlang ihn mit den Armen und flüsterte: »Bald geht es dir wieder besser, Kleiner. Du wirst schon sehen. Morgen sorgt der Arzt dafür, dass es dir besser geht.«

Homer sträubte sich nicht, als ich ihn am nächsten Morgen in seine Trägerbox setzte. Ich wäre hocherfreut gewesen, wenn er es getan hätte. Er war immer klein gewesen, aber an diesem Tag sah er erschreckend mager aus. Ich spürte die Knochen seiner Wirbelsäule durch die Haut, als ich ihn aufhob. Zum ersten Mal war ich fast dankbar dafür, dass Homer keine Augen hatte. Ich glaube nicht, dass ich den stummen Schmerz ertragen hätte, der sicherlich in ihnen zu sehen gewesen wäre. »Guter Junge«, murmelte ich, als ich die Box verschloss. Auch im Taxi sprach ich ihm mit leiser, tröstender Stimme Mut zu. »Gutes Kätzchen. Guter Junge.«

Im Untersuchungszimmer hatten der Tierarzt und ich eine

kleine Auseinandersetzung. Er wollte mich ins Wartezimmer schicken, während er Homer untersuchte, und das kam für mich nicht infrage. Bei Scarlett oder Vashti hätte ich vielleicht eingewilligt, aber Homer – krank und schwach, wie er eindeutig war – hätte in einer fremden Umgebung und unter fremden Leuten große Angst ausgestanden. Er konnte ja ihre Gesichter nicht sehen und verstand nicht, was um ihn herum vorging. Er hätte geglaubt, ich hätte ihn verlassen. Ich konnte nicht hinausgehen. Wenn ihn jemand während der Untersuchung festhalten musste, dann wollte ich das sein.

Homer war seit zwei Tagen erschreckend lustlos. Aber auf dem Untersuchungstisch erwachte er kurz zum Leben. Er war nie ein sonderlich guter Patient gewesen (Welches Tier fühlt sich in einer Tierarztpraxis wohl?), aber ich hatte ihn nie zuvor – nicht einmal während des Einbruchs – so bösartig knurren und fauchen gehört wie an diesem Tag, als der Arzt ihn hin- und herdrehte und ihn mit den Fingern und verschiedenen Instrumenten stupste, um Proben zu nehmen und nach Knoten, Tränen oder Obstruktionen zu tasten. Ich stand am anderen Ende des Tisches, hielt Homer im Nacken fest und versuchte, ihn zu beruhigen. »Guter Junge«, gurrte ich und rieb ihn mit den Daumen hinter den Ohren. Ich hatte das Gefühl, dass ich weiterreden musste. Wenn irgendetwas Homer beruhigen konnte, dann meine Stimme. »Du bist mein tapferer kleiner Junge, und du machst deine Sache gut. Mama ist bei dir, und bald ist alles vorbei.«

Der Arzt sagte, er werde eine Urinprobe entnehmen. Ich fragte mich, wie er das bewerkstelligen wollte – er konnte Homer doch nicht auffordern, in einen Becher zu pinkeln, oder? Dann sah ich, wie er eine riesige Nadel vorbereitete und Homer auf den Rücken drehen wollte. Anscheinend hatte er vor, diese lange Nadel direkt in Homers Blase zu stoßen.

Homer wehrte sich mit aller Kraft, und es war erstaunlich, wie viel Kraft er noch aufbringen konnte, wenn man berücksichtigte, dass er zwei Tage lang nicht gefressen hatte und jetzt eher zwei Pfund als drei wog. Als der Arzt versuchte, die Nadel einzuführen, kreischte Homer.

Ich will damit nicht sagen, dass er heulte und jaulte. Nein, er kreischte. Manchmal höre ich diesen Laut immer noch, wenn ich schlecht träume. Es war ein fast menschliches Kreischen voller Schmerz und Furcht. Der Arzt wollte mir etwas sagen, aber ich hörte ihn nicht. Das Einzige, was ich hörte, war Homers Kreischen. Er streckte eine Vorderpfote in die Luft, schlug wild mit den Krallen nach mir – *nach mir* – und verfehlte meine rechte Wange nur knapp.

Mein Gesicht sah bestimmt so bleich und entsetzt aus, wie ich mich fühlte, denn der Arzt sagte nachdrücklich: »Ich bringe ihn in ein anderes Zimmer und rufe einige unserer Spezialisten zur Unterstützung. Am besten warten Sie draußen.« Dann fügte er sanfter hinzu: »Machen Sie sich keine zu großen Sorgen. Wir tun ihm nicht weh.« Er setzte Homer in seine Box, ging hinaus und ließ mich allein zurück.

Als ich heranwuchs, hatten wir eine überaus sanfte Schäferhündin namens Penny, die, wie wir immer sagten, der Liebling meines Vaters war. Penny liebte ihn, betete ihn an, folgte ihm mit treuherzigem Blick überallhin und hätte alles getan, um ihn glücklich zu machen. Im Alter litt sie an einer Hüftdysplasie, die bei großen Rassen häufig vorkommt, und mein Vater half ihr zwei Jahre lang geduldig, wenn sie aufzustehen versuchte, und säuberte sie, als sie inkontinent wurde. Eines Tages, als mein

Vater ihr beim Aufstehen helfen wollte, drehte Penny sich um und schnappte nach seiner Hand. Gleich danach war sie zerknirscht, sie wimmerte und leckte ihm die Hand im verzweifelten Bemühen, Vergebung zu erlangen, die ihr natürlich sofort gewährt wurde.

Wenn mein Vater diese Geschichte erzählte, sagte er immer, in diesem Augenblick habe er es gewusst. Nachmittags brachte er sie zum Tierarzt, und Penny kam nicht wieder mit nach Hause.

Als ich sah, wie Homers Krallen nach mir ausschlugen – nach so vielen Jahren der unerschütterlichen Liebe und Treue –, dachte ich kurz an Penny. Auf einmal fühlte ich mich hilflos. Zum ersten Mal, seit ich ihn zu mir nach Hause gebracht hatte, konnte ich nichts für ihn tun. Ich stand allein im Wartezimmer, nachdem man mir Homer weggenommen hatte, weil ich ihm nicht helfen konnte. Sogar nach dem 11. September hatte ich etwas getan: Ich hatte einen Aktionsplan aufgestellt. Homer hatte mich stets mehr gebraucht als meine beiden anderen Katzen, so sehr ich sie auch liebte. Ich hatte versprochen, dass ihm nie etwas Böses zustoßen werde, und hatte im Laufe der Jahre alles getan, um dieses Versprechen zu halten. Doch letztlich hatte ich versagt. In diesem Moment erkannte ich, dass man solche Versprechen unmöglich einhalten kann. Wir können jemanden lieben, wir können versuchen, ihn vor allen denkbaren Gefahren zu schützen – aber wir können sein Schicksal nicht aufhalten. Homer litt Schmerzen, und vielleicht würde ich ohne ausreichende Vorbereitung bald schwere Entscheidungen treffen müssen.

Meine Katzen wurden allmählich alt – nach manchen Maßstäben waren sie es bereits. Homer war elf, fast zwölf. Vashti war

13 und Scarlett 14. Ich würde bald heiraten, und Laurence und ich unterhielten uns gern über unsere Zukunft und überlegten, was wir in fünf oder zehn Jahren wohl tun würden. Wenn ich an die Zukunft dachte, schloss ich meine Katzen unbewusst immer ein. Ich konnte mir ein Leben ohne sie einfach nicht vorstellen. Sie hatten mein Leben mitgestaltet, seit ich erwachsen war. Mir war, als wären sie erst gestern zu mir gekommen, kaum alt genug, um entwöhnt zu werden.

Aber sie wurden langsam alt. In diesem Moment begriff ich, dass ich Laurence in wenigen Wochen heiraten und mit ihm ein neues Leben beginnen würde, dass aber nur ein sehr kleiner Teil dieses Lebens alle meine drei Katzen einschließen würde.

Und bald würde es keine von ihnen mehr einschließen.

Ich ging durch das Wartezimmer und die Haustür hinaus auf die Straße. Dort holte ich mein Handy aus der Tasche und rief Laurence im Büro an. Ich wollte ihm in einem »tapferen, aber aufgewühlten« Ton berichten, dass ich noch nichts Genaues wusste, aber zu meiner Beruhigung mit ihm sprechen wollte. Doch kaum hörte ich seine Stimme am anderen Ende der Leitung, begann ich zu weinen.

»Ich komme zu dir«, sagte Laurence. Ich versuchte mich zusammenzureißen und ihm zu versichern, dass das nicht nötig sei, dass es mir gut gehe. Aber er erwiderte ruhig: »Gwen, er ist auch meine Katze.«

Eine halbe Stunde später übergab uns der Tierarzt Homer und versprach, innerhalb von 24 Stunden anzurufen, sobald er die Testergebnisse hatte. »Was sollen wir in der Zwischenzeit tun?«, fragte Laurence. Der Arzt antwortete: »Versuchen Sie, ihm etwas Wasser zu geben. Und wenn er fressen will, dann lassen Sie ihn so viel fressen, wie er will, egal was.«

Laurence brachte uns nach Hause und fuhr dann wieder in sein Büro. Ich saß den ganzen Tag bei Homer. Er kroch aus seiner Trägerbox, erschöpft nach diesem schrecklichen Morgen, und schlief wenige Zentimeter von der Box entfernt ein. Am Nachmittag wickelte ich ihn in eine alte Decke und trug ihn hinaus auf den Balkon, damit er in der Sonne schlafen konnte. Es war immer sein sehnlichster Wunsch gewesen, auf den Balkon zu gehen, so wie Scarlett und Vashti es manchmal taten, und ich hatte es ihm den größten Teil seines Lebens nicht erlaubt, weil er sich so schnell bewegte, dass ich ihn unmöglich beschützen konnte.

Homer schien den Unterschied zwischen drinnen und draußen überhaupt nicht zu merken. Er schnupperte nicht einmal in die Luft und zuckte nicht mit den Ohren, um die Gerüche und Geräusche einzufangen, die ihn immer so neugierig gemacht hatten. »*Eres mucho gato,* Homer«, murmelte ich, setzte mich neben ihn und streichelte ihm den Kopf. »*Eres mucho, mucho gato.*«

Das Telefon hörte den ganzen Tag nicht auf zu klingeln. Meine Eltern und Laurence riefen alle paar Stunden an und fragten, ob der Tierarzt sich schon gemeldet habe. Anscheinend hatte Laurence die Nachricht verbreitet, dass es Homer nicht gut ging, denn auch seine Eltern und seine Schwester riefen an, ebenso viele unserer Freunde – sogar Freunde, die Haustiere nicht sonderlich mochten, die nie Haustiere gehabt hatten und von denen ich nicht erwartet hätte, dass die Krankheit eines Haustieres sie interessieren würde. Aber so war es immer gewesen, wenn es um Homer ging. Selbst Leute, die ihn nur ein einziges Mal getroffen hatten, mussten sich für seinen Zustand interessieren. Als die Zahl der Anrufe zunahm, wurde mir klar, wie wichtig dieser rauflustige Draufgänger, diese kleine Katze, die aus einem normalen Leben ein heldenhaftes Abenteuer gemacht hatte, für viele Menschen – nicht nur für mich – war. Er hatte die neun Leben, die eine Katze normalerweise hatte, um ein weiteres verlängert, nachdem er als blindes, halb verhungertes, zwei Wochen altes Kätzchen einem unrühmlichen Ende in einem Tierheim nur um Haaresbreite entronnen war.

»Ruf mich an, drängten sie mich alle. *Ruf mich an, sobald du etwas vom Tierarzt gehört hast.«*

Der Tierarzt konnte nie genau feststellen, was Homer so krank gemacht hatte. Als die Testergebnisse eintrafen, konnte er nur sagen, dass Homers Leber ein wenig geschädigt war. Das war möglicherweise die Ursache, vielleicht aber auch eine der Folgen seiner Krankheit. Der Arzt bat mich, ihn auf dem Laufenden zu halten und Homer in einer Woche wieder zu ihm zu bringen. Das tat ich, und Homer wurde für gesund erklärt.

Und in gewisser Hinsicht erholte er sich vollständig. Am nächsten Tag lief er ein bisschen herum, fraß ein wenig und spielte halbherzig mit einem Papierknäuel. Innerhalb von drei Tagen nahm er seine üblichen Essgewohnheiten wieder auf.

Homer trippelt und flitzt immer noch in unserer Wohnung herum, aber nicht mehr so oft wie früher und nicht mehr so mühelos. Er bewegt sich mit einer gewissen Steifheit in den Gelenken, und ich habe begonnen, meinen Katzen ein Ergänzungsmittel ins Futter zu mischen, das die Beweglichkeit der Gelenke älterer Katzen fördert. Homer schläft jetzt öfter und tiefer, und wenn man ihn abrupt weckt, kann er richtig böse werden. Er döst immer noch gern neben Scarlett und Vashti, aber manchmal faucht er sie an, wenn sie versehentlich seine Ruhe stören –

Homer, der nie gefaucht hat, außer in Gefahr. Sein Fell war einst schwarz wie polierter Onyx, jetzt ist es grau gesprenkelt, und ein einzelnes Schnurrhaar ist auffallend silbern. Das verlorene Gewicht hat er nie ganz zurückgewonnen. Laurence und ich sagen scherzhaft, er habe die Hüftknochen eines Supermodels, aber wir finden diesen Witz beide nicht besonders lustig.

Die wohl augenfälligste Veränderung ist, dass Homer nicht mehr mit seinem Wurm spielt. Dieses frühere Lieblingsspielzeug liegt vergessen und schmuddelig in einer Ecke unserer Wohnung. Von Zeit zu Zeit hole ich es und versuche, Homer mit seinem ehemals besten Freund zu versöhnen. Aber er hat offenbar irgendwann entschieden, dass der Wurm einer vergangenen Ära angehört. Der Ära seiner Jugend.

Doch nicht einmal das Alter kann Homers unverwüstlich gute Laune dauerhaft trüben. Er ist immer noch ganz versessen darauf, sich ein Truthahnstückchen zu stehlen, wenn Laurence ein Sandwich macht. Und er hat seinen Lebenstraum – Scarlett zu besiegen – immer noch nicht aufgegeben. Er »schleicht« sich nach wie vor an sie heran, wobei sie ihn deutlich sehen kann. Vielleicht spielen die beiden dieses Spiel heute langsamer, aber sie tun es immer noch energisch. Allerdings scheint Scarletts Miene auszudrücken: *Sind wir dafür nicht allmählich zu alt?*

Homer verbringt ganze Tage damit, dem Lauf der Sonne quer über den Wohnzimmerteppich zu folgen und im warmen Licht, das er nie gesehen hat, zufrieden zu schnurren. Aber das Wichtigste ist immer noch seine unbändige Freude, wenn ich morgens aufstehe und sein Tag beginnt. Er reibt sein Gesicht immer noch gut zehn Minuten lang heftig an meinem und schnurrt dabei so wohltönend wie an jenem ersten Morgen als Kätzchen, nachdem er bemerkt hatte, dass er und ich noch da waren.

Vielleicht hat Homer im Alter erkannt, dass jeder Tag über der Erde mit den Menschen, die wir lieben, ein schöner Tag ist. Das sagt auch Laurence gern.

24   JA, ICH HABE IHN GEHEIRATET!

Möget ihr, die ich zurücklasse, eure Familien glücklich machen.
Möge der Himmel euch hold sein,
und möge euer Volk von allem Bösen verschont bleiben.
Homer, *Odyssee*

Laurence und ich heirateten im September im Penthouse eines schicken Bürogebäudes in der City. Es bot einen faszinierenden Ausblick auf die nächtliche Skyline von Manhattan und war daher wie geschaffen für einen Bräutigam, der New York so liebte wie Laurence. Und was mich betraf, spiegelte dieses Panorama das Beste in meinem Leben wider, seit ich vor fast acht Jahren mit meinen Katzen nach New York gezogen war.

Wir beschlossen, auf viele Formalitäten zu verzichten. Unsere Gästeliste war bedenklich klein (immerhin kam eine recht große Abordnung aus Schweden). Anstatt eines traditionellen Brautkleids trug ich ein klassisches Cocktailkleid aus den Vierzigerjahren, breit in den Schultern und schmal in der Taille. Es wurde viel getanzt, aber es gab keine Sitzordnung, kein Menü mit fünf Gängen, keinen blumengeschmückten Wandelgang, ja überhaupt keinen Wandelgang. Wir entschieden uns für eine Cocktailparty – es gab Vorspeisen und eine Menge Spirituosen –, in deren Mitte zufällig eine Hochzeitszeremonie stattfand. Als etwa der halbe Abend vorbei war, versammelten wir unsere Freunde und Angehörigen, stellten eine Chupa auf (das Zeltdach, unter dem jüdische Brautpaare heiraten), riefen den Rabbiner und wurden getraut. Der Ring, den ich Laurence gab, trug als Inschrift eine Passage aus dem Hohelied: *Ani l'dodi w'dodi li,* was bedeutet: »Ich gehöre meinem Geliebten, und mein Geliebter gehört mir.« Als wir uns zum ersten Mal als Mann und Frau küssten, erklang Stevie Wonders *Signed, Sealed, Delivered.* Andrea und Steve, die uns einander vorgestellt hatten, präsentierten uns nun den Gästen als Herrn und Frau Lerman. Dann folgten wieder Musik und Tanz.

Laurence und ich plauderten vor der Hochzeit gern darüber, welche Rollen wir den Katzen zuweisen würden, wenn auch nur die entfernteste Möglichkeit bestanden hätte, sie einzuladen. Vashti mit ihrem prachtvollen, natürlichen Brautweiß wäre die ideale Ringträgerin gewesen. Auch für Homer und Scarlett fielen uns wichtige Aufgaben ein. Es war natürlich pure Albernheit, obwohl … Eine Hochzeit ohne unsere Katzen war irgendwie seltsam. Auf die eine oder andere Weise hatten sie in den vergangenen 14 Jahren so gut wie jedes wichtige Ereignis in meinem Leben miterlebt und sogar beeinflusst. Ohne Homer hätte ich den Wert eines Mannes wie Laurence vielleicht nie schätzen gelernt. Seine Wärme, sein Humor, seine Aufgewecktheit hätten mir gefallen, aber eines hätte ich wohl nie verstanden: Wenn man einen Menschen gefunden hat, dessen Persönlichkeit so stark ist, dass kein Raum für Zweifel bleibt, dann hat man einen Felsen gefunden, auf den man sein Leben bauen kann.

In den letzten Jahren wird oft darüber diskutiert, warum Menschen meiner Generation länger brauchen, um heranzuwachsen und sich als Erwachsene zu fühlen. Aber heranwachsen bedeutet nicht unbedingt, zu heiraten, Kinder zu bekommen oder einen Bausparvertrag abzuschließen. Es bedeutet, Verantwortung für andere zu übernehmen – und sich darüber zu freuen. Als Erwachsene können wir für einen anderen da sein und uns für ihn verantwortlich fühlen. Das ist einer der Vorteile dieser Lebensphase, für die wir besonders dankbar sein müssen – und das hat Homer mir beigebracht.

Ein behindertes Haustier zu versorgen gleicht einem Tanz mit einem zweischneidigen Schwert. Einerseits bestehen wir unnachgiebig darauf, dass unser Schützling in vieler Hinsicht völlig normal ist. *Nein, danke, wir brauchen kein Mitleid!* Andererseits vergessen wir nie, wie außergewöhnlich diese Normalität ist, wie schwierig, erstaunlich und lohnenswert es ist, dafür zu kämpfen, »so wie alle anderen« zu sein.

Vielleicht ist Homer gar nicht außergewöhnlicher als andere Katzen. Aber für die wenigen Menschen, deren Leben er berührt hat, ist diese winzige Katze, die niemand haben wollte – von der niemand außer einer idealistischen jungen Tierärztin glaubte, sie könne jemals ein glückliches Leben führen –, eine Quelle der kleinen Wunder und der großen Freuden, ein lebender Beweis für die beste aller Wahrheiten: Niemand kennt unser wahres Potenzial.

Bevor ich Homer zu mir nahm, glaubte ich mit der Sicherheit eines Kindes, dass mein Leben immer so sein werde wie damals, dass die Karriere, die Beziehungen und das Leben, das ich mir wünschte, sich immer außerhalb meiner Reichweite befinden würden. Nun aber war ich eine Schriftstellerin, die ein Buch veröffentlicht hatte, und die Frau des großartigsten Mannes, den ich je getroffen hatte. Und was die Zukunft anbelangte, wusste ich eines mit Gewissheit: Sie konnte genau so sein, wie wir sie haben wollten.

Obwohl wir an unserem Hochzeitstag das übliche Drumherum stark einschränkten, entschieden wir uns für eine streng traditionelle Zeremonie. Die Zeremonie ist schließlich das, worum es geht, und uns gefiel die Idee, die gleichen Worte zu sprechen, die unsere Großeltern und Urgroßeltern und andere Brautpaare seit Tausenden von Generationen gesprochen hatten.

Wir schrieben also keine eigenen Ehegelübde auf, sondern beschränkten uns auf Trinksprüche nach der Trauung. Ich erwähnte Laurences erstaunlichen Scharfsinn und seine Intelligenz, seine Stärke. Ich hatte nie damit gerechnet, das alles jemals in einem Mann zu finden. »Ich lache jeden Tag«, sagte ich. »Und es kommt mir jeden Tag wie ein Wunder vor, dass der großartigste Mann, den ich je gekannt habe, mich liebt.«

»Ich möchte ein wenig über Frau Lerman erzählen«, sagte Laurence, als er mit seinem Toast auf mich an der Reihe war. Er sprach über Verstand und Schönheit, über Leidenschaft und Mitgefühl. »Gwen ist der leidenschaftlichste Mensch, den ich je getroffen habe, und zugleich der vernünftigste«, sagte er. »Sie ist leidenschaftlich logisch. Ich hatte keine Ahnung, dass so etwas möglich ist.«

Was die Verbindung von Leidenschaft und Logik anbelangt, wusste ich dank meiner jahrelangen beruflichen Erfahrung, dass jede Feier einen streng logischen Rahmen braucht, selbst wenn alles locker und spontan aussehen soll. Darum plante ich alles sorgfältig – die Beleuchtungswechsel, den Zeitpunkt der Trauungszeremonie, den Ablauf der Trinksprüche – auf einem Excel-Arbeitsblatt und schickte es einige Wochen vor der Hochzeit an alle Lieferanten und Teilnehmer (einschließlich Andrea und Steve). Immer wieder wurde ich deswegen geneckt, aber ich war fest davon überzeugt, dass fehlende Planung ein Chaos auslösen würde.

Doch obwohl ich alles bis ins Kleinste geregelt hatte, erlebte ich an diesem Abend eine Überraschung. Nach seinem Trinkspruch rief Laurence seine fünf und acht Jahre alten Neffen Zachary und Alex sowie Allison, die siebenjährige Tochter seines ersten Vetters, zu sich. Er zog drei große Schaumstoffplakate aus einem versteckten Winkel, den ich nicht bemerkt hatte, und reichte jedem der Kinder eines. »Jetzt brauche ich eure Hilfe«, sagte er.

Natürlich hatte er sie auf diesen Auftritt vorbereitet, denn sie grinsten breit und erwartungsvoll, als sie eifrig nach den Plakaten griffen.

»Drei Leute konnten heute nicht kommen«, sagte Laurence, »obwohl sie eingeladen waren. Wer mich kennt, wird nicht glauben, dass ich mit drei Katzen zusammenlebe. Aber es stimmt, und für uns wäre die Feier unvollständig, wenn sie nicht dabei wären. Darum habe ich nun das große Vergnügen, euch zum ersten Mal in einem ganz realen und rechtlich bindenden Sinne vorzustellen … Vashti Cooper-Lerman!«

Allison hielt ihr Plakat hoch. Es zeigte ein riesiges Foto der stolzierenden Vashti, die uns alle bewundernd ansah, so wie sie zweifellos den Mann mit der Kamera angesehen hatte.

»Über Vashti müsst ihr dreierlei wissen«, sagte Laurence. »Sie ist schön. Sie weiß, dass sie schön ist. Und sie weiß, dass jeder weiß, dass sie schön ist.«

Die Leute lachten, wenn auch nicht so laut wie ich.

»Die Nächste ist«, fuhr Laurence fort, »zum ersten Mal und ganz offiziell … Scarlett Cooper-Lerman!«

Alex hielt ein Foto von Scarlett hoch. Sie lag auf der Seite und hob den Kopf, während sie uns ziemlich majestätisch musterte.

»Ich wohne seit drei Jahren mit dieser Katze zusammen«, erklärte Laurence, »und durfte sie vorige Woche zum ersten Mal berühren.«

Arme Scarlett! Es war wohl ihr Schicksal, immer so dargestellt zu werden.

»Und last but not least der Star der Familie, unser Teufelskerl, die coolste Katze der Stadt … Homer Cooper-Lerman!«

Zachary hielt ein Plakatfoto hoch, auf dem Homer neugierig die Kameralinse beschnupperte. »Und er ist blind!«, verkündete er stolz. »Er ist blind, aber er kann herumlaufen und vieles mehr!«

Das Publikum kicherte anerkennend, es applaudierte und jubelte. Es waren Homers erste offizielle Standing Ovations.

»Er ist ein Kater, der das Leben genießt«, sagte Laurence. »Er trägt eine große Welt in seinem kleinen Kopf, und ihr braucht ihn euch nur anzuschauen, um zu wissen, dass jede Sekunde jedes Tages für ihn ein Abenteuer ist. Ich wünschte, ich könnte sehen, was dieser Kater hört.«

Zum ersten Mal hörte ich, wie jemand anders Homer beschrieb, und zum ersten Mal war ich nicht diejenige, die all die Fragen beantwortete. Aber wenn mich an diesem Abend jemand gefragt hätte: *Keine Augen? Was meinst du damit? Wie kommt er denn zurecht? Wie kann eine Katze ohne Augen leben?*, wäre meine Antwort anders und viel einfacher gewesen als die Antworten, die ich routinemäßig gab:

Ich bin Homers Augen. Und er ist mein Herz. Und endlich hatten wir beide – Homer und ich – einen Menschen gefunden, dessen Herz groß genug war, uns alle aufzunehmen.

DANKSAGUNG

Mit großer Freude und aus ganzem Herzen danke ich folgenden Personen:

Michele Rubin von Writers House, unbestreitbar die großartigste Literaturagentin der Welt. Michele ist eine loyale und kluge Sachwalterin, eine warmherzige und mitfühlende Freundin und die stärkste Schulter, an der ein seelisches Wrack von einer Autorin sich anlehnen kann. Vielleicht gibt es noch andere Agenten, die so zäh, klug, loyal, mitfühlend, gewissenhaft und humorvoll sind wie Michele, aber ich kenne keinen.

Es gibt Perfektionisten, und es gibt Caitlin Alexander, die Lektorin *par excellence*. Ich glaube nicht, dass ihre wachsamen Augen auch nur ein Wort in diesem Buch übersehen haben. Sie zwang mich in jeder Phase, tiefer zu graben und besser zu schreiben. Caitlin erfüllte den Prozess des Schreibens und Lektorierens mit so viel Wärme, Humor und Klugheit, dass meine Arbeit an diesem Buch für mich eine größere Freude wurde, als ich erwartet hatte. Dankbar bin ich auch der begeisterten und unermüdlichen Redaktionsassistentin Lea Beresford und Laura Jorstad, einer vorzüglichen Korrektorin.

Es gibt Tausende von Katzen wie Homer, und die meisten von ihnen gelten als nicht vermittelbar, darum werden zu viele von ihnen eingeschläfert.[1] Blind Cat Rescue and Sanctuary, Inc. (www.blindcatrescue.com) ist eines von nur zwei Tierheimen in den USA, die sich speziell um blinde Katzen kümmern und

---

1 Im deutschsprachigen Raum kümmern sich die meisten Tierheime auch um körperlich eingeschränkte oder eben blinde Tiere und versuchen, sie in liebevolle Hände zu vermitteln (Anm. d. Übers.).

möglichst vielen Tieren ein dauerhaftes, liebevolles Zuhause bieten. Wer daran denkt, eine blinde Katze aufzunehmen, oder wer eine Katze hat, die nach einer Krankheit oder aufgrund ihres Alters erblindet ist, bekommt dort eine Fülle von guten Ratschlägen. Ich danke auch Alana Miller, der Leiterin des Heimes. Sie war die Erste, an die ich mich wandte, als ich einen Verlag für dieses Buch suchte, und sie hat das Projekt von Anfang an tatkräftig unterstützt.

Ich danke meiner Schwester Dawn und meinen Eltern Barbara und David, die uns vieren ein Heim anboten, als wir es brauchten. Sie haben mich gelehrt, Tiere zu lieben, und mir damit eines der schönsten Geschenke gemacht, die ich in meinem Leben bekommen habe. Sie bieten mir immer noch mindestens einmal im Jahr an, sich um Homer zu kümmern, falls … *Gott verhüte es, etwas passiert …*

Claire Moskowitz Berkowitz (1914–1987) war meine liebevolle Großmutter, eine unerschöpfliche Schatztruhe voller Wissen und Weisheit und der edelste Mensch, den ich je getroffen habe. Es gibt keinen einzigen Tag, an dem du nicht in meinem Herzen wärst.

Saundra und Bennett Lerman sind die großartigsten Schwiegereltern, die man sich vorstellen kann, und die größten Fans dieses Buches.

Ich weiß ehrlich gesagt nicht, wo ich anfangen soll, um Andrea und Steve Kline für zwei Jahrzehnte voller Freundschaft, Lachen, Unterstützung und Rat zu danken, und natürlich dafür, dass sie mich dem Mann vorgestellt haben, den ich geheiratet habe.

Dr. Patricia Khuly, Homers erster »Mama«, danke ich dafür, dass sie mir etwas geschenkt hat, von dem ich gar nicht wusste, dass es mir fehlte.

Ich danke Keli Goff, der brillanten Autorin und Expertin, dafür, dass sie mir Michele vorstellte und dadurch jede weitere Suche nach professioneller Hilfe überflüssig machte. Keli hat mir außerdem so viele Tipps und so viel moralische Unterstützung zu später Stunde angeboten, dass ich hier unmöglich alles aufzählen kann.

Dr. Henry und Stephanie Hirsch sind meine zweiten Eltern, meine Eltern ehrenhalber. Ich kann mir ein Leben als Cooper ohne die Hirschs nicht vorstellen.

Dr. Spencer »Spike« und Sandy Foreman danke ich für die Mahlzeiten an Feiertagen, für Jahre voller Lachen und Herzlichkeit.

Mein Dank geht auch an folgende Freunde und wohlwollende Menschen: David Juskow, David Leopold, Richard Jay-Alexander, George Ratafia, Hillary Cole, Alexander Cole, Zachary Cole, Anise Labrum, Kate Rockland, Kris Carpenter, Digby Leibowitz, Michael Tronn, Brian Antoni, Laura Gould, Merle und Danny Weiss sowie Samantha Abramovitz.

In stillem Gedenken: Tippi Cooper, Penny Cooper, Misty Cooper, Casey Cooper, Brandi Cooper und Bud-the-Cat Labrum.

Ich danke meinen Autorenkollegen und Kommentatoren bei Open Salon (www.opensalon.com), ohne deren frühe und lautstarke Begeisterung für Homers Geschichte es vielleicht gar kein Buch gegeben hätte: Rich Banks, Delia Black, Cynthia Blair, Pat Blankenship, Missy Blum, Amanda Campbell, Harry Chapman, Julie Connelly, Karen Dexter, Lauren Dillon, Lynn Dirk, Dana Douglas, Laurie Lynn Drummond, Todd Elner, Liz Emrich, Marple Fank, Susanne Freeborn, Kate Griffin, Allie Griffith, Bryan Harrison, Madeline und George Hayes, Ellen Hebert, Jennifer Hulme, David Jimenez, Roy Jimenez, Dorothy Johnson, Gary Justis, Mary Kelly-Williams, Melissa Kennedy, Lisa Kern, Marcelle Kube, Denise LeBlanc-Bock, Magpie May, Connie McCarthy, Beth McGee, Mari McNeil, Megan McSparren-Griffith, Christine Mermilliod, Susan Mitchell, Brinna Nanda, Sherie New, odetteroulette, Josephine E. Ortez, Mary Pacheco, Ann Patrykus, Professor Terri, Michael Rodgers, Aaron Rury, Jenni Ryan, Donna Sandstrom, Bill Schwartz, Cherie Siebert, Patricia Smith, Jane Smithie, Janet Spencer, Patricia Steiner, Shelle Stormoe, Suzn-Maree, Umbrellakineses, Denese Ashbaugh Vlosky und Joyce Wermont.

Zum Schluss danke ich diesen Mustern an katzenhafter Tugend: Scarlett Cooper-Lerman, Vashti Cooper-Lerman und Homer Cooper-Lerman. Für ihre Liebe gibt es keine Worte.

ÜBER DIE AUTORIN

Gwen Cooper ist die Autorin des Romans *Diary of a South Beach Party Girl*. Sie wurde in Miami geboren und arbeitete dort fünf Jahre lang für eine gemeinnützige Organisation in den Bereichen Verwaltung, Marketing und Finanzierung. Sie koordinierte unter anderem ehrenamtliche Aktivitäten für Pet Rescue, das Miami Lighthouse for the Blind, die Miami Rescue Mission und His House Children's Home. Außerdem gründete sie Reading Pen Pals, ein literarisches Programm für Grundschüler in Miamis Little Haiti. Derzeit lebt Gwen mit ihrem Mann Laurence in Manhattan. Sie hat drei perfekte Katzen – Scarlett, Vashti und Homer –, die von alldem nicht beeindruckt sind.

www.gwencooper.com